鮭鱸鱈鮪 食べる魚の未来

FOUR FISH: THE FUTURE OF THE LAST WILD FOOD

Salmon Sea Bass Cod Tuna

鮭鱸鱈鮪
食べる魚の未来

最後に残った天然食料資源と養殖漁業への提言

Paul Greenberg
ポール・グリーンバーグ 著
Tetsuya Natsuno
夏野徹也 訳

地人書館

FOUR FISH
The Future of the Last Wild Food
by
Paul Greenberg

Japanese translation published by arrangement with
Paul Greenberg c/o McCormic & Williams through
The English Agency (Japan) Ltd.

For Esther, who knows the depths

鮭鱸鱈鮪　食べる魚の未来　目次

本文中の括弧のうち、（ ）と［ ］内は原文のままで、〔 〕内は訳者による補足・注釈で原文にはない。

本文中に付されている（1）、（2）、……などは、巻末に掲載されている「原注」の各項目に対応する番号である。

「シーバス」（sea bass）はスズキ目（Perciformes）に含まれ、「スズキ」と訳されることが多いが、実際には、本文中にもあるように、スズキ目は魚類のみならず地球上の脊椎動物中最大の目で、この語で表される魚種に複数の雑多なものが含まれている。本文中で主に取り上げられる「ヨーロッパ・シーバス」（*Dicentrarchus labrax*）も、日本近海に棲息する「スズキ」（*Lateolabrax japonicus*）とは属を異にする別種である。それゆえ、この日本語版では、本種を含め、多くの「バス」と呼ばれる種を本文中で「スズキ」と表記することを控えた。

本文中「タラ」と表記される「大西洋タラ」（*Gadus morhua*）は、日本でおなじみの「マダラ」（*Gadus macrocephalus*）とは同属の近縁別種である。

魚だけはいまだに科学の力で作ることもできなきゃ改良もできない食べ物だ。今日あんたが食べているヒラメは、あんたのひいひい爺さんが食べていたものより、いまいましいビタミンが余計あるわけでもないし、味に変わりがあるわけでもない。ほかの食べ物はみんな改良して、改良して、また改良して、とうとうとても食べられそうもないものにしてしまったけれど。(1)

ジョゼフ・ミッチェル『老いたるフラッド氏』(一九四四年)に登場するフルトン市場の常連客の言葉

序　章

鮭鱸
鯖鮪

一九七八年のことだ。気になっていた魚がみんな死んでしまった。魚は今まで見た中でいちばん大きいオオクチバスで、ぼくの家から歩いて一〇分ほどのところにある池に棲んでいた。家は、コネティカット州グリニッジの未開拓の森の中にある広い地所に建っていた。そこはたぶんアメリカでももっとも有名な金持ちの町だっただろう。家も土地も池も、また、オオクチバスも我が家のものではなかったが、魚は自分のものだと思っていた。魚はぼくが見つけたのであり、池はぼくの正当な漁場だったのだ。

母はその家を借りていたが、豪勢なものを持っている気分になれるからという理由で、他にもグリニッジで三軒借りたことがある。母は、大きな土地の小さな小屋——馬小屋を改装した使用人の宿泊施設が気に入っていた。これは没落した資産家のものだったが、誰も所有権を主張していない朽ちかけた代物で、離婚か何か家庭内の複雑な事情で売りに出せず、ぼくたちにリーズナブルな料金で貸し出されたものだった。後にリーズナブルでなくなり、別の破産しかかった地主の小屋へ何度か移転せざるを得なかった。

魚釣りはこの頃のべつやっていたことだ。魚釣りが男性的で人格形成に役立つものだと理解していた母は、いつも小川や湖に近いところか、あるいはこっそり忍び込んで魚釣りができる土地のすぐそばに小屋を借りてくれた。母は、魚の多い水域をかぎ分けるぼくの直観力を信じ、ぼくをダウジング・ロッド〔水脈、鉱脈などを発見する占い棒〕のように使ってから借地契約書にサインした。だから子供時代には、たいていほんのちょっと歩けばいっぱい釣果が得られるところに住んでいた。いちばん長いこと住んでいたのは、前述の巨大オオクチバスをよく釣った場所に近い家だった。初めの二年間はそこに住み、夏の夕方と週末の午前中はまるまるこの魚を追い求めて過ごした。

ところが、一九七八年の冬に猛烈なブリザードがコネティカット州南部を襲った。気温は氷点下になることがよくあり、ある地点では三三時間ぶっ続けで雪が降った。ひょっとすると魚が死んだのはこの寒気のせいかもしれない。それとも前の年の夏に、藻の発生を抑えるために管理人の手伝いをして池中に撒いた硫酸銅のせいだろうか。あるいは、ある日あの土地に不法侵入してぼくの釣り場を見つめていた釣り人のせいかもしれない。でも、何が原因であるにせよ、あの冬以来二度と生きた魚を見つけることはなかった。もちろん捜してはみた。次の年には学校が終わると池の隅々まで何度も流し釣りをした。巨大魚がいた時代が過ぎてから近所へ引っ越してきた友達がいたが、その友達と一緒のことが多かった。水際で二ヵ月間ルアーを投げ続けても当たり一つなかったので、その友達はぼくの泡のような希望的観測をぺしゃんこにした。

「昔のことをどう言おうとかまわないさ。この腐れ池にゃ雑魚一匹いないんだ。こんなとこで二度と釣りなんかするもんか」。友人はこう叫んだ。

自分の猟場が荒れてしまったハンターと同じく、ぼくは新たな釣り場を探し始めた。ぼくは池から流れ出る小川に沿って歩いた。小川は階段状に連続する滝へと向かって流れていた。滝では水が、すごい速さとなって階段を流れ落ち、深い三日月湖に続く草の茂った沼地へと注いでいた。そこには、ちっぽけな小魚とザリガニと逃げ出した金魚が泳いでいるだけだった。ぼくはどんどん先へ進み、流れが大きな川に合流し、金持ちの地主が建てた塀で通路がふさがれているところまで行った。図書館で地図を調べ、ここがぼくの小川が合流する重要な地点であることを発見した（「ぼくの」池と同様、この小川もぼくの領土に併合して「自分のもの」とみなしていた）。そこから先が自分のものでなくなる地点では、小川はバイラム川に流れ込んでいた。この川は、ここがアメリカ先住民の独立国であった時代には「アーモンク」つまり「釣り場」と呼ばれていた。しかし、ある地元の伝説によれば、先住民たちがニシンなどを腕いっぱいに抱えてきて、白人に「ラム酒買ってきてくれないか？ ラム酒買ってきてくれないか？（バイ、ラム？ バイ、ラム？）」といつまでもねだり続けたことから、イギリス人がこの川の名前を付け直したのだという。バイラム川は川幅を広げた合流地点からさらに一六キロメートル南へ流れ、最後に海へと注ぎ込む。この時はじめて、あるアイディアが浮かんだ。

一三歳になった時、一部ユダヤ人であるぼくの家族がぼくのためにバルミツバー（一三歳になったとき行なうユダヤ人の成人式）のまね事を急ごしらえでした上で、数百ドルを預金口座に入れてくれ、また、母があれこれやりくり算段した結果、出てきた資金のおかげで中古のアルミボートと二〇馬力の船外機を買うことができた。その美貌と労働者階級との連帯を作り出す能力を利用した母は（アメリカの社会主義者マイケル・ハリントンの友人であり、ストライキのベテラン参謀であった）、グリニッジの港湾管理者を口説いて、グラスアイランド・マリーナを利用する順番待ちをとばしてくれた。ぼくは一九八一年の夏にはボートと係留場所と自分のために使える数千平方マイルの海を手にしていた。ついに、もっと良い漁場を見つけたのだ。

チャイルドシートや飲み込み防止用缶タブを使っている年頃ではなくなっていた。安全シールを貼ったタイレノール〔アメリカの鎮痛剤〕瓶やヨーグルト容器はいらない。今なら親のネグレクトだと思われるだろうが、初めてボートを持ったあの夏、母はグラスアイランド・マリーナでぼくを下ろしたものだ。シートベルトのついていないセコハンの黒いクライスラー・コルドバ・ラグジュアリーからぼくを中古のボートといっしょに下ろしたのだ。ぼくがトランクから自分の釣り道具一式を下ろし終えると、母はダンヒルのタバコに火をつけ、ひどい咳をして、それからバックミラーをちらっと見て、子供の姿が絶えた午後の通りをスピードを緩めて立ち去った。漕艇法と釣り方は独学だった。むずかしくはなかった——たいていの子供は機会さえ与えられれば理解できるのはまちがいない。かつては一三歳になれば一人前の大人だったのだ。それはともかく、経済的、現実的しがらみをコネティカットの陸地に置き去りにして、大自然の獲物を求めて外洋へ船出する気分にはワクワクした。

ぼくは自分の位置を示すGPSも魚を見つけるソナーも持っていなかった。家と話をする携帯電話もなかった。アジサシの群れが海に飛び込むのを見て獲物を見つけることを学んだ。また、海岸から続く岩のラインを想定してたどる（たいてい正しかった）ことを学んだが、岩のラインをたどった先には、その下の海底に同じような岩が積み重なって魚礁になっていることを示していた。船体は、潮水に耐えられるように酸化処理をしてなかったので、ときどき鋲がゆるんでくることがあったが、そんなときぼくは、ビーチサンダルを脱ぎ捨てて足の親指で外れた金属片を抑えたものだ。兄を誘って同行させることもあったが、初めての夏の半ばころに兄は「殺生はもう嫌だ」とぼくに言い渡した。

それは気にならなかった。一人っきりで魚や海と一緒にいられて幸せだった。

ボートを手にして二年経つまでには、ロングアイランド海峡〔日本では「ロングアイランド湾」と表記することが多い〕へやってきては去っていく魚の流れを把握していた。聖パトリックの祝日〔三月一七日〕の頃にはレンギョウが咲き始めるのだが、これはちょうど、インディアンハーバー・ヨットクラブの埠頭の少し先の干潟でヒラメを試す時期だ。レンギョウが茶色くしぼんでハナミズキが咲き始める四月には、サバが海峡に入り込み、ブラックシーバスがグレートキャプテン島のまわりの岩礁にやってきたものだ――これは、ボートを浮かべる時期が来たことを知らせる確実なサインだ。まもなくライラックが花開き、五月にはじめてやってくるニベ科やタイ科の魚たちの先触れとなった。そして、この頃までには芝生が岸辺まで無残に刈られ、アミキリ〔ムツ科の肉食性の魚〕が港に入ってきて、サバやメンヘイデン〔ニシン科の魚〕、それに港に迷い込んだ運の悪い魚を何でもかんでもむさぼり食っていた。

獲物の中の最高の獲物、シマバス〔スズキ科の魚〕もこの時期に現れると噂された。もっとも、ぼくにとってはあくまでも噂にすぎなかったが――未熟な船長にとって、すでにこの魚は滅多に見つけられないものになっていた。秋には、ヒラメの再訪とともにブラックシーバスがまたやってくる。ボートがドックに入り、何も捕まえられなくなる冬には、父からのさらに多くのの経済的援助を当て込んで、モントーク岬の外で行なわれる「バイキング・スターシップ」部隊のボート釣りに連れていってくれるよう頼み込んだものだ。この釣りでは、タラを求めて何海里も海岸を離れて船を走らせていた。

自給自足がトレンドになったり地産地消が標語になったりする前の時代だったが、ぼくは自分の趣味を「持続可能」にすることを学んだ。季節に応じて獲物の余りを自分が通っている中学校の駐車場へ持っていき、母のクライスラー・コルドバのトランクの中の魚を一ポンドあたり一ドルで売ったものだ。雀の涙ほどの報酬で働いていた教師たちが群がってきて、売り終わる頃には次回の漁に出るガソリンを買うに十分な現金を手にしていた。

自分のボートと「自分の」海で過ごした年月が、自然には復元力があるという確かな信念を与えてくれた。たとえ海岸線をかかえこんだギャツビー風のマンション群がすぐ近くにあって、I―九五〔州間高速道九五号線〕を走る車の轟音がかすかに聞こえていても、その他あらゆる人間の文明の証拠があっても、湾内を進むとロングアイランド海峡は、やはり、野生の獲物を自由に追い求める未開の地のように感じられた。ぼくは海のことを願望と神秘の器、疑問の余地のない豊饒の地だと考えた。海は与えてくれる。だから漁をした。子供の頃には近所の人や校長がどんなに裕福か、それに較べて我が家がいかに頼りないかを思い知らされていた。一方、海は偉大な平等論者だった。どんな漁師も、どんな金持ちもぼくが持っている以上の広大な領域や資源を手にすることはなかった。

だが、魚を追い求める願望と異性を追い求める願望とは反比例する。釣りへの関心は七歳頃から一七歳ぐらいまで膨らんでいくが、思春期ホルモンの強烈な照明を浴びて、ふいに色褪せてしまう。釣りへの衝動の束の間の熱い煌きはハイティーンの頃にやってくるが、それは確固たる基盤を持ったものではないのだ。人生の最優先指令は変更され、もはや夕暮れ時は、水面から跳び上がる魚の群れに海鳥が突っ込むのではないかなどと思い起こす時ではなく、香水と汗が混ざり合って空中に漂う時間となる。

一八歳になった夏、ボートは冬の間乗っていた木挽き台から下ろされることなく、母の最後に残ったレンタル小屋のそばの草ぼうぼうの駐車場で、シェル・シルヴァースタインの『おおきな木』の船バージョンみたいに、フジツボだらけになって朽ち果てていた。一九歳になり大学生となったぼくは、もうロングアイランド海峡へは戻らなかった。二〇歳になったとき母はボートを売った。ぼくが大人になるのに役立ったことが何であれ、母は釣りは終了したのだと理解した。そして、それでおしまいだった。

だが、男女の愛は、いっとき確かに存在したとしても、永遠に消えてしまうことがあるのに対して、釣り師と釣りとの絆にはひとまわりしてもとへ戻ってくる道があり、別々の道筋を通って関係が回復するのだ。ぼくは一五年間ばかりのさまざまなロマンチックな試み――海外でやったことが多かったが――に失敗した後、三〇代の初めに新たな釣りの構想を持って東海岸へやってきた。そう、成熟した愛のようにだ。釣りのこの第二の段階では、楽しみと同時に疑惑をも呼び起こされた。

第二期の釣りも母に導かれたものだった。ぼくはボスニアでの仕事から帰ったばかりだった。海のないがっかりするような廃墟の地で、一番すばらしい牧歌的な自然があるところは戦車で踏み荒らされたり、難民に骨まであさり尽くされたりしていた。気がつくと、銃弾であばたのようになったモスタールの町のそばを流れるドリーナ川をよく見つめていたものだ。川はあくまで青かったが、四年間の戦乱と食料調達用の釣りのせいで、結局は魚の姿は絶えてしまっていた。

海外にいる間に母とぼくは疎遠になり、滅多に話すこともなくなっていた。この状態は長いあいだ続いていたが、母が転移性肺癌の診断を受けたことで突然音信が再開された。ぼくは仕事をやめて、春のあいだは母と共に過ごした。このつらい三ヵ月の間、午後はたいてい病床の傍らに控えていた。足早に死期が近づいている人と共にいればそうなりがちだが、会話はつまらないことから大切なことへととりとめもなく広がり、話の脈絡は完全になくなっていた。二ヵ月目の半ばへさしかかるころ、母の意識がはっきりしたことがあった。母は、自分のみじめな終末がぼくに負担をかけていることに気がついた。ある日の午後、ベッドの上に起き上がってうつろな目に焦点を合わせ、威厳を持って見つめようとした。「釣りに行きなさいよ」と言ってから咳の発作を起こして後ろへ倒れ込んだ。

釣りだって？　何を考えているんだ！　でも、そうは言っても、釣りをして何が悪い。兄が居合わせて、ぼくが釣りに出かけている数日間、母の面倒を見てくれた。四月だった。記憶にあったとおり、東海岸では結構な釣りシーズンだ。レンギョウはまだ咲いていて、まもなくハナミズキが咲く。つまり、ヒラメやブラックシーバスやサバの季節だ。しかし、何軒か若い頃によく行った釣り道具屋と電話で話してみると、春につきものの魚の移動の物語が変わってしまったことがわかった。ヒラメのシーズンはわずか二、三週間と短くなり、みんなは日に二匹釣り上げれば素晴らしいと話していた。昔はバケツいっぱい獲っていたというのに――。ブラックシーバスはめったに来ない。サバはここ一〇年、海峡の東半分にはまったく入ってこなかった。少しばかり沖へ出てみると、かつてよく父といっしょに大きな「バイキング・スターシップ」に乗って「離婚父さんの週末航海」で獲っていたタラはほとんどいなくなっていた。どこかそのあたりに魚がいるはずなのだが、地形が変わって自分がどこにいるのかわからなかった。母は二〇〇〇年六月にとうとう亡くなってしまい、ぼくたちは遺灰をグリニッジのトッズポイントに撒いたが、そこの海岸で釣っている釣り師の数は昔の記憶より少なくなっており、バケツはたいてい空っぽだった。

喪失感というものは、喪失した人の心の中で油断のならない振る舞いをするものだ。昔ある心理学者が、人は喪失感に直面すると、失ったものについて嘆き悲しむか、さもなければ先手を打って失ったものを自分の人格に取り込んでしまうものだとぼくに言ったことがある。釣りがどういうわけか、ぼくにとって執着しながらも喪失したものになった。母は、脳の中に半ダースもの腫瘍をこしらえて視野の一部を失った際に、一九八九年式のキャディラック・ブローアムを石の柱にぶつけてひどい傷をつけてしまったのだが、ぼくはその車に助けられてコネティカットやロングアイランドの海岸を行ったり来たりし、北へ向かってマサチューセッツやメインへ、南へ戻って南北カロライナやフロリダへ走り、至るところで釣りをした。どこへ行っても釣り師たちは同じぼやきをこだまのように繰り返していた。型は小さい、数は少ない、釣れる期間は短い、魚がやってきてから去っていくまでの年間の旅程が穴だらけで、釣れる種類も少なくなっているというわけだ。

釣りに加えてもう一つのことをやった。それは、以前から釣り師としての習慣になっていたもので、魚市場へ出かけ、氷の上に陳列されている魚がどこで獲れたかを言い当ててみることだった。違いは歴然としていた。もし一九七五年の夏、映画『ジョーズ』を観た後でグリニッジ・アベニューのどん詰まり、レイルロード・アベニュー近くのボントン魚市場へ向かって歩いたとしよう（ぼくがよくやったように）。そうしたら、おそらく少なくとも一ダース以上の種類の魚の陳列を目にしたことだろう。たいていは地元で獲れたものだった。みんな漁で獲ったものだ。型と色合い、澄んだ目、それに一目で新鮮だとわかる皮膚を見て、気分が高ぶったものだ。

しかし、二〇〇〇年代の初めに東海岸を旅した時にはまったく違うタイプの魚市場ができていた。依然として品数は多かった。そう、種類の多さと豊かさを印象づけるかのように、いまだにたくさんの魚が品分けされていた。けれども、いつも魚を釣っている者なら誰でもそうだが、ぼくには見た目で魚の中身が判断できたし、水揚げされてからの日数や、売っている魚の名前が古風な地方訛りなのか、はるか遠方の外国産の魚のややこしい外国語なのかを必ず言い当てられもしたのだ。気がついたことは、フロリダのパームビーチだろうと、サウスカロライナのチャールストンだろうと、メインのポートランドだろうと、シーフード売り場の真ん中には、いつだって四種類の魚があったが、それらは問題の魚市場の近くの水域で獲れるはずのないものだった。サケ、シーバス、タラ、それに、マグロである。

地球上の別々の水域から一貫してアメリカの魚市場へ向かう奇妙な魚の流れを見ると、ぼくの小川がバイラム川へ注ぐのを見て大海という広い世界を求めようと思った時のように、市場の常連の立場を超えてまたまた何が起こっているのかを知りたくてたまらなくなった。その後二、三年間は、ある時は自分で誓約書を書いて川や海に入り、ある時は『ニューヨークタイムズ』の記事を書くために、『フィールド・アンド・ストリーム』誌や『ソルトウォーター・スポーツマン』誌で読んだだけの土地へ旅行して過ごした。

サケ、シーバス、タラ、およびマグロの生活環と人間の収奪行為を調べれば調べるほど、ぼくの釣り歴と人類の漁業の歴史とが同じパターンをたどっていることが実感された。ぼくが内陸の淡水池から始め、自分の漁場が荒れると川を下って海辺の海水域へ向かったのとちょうど同じように、大昔の漁獲りたちは淡水魚を獲り過ぎて、もっとたくさん獲物を獲ろうとして川を下って海岸へ出た。そして、まさにぼくがその後父の資金をあてにして沖合いへ出て陸地が見えないところでタラを獲ろうとしたように、海岸近くの水域ではますます膨れ上がる人類の負担を担いきれないことがわかると、人々は産業資本を組織して遠洋漁業船団を作り上げた。

これについて考えれば考えるほど、現代の水産物マーケットの主要な位置を占めるこの四種類の魚が、はっきりと時代に記した足跡になっていることが実感された。それは、人類が海を征服しようと企てて記した四つの別々の足跡である。どの魚にも、その時代特有の変化が記録されている。サケ、ジューシーなピンク色の肉をもつ銀白色のこの生き物は、澄んだ淡水が自然に流れる川の存否にその生存がかかっている。この魚は、人類による最初の開発の波をかぶったものの典型だ。人類と魚とが初めて大規模な環境問題を引き起こし、絶滅を阻止するために飼育を開始しなければならなかった種である。シーバスという名はいろんな魚につけられていたが、次第にヨーロッパ・シーバスという白くてしっかりした肉をもつ魚を指すようになった。これは、岸辺よりの浅い海域を代表する魚で、その海域はヨーロッパ人が初めて海で魚を獲る方法を覚えた場所だ。そこはまた、私たちが天然資源の保有量を超えて漁獲していることに気づき、魚類の供給を維持するために養殖というさらに洗練された方法へと変更した場所でもある。タラは白いフレーク状の肉を持つ魚で、かつては何海里も沖の大陸棚の斜面に天文学的な数で集まり、大量漁獲時代の先駆けとなった魚だ。その頃には、見かけ上無尽蔵な魚の量に対応した巨大な工船が作られ、その船は簡単に加工した魚肉を使って安い庶民向け食品の原料を製造していた。最後にマグロだが、これは、時には四〇〇キログラムにもなる高速回遊魚グループの赤身でステーキ状の肉をもった魚で、大陸棚斜面よりはるか沖の海深のある水域にいることが多い。複数の海洋を横断するマグロもいるし、ほぼ全種がいくつもの領海や領海外の海域を通過して泳ぎまわる。かようにマグロはコントロールするのがむずかしい無国籍な魚で、天然ものへの最後のゴールドラッシュ——寿司ブーム——の対象となっている。おかげで私たちはSFの世界のような養殖研究の分野へ乗り出さねばならず、また、魚類が根本において消耗可能なシーフードなのか、私たちの思いやりを必死に求めている野生生物なのかという評価のやり直しを私たちは突きつけられてもいるのだ。

　さて、そこでこの四種の魚を考えてみよう。これら四種類の魚は、魚肉の原材料というべきものだが、自然界を管理するか、個々の種を飼育して養殖するか、それともある種を別の種に完全に置き換えるか、いずれかの方法で人類が支配しようと試みているものたちである。

手つかずの自然の混沌とした生物界を見渡し、人類がほんのわずかな種を選んで利用して増殖させたのは、これが初めてではない。最後の氷河時代以前に地上を歩きまわっていたあらゆる哺乳類の中から、我々の先祖は四種類――ウシ、ブタ、ヒツジ、ヤギ――を選んでおもな食肉とした。太古の空を暗くしたあらゆる鳥のうち、人類は四種――ニワトリ、シチメンチョウ、アヒル、ガチョウ――を選んで家禽とした。だが、この次なる大選択において私たちが魚を評価分析し、私たちの主要食用魚種を選び出そうとしている今日では、従来よりもずっと複雑な決断が必要になっている。初期の人類は野生食用生物の保護などまるで気にかけなかった。人類は、自然界では少数派であり、食用目的で飼いならした生き物ははるかに巨大で荒々しい大自然の一部にすぎなかった。人類は自分の破壊能力や世界を改造する能力に気づいていなかった。(2)

現代人は彼らとは別の動物で、自分たちが自然の法則を好みに合わせて歪曲する能力を持っていることをちゃんと知っている。二〇世紀半ばまでは、人類は自然を変える自分たちの能力を肯定的にとらえるだけでなく、必然的なものだと見る傾向があった。ビクトリア時代の知識人、フランシス・ゴルトンは優生学の創設者として悪名高いだけでなく、広範な分野の著書が多いことでも知られているが、その中には動物の家畜化に関する著書もある。世界の食品生産の産業化が始まる時代に当たって、ゴルトンは「あらゆる野生動物に家畜化できる可能性があるのはまちがいない」(3)と書いている。家畜化されない動物については、「文明が進むにつれて、これらの動物は栽培製品を消費する役立たずとして、地上から次第に抹殺される運命にある」という気の滅入るような予言をしている。

その結果、今日の状況、目下の私たちと海洋との関わりにおけるゆゆしき事態へと到ったのだ。海洋から野生をすべて消し去って人間が調節するシステムに置き換えるべきなのだろうか、それとも、野生が理解され、人類と海洋世界とがバランスを保つよう手厚く取り扱われることになるのだろうか。

ニュースメディアによるたくさんの報道から受ける印象とは裏腹に、野生の魚はまだいっぱいいる。海洋からの野性魚の漁獲量は、現在年間およそ九千万トンである。[4] 食料を生産するたくさんのサイクルやサブサイクルが今も回り続け、時にはきわめて活発であり、これを継続させるために何かを投入する必要はまったくない。漁獲禁止以外には——。供給が枯渇したと思えるときには、一〇年も休めば少なくとも以前の栄華を取り戻すには十分だ。人類の歴史にとってもっとも破壊的な時期の一つ、第二次大戦は、魚が歴史を書いたとしたら「大いなる執行猶予」と呼ばれただろう。[5] 疑わしくもない漁船をも爆破する機雷や潜水艦のおかげで、衰えを見せていた北大西洋の漁場の多くは、休漁地となり、魚の数はかなり増加した。

だが、現代人は戦争のような外側からの圧力によらないで意識的に自己を抑制できるのだろうか。天然の食料をちゃんと保存するように強いる、賢い狩猟採集民の化身のように振る舞う能力が、私たちにはあるのだろうか。あるいは、人類は野生生物のほとんどを根絶してほんの一部を家畜化するようにプログラムに組み込まれているのだろうか。エネルギーの流れを私たちに供給する方へ変えるため野生生物のシステムを作り直す、という衝動に抵抗できないのだろうか。

生態学者ギャレット・ハーディンは『サイエンス』誌に載った一九六八年の画期的な論文「共有地の悲劇」において、「自然選択は精神的な拒絶に対しては好意的に働く。自分が所属する社会が全体として被害をこうむることになってもその事実を拒絶する能力を持てば、その個人は利益を得る[6]」と述べている。[*] 野性魚の利用であれ、養殖魚を選んで増やすことであれ、私たちが今日に至るまでに見てきたことは、視点をしっかりと定めることに対する精神的拒絶の揺れ動きである。私たちは選んだ天然魚について、自然の法則が生態系に対して指定した根本的な限度を無視し、自然の回復力を超えて彼らを繰り返し獲り続けてきた。天然資源を獲り過ぎると養殖へと切り換えた。しかし、しっかりした生態学に基礎を置く養魚技術によるのではなく、気まぐれな味覚の好みを満たし、かつ、大型の魚という要求によって養殖魚種を選んだ。開発はすべて水面下で行なわれ、現代の平均的シーフード消費者の目には届いていない。私たちは総消費量だけでなく、一人当たりの消費量をも年々増加させている。ただ、魚介類に産業汚染の危険がはっきりと表面化した時だけ（そしてほんのひと時だけ）消費を中断する。これら集団的拒絶行動に一同が与する中、個人および団体の権利、国家の偏見、それに環境保護運動などがないまぜになって、政府の役人が「海洋政策」と呼びたがるものになってきた。実際にはそのような「海洋政策」はなく、少なくとも野生魚と飼育魚とを、将来を作る共通の要素と見る政策はない。

しかし、今や野生魚と養殖魚は市場においてほぼ同等の地位を占めるまでに至り、このことが私たちが求めるある種の海洋政策そのものとなっている。本書でぼくは四種の魚の話をするのだが、そこでは野生と飼育の対立が特に今日的意味を持つ。ぼくは、人間の欲望と世界全体の必要性とを分けて考え、また、人類と魚との公平な、そして永続的な平和をもたらす関係を提案しようと思う。

＊訳注　このエッセイでハーディンは、共有牧草地でウシを飼う牧夫たちを例にあげて、各自に無制限の自由を与えると全体が壊滅する悲劇を招来すると述べている。すなわち、各牧夫が自分の利益のためにウシの数を増やせば、最後には牧草地がウシを支えきれなくなり、すべての牧夫が被害を受けるというものである。このようなことは何千年も前から自明の理であったのだが、あえてその事実を受け入れないでウシを増やし続ければ、個人としては利益を得る。また、牧夫たちは同時に滅びるのではなく、最後まで生き残った者は牧草地全体を独占することになるという。

第1章

サケ

王様のリクエスト

鮭

人類と魚とが最初に深刻なトラブルを起こしたところを見たいなら、マサチューセッツ州のターナーズフォールズがお誂えの候補地だろう。六〇〇キロメートルに及ぶコネティカット川の本流を途中まで遡った細い狭窄部にあるターナーズフォールズは、かつては製粉を生業とした町だが、今日ではすっかりさびれてしまって旅行者がさっさと通り過ぎてしまう場所だ。陰気なレンガ建築が並んでメインストリートを作っており、ちょっと立ち寄ってみようという気にさせるものといえば、駐車料がわずか五セントの公共の一区画だけである。

しかし、ターナーズフォールズのもっとも注目に値するところは、その名にもかかわらず滝がないというところである。

川には数百フィートの幅のダムが一つだけあり、放水を惜しみながらも下の岩へ向かって水をほとばしらせている。ダム建設を記念する飾り額もなければ、どうしてこの大事な場所で川の流れが邪魔されているのかという説明もない。そして、片側にあるささやかな魚道を別にすれば、ダムができる前にはコネティカット川が重要なサケ漁の川であったという証拠はほとんど残っていない。この川は、ニューイングランドからカナダ大西洋岸にかけて流れる何十とある川の一つで、どの川も先住民と初期の植民者たちに、必需食料品であるサケをひとしく豊富に提供していた。

ぼくは、今では生まれ故郷のコネティカット州沿岸部で、地元で獲れる野生のサケを食料にしたという直接の経験もなければ思い出もない。北東部の友人たちの記憶にあるこの魚は、遠方から空輸された、顔のないオレンジ色の切り身になったスーパーマーケットの産物で、ベーグルに乗せて食べられ「ロックス」と呼ばれている。ロックス（lox）というのはインド-ヨーロッパ語の ***lakhs*** に由来し、その後イーディッシュ語およびノルウェー語の ***laks*** となったが、これはサケのことである。だが、かつてここにサケは大量に存在したのだ。コネティカットという名はアルゴンキン族の言葉、***quonehtacut*** に由来するが、これは「長い海岸に沿った川」という意味である。ぼくの故郷が州になる何百年も前、ここでは長い海岸に沿った川がゆっくり回り道をして海へ向かい、サケ、ニシンダマシ、ニシンなどが毎年大量に遡上して、その多さに魅かれてはるかオハイオ州からも先住民がやってきていた。

毎年、おそらく一億匹ものコネティカット川のサケの仔魚〔孵化した魚。稚魚の前段階〕(何匹なのか正確なところは誰にもわからない)[7]が、大きな、明るいオレンジ色の栄養豊富な卵から孵化したことだろう。流れの速い支流で一年から三年を過ごしてから、サケの稚魚〔仔魚期を過ぎ、形態は親魚と同じだが、性的に未熟な期間の魚〕(この段階は「スモルト」〔銀化〕として知られる)は、ターナーズフォールズを超えてコネティカット川の河口を目指しただろう。それから彼らはロングアイランド海峡の流れの速い側路を乗り切った。そこは「早瀬」と呼ばれるところで、昔、夏休みに友人といっしょに釣りに行き、小さなアルミのボートがあやうくひっくり返りそうになったところだ。サケは「早瀬」で時速三〇キロメートルの流れの引き潮に乗って、オリエントポイントにあるロングアイランド海峡の終点まで約二〇〇キロメートルの小さな旅をし、その後グリーンランドのちょうど東にある五〇〇〇キロメートル先のラブラドル海へ向けて北東へ旅立ったことだろう。グリーンランド海域に到着すると、北ヨーロッパやスペインから来たサケたちと合流したにちがいない。スペインのサケはまさに最初のサケであり、アトランティックサーモンの全ゲノムを作り出した系統で、何百年も前に大西洋全域に放散したものなのだ。スペイン出身のサケは、暖かい海域を好むのではないかと思う人がいるだろうが、サケはもともとスペイン北部のアスリアスやカンタブリアの青々とした冷涼な谷の出身で、冷たい水域でよく育つように進化したのだ。水が冷たければ冷たいほど溶存酸素量が多く、また、サケは捕食活動時に激しく泳ぐための代謝で、大量の酸素を必要とする。グリーンランドでは、冷たく酸素の豊富な水域だけでなく、脂肪の多いオキアミ、カラフトシシャモなどの餌の多いところをも捜し当てる。この餌を豊富な脂肪供給源として大量に取り入れ、蓄積するのだ。その脂肪には人類が世話になったであろう、心臓によいオメガ3脂肪酸が含まれている。この化合物には、たとえ氷点下でも筋肉や血管の組織を柔軟にして活気をもたせる特有の効力がある。[8]

アザラシ、クジラ、病気、あるいは事故など、さまざまな形の淘汰圧が旅の間じゅうサケを間引き、生涯を全うするものは初めに孵化したものの一パーセント以下になってしまう。グリーンランドに二年間滞在したあと、生き残ったものはそれぞれ別れていく。アメリカの魚はオールド・セイブルックのコネティカット川やニューイングランドとカナダにあるたくさんの川の河口へ、ヨーロッパのものはイングランドのタイン川やテムズ川へ、同様にスペイン、スコットランド、アイルランド、フランス、ドイツ、さらにスカンジナビアから東はロシアの川へと向かったことだろう。故郷の川へ着いた頃にはオリーブがかった銀色の背中ときらきら光る白い腹の、肩幅の広いおよそ五キロから一〇キロの大きな魚になっている。肉は厚く、食べたオキアミの赤い色素でオレンジ色をして、時速二〇キロメートルの流れに逆らって推進できるエネルギーを蓄えた脂肪で、シマ模様になっている。理由は完全にはわかっていないが、サケは淡水に戻ると何も食べないので、産卵のための遊泳に備えて大量の脂肪を蓄えなければならない[9]。この蓄えのお陰で釣りの場面では激しくファイトするので、聖職者の心を持った一七世紀の釣りライター、アイザック・ウォルトンは、クロムウェルの圧政下で自分が王党派シンパであることを隠すためのメタファーを探していたとき、サケのことを「魚の王[10]」と呼んだ。王にふさわしい印象は食卓にも及び、ローマやスコットランドの領主たちにサケを王者のご馳走と特別に言わしめた。

しかし、コネティカット川のサケが植民前の北アメリカに帰ってきたときには、待ち受ける領主はいなかった。銛や網を使う先住民の漁師たちがいたが、魚の数を損なうような者はいなかった。たいてい、魚たちは自らの遺伝子が命じた生を思うままに全うできた。あるものは早めに成長をやめて河口近くの支流で産卵するように進化した。またあるものはターナーズフォールズを全速力で駆け上り、バーモント州やニューハンプシャー州のグリーンマウンテンやホワイトマウンテンからコネティカット川に注ぐ至るところのせせらぎに産卵するようにデザインされた。コネティカット川のサケのゲノム、つまり遺伝子のセットがきわめて適応力に富むため、サブ集団やサブ・サブ集団が約六〇〇キロメートルにわたるコネティカット川のほぼ全域にある、それぞれまったく別個の支流を利用して産卵することができたのだ。

植民地時代には製粉業者たちが地元の発電のために次から次へと支流にダムを作ったので、コネティカット川のいろいろなサケの遡上はすっかりなくなってしまった。だが、一七九八年にはとどめの強打が打ち込まれた。[11] この年、マサチューセッツ州ターナーズフォールズにおいて企業家たちがコネティカット川の本流に、はるかに大きなダムを建設した。ターナーズフォールズ・ダムが建設される前にグリーンランドへ向かったサケが戻ってきたが、もはや産卵の地に到ることはかなわなかった。この世紀が終わるまでには、これらのサケは子孫を残す機会を得ぬまま死に絶えてしまった。コネティカット川のサケの、適応力のある複雑な遺伝的可能性は地表から消滅してしまったのだ。

多くのサケが根こそぎにされたのはもっと最近のことである。ぼくの世代（ぼくは本書執筆時点で四二歳だ〔一九六七年生まれ〕）が、野生のアトランティックサーモンを直接記憶している最後の世代ではないだろうか。ニューヨーカーに「ノヴァ・ロックス」と呼ばれたノヴァスコシアのサケは自然界の遡河途上で獲られた野生の魚だが、ぼくが小さな子供だった一九六〇年代後半というつい最近、カナダ大西洋岸の川で産卵していた。しかし、一九五〇年代にデンマークとフェロー諸島の少数の漁師たちがグリーンランド沖に世界中のサケが集まる海域を見つけると、何トンという単位でこれを獲りはじめた。[12] 一九六〇年代にノルウェーとスウェーデンの漁師がデンマークやフェロー諸島の連中に合流すると、野生のアトランティックサーモンは危険な減少期に入った。今日では、野生のノヴァスコシアサーモンはわずか一握りが残っているにすぎず、営利漁業は行なわれていない。実際には、現在カナダ、アイルランド、スコットランド、チリ、あるいはノルウェー産のラベルをつけてスーパーで売っているサーモン・サラー（*Salmo salar*）、つまり「アトランティックサーモン」は、養殖物なのだ。はるか北の高緯度にある孤立した海域を除けば、「野生のアトランティックサーモン」を獲って食べたという思い出を作ることはできなくなってしまった。

太平洋産のサケであるキングサーモン、ギンザケ、ベニザケ、カラフトマス、シロザケなどオンコリンクス（*Oncorhynchus*）という別の属のサケには、また別の物語がある。この魚はロシアや北西太平洋沿岸の川から移動して、グリーンランドの代わりにベーリング海を利用しており、スーパーには今でも野生の魚が届けられる。しかし、これらの野生サケも私の人生が続いている間に着実に消え続けている。カリフォルニア、オレゴン、ワシントン、ブリティッシュコロンビアの各州では、今でも細々とした遡上が見られるが、これらの魚の生存能力には疑わしいものがある。カリフォルニア州は二〇〇八年に史上初めてサケ漁を完全に閉鎖した[13]。また、ワシントン州とオレゴン州を分かつ有名なコロンビア川ではかつて一〇〇〇万から一六〇〇万匹あった遡上が今では一〇分の一以下になってしまった。

サケに限って言えば、いま私たちは逆説的な二つの現象による混乱の真っ只中にいる。一方の極には現代のシーフード・カウンターがあって、そこでは、新鮮な養殖アトランティックサーモンのフィレは、生気にあふれたオレンジ色のバラが咲き誇るかのようだ。これらのサケは、ほかの動物の飼育場と同じように均一で計画生産された単種養殖で育てられているが、近代養殖産業の最初の実験の産物である。サケは脂肪の多い大きな卵を産み、卵は肉眼で見ることができる。だから小さくてほとんど顕微鏡サイズの卵を産むほかの多くの食用魚に較べて、サケを囲いの中で産卵させて育てることははるかに簡単である。アトランティックサーモンを最初に人為繁殖させたのは一四〇〇年頃のフランスであり、[14]それ以来サケの養殖はこの種だけで行なわれ、赤道を越えてチリ、ニュージーランドおよび南アフリカへと南半球全域に広がったが、人間が導入するまではこういう地域にサケはまったくいなかったのだ。養殖会社はチリ南部の凍てつくフィヨルドで操業し、今では世界中の野生サケの遡上河川全部に匹敵する数のサケを生産している。[15]

他方の極では、サケは野生が消滅する最後の時を経験している。大西洋域ではヨーロッパ、ニューイングランド、カナダ大西洋岸全体でサケは劇的に減少してきた。太平洋では、半ダースの種および何百という遺伝的に違う系統の野性サケが川ごとに泳ぎまわっている。いま残されているのは、最後の原始のサケのなわばり二ヵ所、すなわちロシア東部とアメリカ四九番目の州、アラスカの大自然である。

二〇〇七年の夏、ジャック・ギャドウイルという名の水産取引業者が、ユーコン川のサケが遡上する絶頂期に自分のところへ来ないかと招待してくれた。この川はサケが遡上する川としては世界一長い。手紙にはこう書いてあった。「少しばかりカルチャーショックを受けるから覚悟しておいてくれ。人々はすばらしく、愛情でいっぱいだけど、ここはUSA内の第三世界なんだ。合衆国のさいはてにあって誰にも相手にされず、失業率と貧困度がいちばん高い地域だ。さいわい、世界中のどこよりも抜群に立派なサケがいるのも事実だ。これがユーピック（本物の人間という意味）族が一万年前にここに住みついた理由だ。昨日、ここからニューヨークの高級レストランの何軒かにキングをフェデックス宅配便で直接送ったばかりだ」。

二週間後、ぼくはアラスカ南部とそれより野性的な北部とを分ける山々を飛び越えてから、ユーコン川の流域を低速で飛行し、ちっちゃなプロペラ機から降りて波板で覆われた小屋へ入った。そこがアラスカ州エモナックの空港として使われている建物だった。手短に言えば「巨大なクマ人間」と呼ぶのがぴったりな人物が目を細めてぼくを見ながら立っていた。なんとなく親しげなものが感じられた。北国のニック・ノルティ〔アメリカの映画俳優〕といった感じだが、もっと暖かみと胴回りがあった。

「あんた、ポール?」とジャック・ギャドウイルがたずねた。声は一万パックも吸ったタバコのせいでだみ声だった。

「そうだよ」

「道中何事もなかったかい」

「ああ」

ジャックは立ち止まってしばらく床を見つめ、それから上を向き頭をちょっと傾けてぼくを値踏みした。そしてこう言った。「男前だな、ポール。ゆっくりして行けよ」。

ぼくたちは外へ出て、六〇〇キロメートル彼方のアンカレッジから空輸した漁業用の装置を下ろしている業務サイズのピックアップ・トラックに向かった。そしてひんやりした晩春の霧の中を通る路面にできた、灰色のしみに沿って進んだ。道すがら、ジャックはアラスカでの三〇年に及ぶ自分のサケのビジネスについて語った。

「アラスカとハワイ以外の州じゃみんな将来が約束されている。学校を出たあと何をやるか、何を目指すのか、誰でもわかっている。アラスカじゃ、何もかも混乱してる。みんなが泥んこの競技場を走っているみたいなもんだ。でも、突然、誰かが一人の男の足元へ砂を撒き散らしてさっと消える！　そこでそいつは泥の中から抜け出す。〝で、どうしたんだ？〟と聞きたそうだな。そう、俺がその手の人間なんだ。二、三年前に誰かが砂をまいてくれたんで俺は抜け出したのさ」

まもなく宿泊所とそれに隣接する営業所のビルに着いた。どちらもこざっぱりして快適な作りで、ビルと同じ灰色の泥の中に沈みかかっていた。営業所のビルの前には看板がかかっていた。

クイックパック漁業
ネクスケグチキナ営業所

ジャックは続けた。「だいぶ上流のある村の年寄りに〝大漁〟ってユーピックの言葉で何と言うのかと尋ねたんだ。もちろん、これを身振りで伝える時には、エモナックのユーピックたちが見てわかるのと同じようにやるんだ。連中はしばらくじろじろ見た後でこう言った。〝魚釣りのとき何かすることかい？〟。そこで、村ごとに方言が違うってことがわかった」。こう言ったあと（そしてこのあと二、三日は、道中何か言うたびに）ジャックは「ワッハッハッハッハ」というハスキーなバカ笑いを煙といっしょに吐き出した。ぼくは大げさで失敗するに決まっている計画を今まさにやろうとしている風刺漫画の人物を連想した。爆笑と咳き込みから立ち直ってこう言った。「言っとくぞ。俺はこいつに殺されそうなんだ」。

ジャックが「こいつ」と呼びたがる最近創設したクイックパック漁業は、一万年にわたる人間とサケとの相互作用においてとても新しく、かつ極端に古いというものだ。古さをもたらすものは、その根本的基本方針――先住民が小舟に乗って天然のサケを獲ることだ。新しさをもたらすものも同じ基本方針――先住民が小舟に乗って天然のサケを獲ることだ。大きな缶詰工場を操業したり、アラスカの南方で一時的な軍隊のような季節労働者を従えて漁獲作戦を展開したりする人たちとは違って、クイックパックの創業者たちは何か別のものに向かって仕事をしている。白人がやってきて魚を全部獲りつくしたり、ターナーズフォールズでやったようにダムを作って漁業を崩壊させたりするのではなく、今回はアメリカ先住民が収益をあげるのだ。今度は持続可能な魚獲りをし、超ローカルなブランド名をつけ、プレミア付きで白人に販売するのだ。クイックパックは、労働と報酬がフェアトレード連盟から認可されている世界で唯一の水産会社だ。先住民が所有し、おおむね先住民が経営し、例外的にジャック・ギャドウイルのような若干の外部経営者とセールスマンがいるだけである。すべてうまくいけば、クイックパックのユーピック族重役会議は、特定のユーコン川産キングサーモンを獲る特定の先住民が地上最高品質の魚の製品をマーケットに提供できるだろうと期待している。どのように、そしてなぜこれが可能かということは、近代のサケの歴史そのものを見ればわかる。その歴史は本書で次第に明らかにしていこう。

ジャックは自分の事務所用に急ごしらえで作られた階段を先に上りながら言った。「町を見物に行こうぜ。漁業狩猟局に電話して解禁できないかどうか聞いてみよう。お世辞たらたらでやってみるけど、うまくいかなかったら俺のリトアニア人の血が頭にのぼるだろうな」。

クイックパック漁業、エース金物店、それに漁業狩猟局の出張所を別にすれば、アラスカ州エモナックの住人にとって行くところなどまったくない。もちろん町の外にも。アラスカは大体七対三の割合で北西部と南東部に斜めに分けられている。三割の南東部には道路、アウトレット商店、マクドナルドのチェーン店、ネイルサロン、精神科医、カリフォルニア風サマーハウス、それに高速道路でヘラジカが事故死したことを知らせたければその電話番号だってある。七割の北西部にはこういうものはほとんどない。上空から見ればエモナックはまったく何もない土地のど真ん中にあり、一六〇キロメートルもある蛍光グリーンのコケの生えたフェアウェイと、町よりも巨大な池でできたゴルフコースの中の、ゴルフクラブで削り取られた灰色の窪みみたいなものだ。どこかに通じる道はない。省略標記された村の往来を歩き回ったとしても、車なしではどこへも行けない。バブーシュカ（女性用スカーフ）をかぶった老婆や息子を肩車にした父親、それに明らかに法定年齢以下の子供でさえ、でこぼこの道を冷たい霧を突いて大声をあげながら四輪駆動車を走らせている。

ユーピックの人たちは、町中を走り回っている時にぼくを見てもあまり気に留めない。遠くにいる女性が「スイーティー、スイーティー！」と不思議な節回しで呼びかけている。離れたところにある空色のベニヤ板でこしらえた廃物利用のジグソーパズルみたいな家の庭では、男が血だらけのセイウチの頭の眼窩を左手で掴んで、右手に持った鋸で牙を切り落としている。「スイーティー、スイーティー！」とまた呼んでいる。霧の中から純血種のパグが現れて、声に向かって全力疾走した。もう一つのジグソーパズルの家の中から別の男がののしった。「一日中寝てやがる！　役立たず！　魚も獲れないんだ！　くそエスキモーめ！」。そして魚を獲れる者に対しては、漁業狩猟局の出張所が町中に張った黄色いビラがあり、次のようなお触れが書いてある。

六月一日から七月一五日まで、自家消費用に獲ったキングサーモンを所有するには、尾びれを切り取らなければならない。切り取ってから人目にふれないところにしまうこと。

この日は、サケの状況が気になり、ユーピックの人々はことさらぶらぶらしていた。営利漁業の「解禁」ができるほど十分な数のサケが上流まで上ってきているかどうかを、町のいちばん端っこにある漁業狩猟局の一握りの白人の男や女が判定するのをみんな待っているのだ。毎年、アラスカのおもな河川系では漁業狩猟局が言うところの「逃走目標」を設定するが、これは、川床で十分な数の次世代を確実に産卵できるよう、捕獲をまぬがれてくるべきサケの成魚の目標数である。ぼくがエモナックに着いた時には漁業狩猟局は「保護体制」に入っていた。二〇〇〇年から二〇〇一年にはユーコン川のキングサーモンの回帰が、理由は不明だが平均値の五万三〇〇〇匹をはるかに下回っていて[16]、漁業狩猟局は警告を発していた。魚の数はゆっくりと回復しつつあったが、ぼくが訪れた年には逃走目標は達成されず、漁業狩猟局は警戒レベルだという見解を解除しないので、ジャック・ギャドウイルのような連中はイライラしていた。ジャックは、殺すといって脅しているやつの噂を聞いたという。

しかし、世界中でサケにどんなことが降りかかっているのかという大所高所から状況を見れば、漁業狩猟局の警告を理解するのはむずかしいことではない。サケに関して言えば、アラスカは、人類がずっと南方でしでかした破壊行為を極北の高みに腰掛けて見下ろしている老いた賢者のようだ。野生のサケは地球規模でほとんど根絶されたが、この衝撃波がこのもっとも魚介類の豊かな州の風景の中に記されているのが目に見えるようだ。

産業革命以前には、世界の野生のサケの総数は今日の四倍ないし五倍ほどであった[17]。直接海洋へ流出する河川がないところでも、サケは「陸封型」の変種へと進化し、自分たち用の海としてオンタリオ湖のような大きな湖を利用した。ニューヨーク州からオンタリオ湖へ注ぐ主流がサーモンリバーと呼ばれるのは、喩えとしてではない。テムズ川やライン川のような北ヨーロッパの川のほとんどにもサケが満ち溢れていた。よく言われる話だが、ニューイングランド植民地では、夕食にロブスター料理の代わりにサケ料理を出すことが多すぎるといって囚人が暴動を起こしたが、スコットランドでも同様なことが起こったという。

しかし、サケが大量に生息するには、川が人間の産業の進歩と真っ向から対立する性質を持っていなければならない。それに、サケ類は人の手によってとことん根こそぎにされた最初の魚である。サケには、流れが遮られず、きれいで酸素豊富で、かなりの森林で覆われた川が必要なのだ。世界中の主要なサケ遡上河川からはこういった特質が次から次へと取り去られていった。遮るもののない流れは初めは小さな水車用のダムで、後には大きな水力発電用の複合施設で消されてしまった。清らかで酸素の豊富な水は、農業用水としての流出と工業用の取水とで空っぽになってしまった。覆っている森は徹底的な伐採でなくなってしまった。一八〇〇年代からは、上に挙げた要素がサケの生存には欠かせないものだということが一般によく定着し、よく理解されていたが、商品としての野生のサケはそれほど経済的価値を持っていなかったので、もっと直接儲かる人間の活動を止められず、サケを破滅させることになってしまった。ハリー・トルーマン政権下の合衆国内務省長官ジュリアス・クラグが、覚え書きでこのことを基本的に認めているのは注目すべきである。クラグは、総数一六〇〇万のサケの遡上を激減させた一九四〇年のダム建設の直前にこう書いている。「総体的に言って、スネーク川およびコロンビア川の徹底的な［水力発電用の］開発によって太平洋北西部沿岸における利益を求めれば、現在のサケの遡上を壊滅させるに違いない」。人は思い出にひたる時と急激な衰退に直面する時にだけ、もの言わぬ現実に突き当たり、差し出した手から逃れたサケの最後の痕跡をつかもうと背伸びする。『ロラックス』〔一九七一年に出版された環境問題を扱った児童向けの本。テレビアニメ化、映画化された〕のように。

しばらく大学を離れていた一九八〇年代に、西部に隠遁して水産生物学者として働こうかと考え、オレゴンの田舎にあるサケ類保護を試みているある仕事に参加した。そこではウィラメット川流域で、川を覆っている樹木の目録を作り、幼魚用の緩い流れを作るために水流変更装置をこしらえた。また、怠け者のキャリア組水産官僚といっしょに一日中流れに沿って上ったり下ったりした。この男は自分の雇用自己評価票に、一番怖いのは川に落ちて溺れることだと書いていた。ぼくたちはスプリング・キングサーモンの産卵の兆候がないかと探していた。これは、ユーコン川のキングサーモンに近縁のサケで、ウィラメット川峡谷に何千年も棲んでいる魚だ。この種の中でも美味しい系統の魚だと言われていて、三ヵ月の調査で一匹見つかっている。現在までのところ、サケ復活の成功例はさまざまな理由できわめて少ない。失敗の原因は、脱ダムや川べりの森林復活に対する監視機関の抵抗であることが多いが、問題のサケの遡上を司る、特異的なオリジナルの遺伝子の消滅もしくは減少が原因となって復元が困難なものになってもいる。

しかし、進化的スケールで見れば、サケはこれまで桁はずれな激動に耐えてきた――実際、種としてのサケは著しく広範な遺伝子群の蓄積によって、たえず起こっていた分布域や頭数の劇的な縮小をしのいできた。サケが地上に現れてから五〇〇〇万年の間に、溶岩が流れ、氷河時代が訪れ、山々は造り替えられて、サケの故郷の何千キロもあった棲みかは全滅した。しかし、豊かな遺伝物質のお陰で、縮小の後にはいつも新たな生息環境に合わせた頭数を確保していた。現代の養殖サケ特有の危機として懸念されているのは、人類はあらゆる種のサケのゲノムに世界中でいっせいに影響を及ぼすことができるということだ。太平洋のサケは、以前に生存していたことが知られているカリフォルニア、オレゴン、ワシントンおよびアイダホの四〇パーセントの河川で絶滅し、生き残ったサケの遡上も極度に減少した。大西洋全体では天然のサケの頭数は五〇万前後で、これに較べるとかつては一億とは言わないまでも一〇〇〇万匹はいたはずである。遺伝的多様性を保持することは天然のサケを保存する上でもっとも重要な要素の一つだとして、アラスカの漁業管理官たちが遺伝的多様性保持に専念したのは、前世紀に起きた絶滅の後だった。しかも、管理官たちはたえず増え続ける需要に直面しながらこれをやらなければならなかった。アラスカのサケの収穫は最近三〇年間で二倍以上になり、年間二億匹を超えた。

しかし、年々需要は増えているが、事態がまずい方向に向かっていると考えられる時に備えて、管理官たちは保護活動をする権利を保留している。これが、エモナックの大通りにいてユーコン川で漁をする人々が手をこまねいていなければならなかった理由である。サケはユーコン・デルタへ爆発的に突入したが、突入グループはそれぞれ少しずつ遺伝子の違うサブ集団を形成していた。サケの遡上が集中するのを何年も観察して、漁業管理官たちは各集団内で多様性を保持することがきわめて重大だということを学んだ。各突入群はユーコン川のほぼ三〇〇〇キロメートルに及ぶ流域にあるわずかずつ違う支流へ向かうだろうから、漁業狩猟局はこれらのサブ‐サブ集団が生き残って育てば育つほど全般的なサケのゲノムが豊かになり、この危機的状況下で順応性や適応力のある集団が残るだろうと主張している。

同時に、漁業狩猟局はユーコン川に依存して生きるもう一つの集団、ユーピック・エスキモーに対する割り当て量を決めなければならなかった。漁業管理官たちは時間を限って「自家消費用の解禁」を発令し、ユーピック族に個人消費用のサケを捕獲させる。この魚は自家消費のために捕獲したのであって、営利用ではないことがわかるようにしておかなければならない（こういうわけで、尾びれを切り落とすように黄色の張り紙に書いてあったのだ）。川のサケの数が逃走および生存目標を超えたとき、漁業狩猟局は一度だけ「営利用解禁」を行なう。かくして営利用解禁が行なわれると、ユーピック族は自分たちが獲ったものをクイックパック漁業に売ることができるのだ。

ユーコンではサケの営利用解禁はわりあい文明的なやり方で行われる。この地域で営業している漁業会社は二社だけであり、人々は部族の強い絆で結ばれているので、基本的に協調関係が作られている。アラスカ以外の州の、ここより南方のもっと人口の多いサケ漁場では、解禁のことを危険な水中ゲーム、エンジン付きラグビーの開始だと漁業狩猟局が呼んでいる。漁業狩猟局はブイを使って川の中にサケの通路用の線を引くが、この線を越えて捕獲することは許されていない。何十艘ものボートがぶつかり合いながらこの線に群がる。ジェット推進器を付けたスクリューのないボートもあって、ほかの漁師の網を跳び越えて行く。何日か経つと漁業狩猟局は漁場範囲を狭める。管理官が引いた線の内側では大混雑が起こる。もしこの線を越えれば、初回は一五ドルの罰金を科せられる。これを何回もやると漁業ライセンスに点数が科される。ちょうど飲酒運転に対する罰則のように——。あまりにこれがたび重なればライセンスもボートも取り上げられてしまう。

この種のワイルドな競り合いはいつも起こることではないけれど、規制の変更はやはり緊張を引き起こす。エモナックの旅を終えてクイックパックの事務所へ戻ってくると、神経質な様子でラジオのお知らせを聴いていたジャック・ギャドウェルが指を立てて「シッ」と言った。平板な中西部訛りの女性の声がだらだらと悪いニュースを流していた。

「ただ今のところ、漁業狩猟局はキングサーモンの営利捕獲を解禁する予定はありません。自家消費用の解禁のみ川のY1区域およびY2区域で一二時から午後六時まで行なわれます」

ジャックは椅子に座り込んだ。タバコをグーッと引っ張り出して煙まみれの咳をした。

「漁業狩猟局にはミルクもクッキーもやらん」

野球帽を脱いで、汚れたやや長すぎる黄土色がかった白髪を撫でた。壁を眺めまわしたが、そこにはユーコン・キングサーモンの脂肪含有量をほかのアラスカ産のサケのそれと較べて好意的に描いた図があった。ジャックはようやくインターホンのボタンを押して秘書を呼んだ。

「あら、ジャック」

「うん、やあ。レイとフランシーヌがいるかどうかわかるかい。ここにいるポールを連れて川へ行きたいんだ」

ジャックは漁を楽しもうとぼくを誘って、オレンジ色のゴムのオーバーオールと、とてもはき心地のいいウールのソックスを貸してくれた。

一時間ほど後には、レイ・ワスカ・ジュニアという名のユーピック・エスキモーが一五〇馬力エンジンのスロットルを前進に入れたまま走り続けていた。金属製の小さな快速ボートはユーコン・デルタの水路を驀進して下った。レイの妻のフランシーヌは迷彩色の服を着てレイの隣に座り、十代の息子のルディはボートの前部に腰掛けた。三歳になる娘のケイリーはレーシングタイプのピンクのサングラスをかけ、それに合わせたピンクの上着を着て、フランシーヌの膝の間に入って船底にしゃがんでいた。ほかの五人の子供たちは三〇キロメートルか五〇キロメートルほど水路の上流へ行ったところにある祖父母の燻製用の野営地にいた。

もし、あのカミングス〔アメリカの詩人・画家〕がリタイアして「泥の香りかぐわしい」、「すばらしい水たまり」のところに住みたいと本当に望んだとしたら、ユーコン川の氾濫原は結構な候補地だ。ミネソタ州は湖が一万ある土地だとナンバープレートに自慢げに記している。アラスカには三〇〇万あり、そのうちのかなりのものはアラスカ最大の川、ユーコンのそばにできた甌穴と三日月湖である。ユーコン川は北極のミシシッピ川とでも言うべきもので、州を両断し、はるかカナダまで続いている。ここには自然があふれている――空、風、そしていちばん忘れられないのが昆虫の大群で、こいつはボートの速度を緩めたとたんに頭に群がって、人を刺すヘルメットと化す。

この絶えず変化する緑の水路と、むき出しの河岸線の真っ只中で、ユーピック族がどうやって進路を見つけるのか、白人にとってはまったく謎である。木や岩は道しるべになりにくいし、サケを育む真に豊かなデルタであるこの土地は、どこもかしこも永久に不変なものではなく、気まぐれな川次第で浮いたり沈んだりしている。しかし、レイ・ワスカの操舵には微塵の躊躇もなく、彼は一点の疑問もない確信をもって方向転換をした。突然エンジンが切られ、ルディ・ワスカが船首へ突進してどんどん網の綱を繰り出し始めた。突如として自家消費用の漁が始まったのだ。

いったん仕掛けてしまうと何もやることがなかった。水中に網が垂直に張られた。水面から川底まで、約二〇~三〇メートルの長さのカーテンが川のほんの一部に誘導用通路を作った。そのポイントにはとてもたくさんサケがいたので、流れの中にちょっとした障害物を置くだけで魚を獲れるはずだ。ギル・ネットを使ったが、これは網目が十分に大きいのでシロザケ〔*Oncorhynchus keta*〕の頭部や肩が抜けられる――このサケはキングサーモンほど見事なものでなく、「ドッグサーモン」と呼ばれることもある〔日本国内産では最も多いシロザケ、いわゆる「サケ」である〕。

網の上に取り付けた浮きがピクピク動き出した。ぼくは、それまで野生のサケを一匹しか見たことがなかった――その一匹というのは二〇年前にオレゴンで魚を数えていた時に見たものだ――ので、興奮して立ち上がった。ユーコンでは今年は不作の年だとわかったとはいえ、数百匹のキングサーモン、シロザケ、ギンザケがこの夏中やってくると見込まれた。網がだんだんサケでいっぱいになり、浮きがピクピク動いてもレイとルディはあまり気にしなかった。稀少なキングサーモンの頭はその日許可された網目のサイズよりも大きく、たとえ網にぶつかっても怪我することなく跳ね返ることができるはずだ。今日のは全部シロザケだ。シロザケは食べて実に旨くなめらかで美しい生き物だが、型が小さくありふれていて脂肪が少ないので、ユーピック族にも先住民以外にもありがたがられていない。最近クイックパック社はシロザケを「キータ」――先住民の言葉――と名づけてイメージチェンジを図ろうとしている。しかし、まだこの魚を捕獲しようとはしていない。急いで網を引き上げようとする者はいなかった。

だが、ついにやった。どんどん網を引き寄せること四回にして、最初の三匹がボートに上がった。「チャムズ（シロザケ）だ」とレイが語尾の子音を激しく鋭く発音した。これは、ユーピック族によくある英語の単語の言い方で、「チャンプス」と言っているように聞こえる。さらに網を引いて次から次へと獲った魚はボートの上でばたばたもがいた。口とエラはナイロン製の網で裂けている。ボートの真ん中にあるコンサート用グランドピアノくらいのサイズの大きな白いプラスチック製の生け簀はたちまちサケでいっぱいになった。ぼくたちは工場で働いているようだった。バタバタするサケを引っぱって、引っぱって、また引っぱって。だが、その場の様子に慣れ始めた時、レイに緊張が走った。息子を脇へどかせて巧みに網を操り、最後に力いっぱい引いた。そしてドサッ！　はるかに大きいもっと美しいサケがデッキに横たわっている。こいつはシロザケねらいの網に誤ってかかったのだ。顎のまわりにより糸が三回巻きついている。

「キングだ」レイが言った。声にはかすかに興奮の名残があった。

一四キログラムほどある。シロザケの二倍だ。鎖帷子（くさりかたびら）の上に載った騎士の兜のように、はがね色の頭部が胴から突き出していた。網に近づいた時に口を開けていなかったら顎がひっかかることはなかっただろうに。そうすれば跳ね返って網を滑り抜け、おそらくはるばるカナダのホワイトホースまで進んで行ったことだろう。そこで産卵し、生涯を全うするのだ。しかしそうはならず、レイが手を伸ばして鰓弓（さいきゅう）を二つとも切り取ってデッキの上に血を流した。血抜きをした魚は速く死んで、冷凍状態で長くもつので値打ちが上がるのだ。

漁業狩猟局が自家消費用の解禁だけしか布告していないので、このキングサーモンをクイックパック社に売るわけにはいかない。しかし物々交換については何も言われていない。「自家消費」というカテゴリーには何か大ざっぱなものがあるようだ。グランドピアノサイズの生け簀が縁までサケでいっぱいになったので、ぼくたちは錨を上げてもっと上流へ向かって猛烈な勢いで発進した。体中で暖かいのは両足だけだった。ジャック・ギャドウイルのソックスに気持ちよくくるまっていたからだ[18]。

水路の曲がり角へ差し掛かって、ボートはまた速度を緩めた。みんなの頭に昆虫ヘルメットができたが、その時、黒い貨物船が水の中から浮かび上がったかのように突然現れた。この船はナマの品物を運送しているところだったが、アラスカのどこを発ってどこへ向かうのかは謎だった。ボートを船のそばに止めて船体にぶつけた。あらかじめ連絡があったに違いなく、まもなく男が一人四・五キログラム包みになった冷凍鶏肉を二つ持ってデッキに現れた。フランシーヌ・ワスカは立ち上がって微笑み、鶏肉の包みをボートのデッキに置いた。それは世間で起こっていることを思い出させる醜いものだった。黄色の発泡材に入れてラップがかけてある。バーコードのついた張り紙には「一九・九九ドル」と印刷してある。フランシーヌは包みを値踏みした。

「あらま、冷凍焼けしてないといいけどね」

レイは調理室のコックにうなずき返して、下に置いたクーラーに手を伸ばした。すごい力でぐいっと引っ張り、キングサーモンをつかんで船のデッキへ放り上げた。着地したサケは美しいはがね色をして、淡い日の光の中でかすかに輝いていた。

一呼吸おいて、「すんげー」とコックは言った。サケを見下ろしてダンスのステップを踏み、物々交換で渡した鶏肉をちらっと見た。

「ちょっと待ってくれ」と言ってサケの鰓板（さいばん）に手を滑り込ませ、一度落としてから拾い上げ、調理室の中へ消えた。すぐに戻って来たが、手にはセーフウェイ〔アメリカのスーパーマーケット・チェーン〕の冷凍牛首ひき肉を二包み持っていた。

「おやま、ありがと」とフランシーヌは言って、包みを見てから私に向かって「これ、冷凍焼けしてると思う？」。

答えようとする前にレイが綱をゆるめて小舟を押し返し、再び猛スピードで川を下った。

ユーピック族は根にもつタイプではないようだ。何世紀にもわたって外の世界に不公平な取引をさせられたけれども、この種の交換がそれに影響されることはまずない。たぶんそれは、ユーピック族が自分たちの認識範囲に広がる野生のありのままの姿を、本質的に神秘なものと見なしているからなのだろう。世界が太陽と水と大地を使って、限りなくすばらしいピンク色で、人の体に良いサケの肉切れをどうやって作るのかは見当もつかない。大切なことは、このピンク色の肉切れが毎年途切れることなくユーピック族の燻製小屋と乾燥棚がいっぱいになるほどやってきて、人々が冬中過ごせたりこれを売って子供たちの教育費を十分稼いで、合衆国でもっとも自殺率の高い地域の生活を向上させたりできることである。

クイックパック漁業にフェアトレード認証が与えられたのは、先住民の漁師と先住民以外の世界との関係改善を試みようとしたからである。クイックパック社の漁獲物には高値で支払うことが求められ、会社の利益の多くが地域社会へ還元されている。しかし、この新たなタイプの公正な魚の取引の背後には優れた意図があると言われて納得しても、レイ・ワスカの小型船の上で目撃したもっと基本的な物々交換――一四キログラムあまりの加工冷凍鶏肉および牛首のひき肉とユーコンの天然の流れで捕らえた一四キログラムの新鮮なキングサーモンとの交換――のことを頭から追い払うことはできなかった。

典型的に不公平な取引だとぼくに見えるものの根源は、世界のさらに根深い不均衡にある。アラスカのサケの数はアラスカに住む人の数の一五〇〇倍なのに、世界中の人口はおそらく世界中のサケの数の七倍だ。もし、世界中のほかの地域に住む人々にとってサケが食料として本当に唯一の選択だったら、きわめて当然なことに、レイ・ワスカのキングサーモンは高額な価格、つまり、牛肉や鶏肉に較べてはるかに桁違いの高値がつくべきである。しかし、ユーピック・エスキモーのものの見方とは違って、ユダヤ教徒やキリスト教徒の精神は自然界の改善や変形という信仰に支配されている。ユーピック族は獲物が来るのを待つ。ユダヤ教徒やキリスト教徒は皿の上に食物が届くのを見るが、それは努力を注いで計画して増やされたものなのだ。

モーセの古き時代に、神は人間に動物や植物を探し出し、選別し、まわりにある野生の雑多なものと区別して栽培・飼育するよう命じた。「汝の家畜をして異類と交らしむべからず[19]」。神は初めて書かれた食品規制法についての推奨書でモーセに次のように命じた。「異類の種をまぜて汝の田畑に播くべからず」。これは、関連のない動物や植物の集合をバラして、そして集中して世話をせよという戒めである。もとの情況から引き離して脱野生化する、いわば効率的に単種栽培することだ。

この四〇〇〇年の間に、動物の脱野生化は主として「選抜育種[20]」と呼ばれることになるやり方で達成された。私たちは、モーセの時代から産業革命まで、動物集団の中から自らの目的にかなう形質を持った個体を選別し続けてきた。家畜のこの「改良」は初めはゆっくり行なわれ、動物は何年もかけて次第により役立つものになっていった。進展が遅かったおもな原因は、人間が形質の選別を始めた時には、目に見える形質を選別していたという事実である。白い顔のウシが白い顔のウシを産むチャンスが多いということはローマ時代からわかっていた。俊足の種馬と機敏な雌馬とからはやはり足の速いウマが生まれがちだと考えられていた。このような形質の陰にある目に見えない遺伝学的事実がわかっていなかったので、それ以上掘り下げて調べることはなかった。

外観の観察によるこの繁殖法をまとめたのは、真の系統的育種の創始者でイギリスの畜産学の開拓者、ロバート・ベークウェルである。一八世紀中葉、ベークウェルは「似たものの子は似たもの（子は親に似る）」という新しい成句を作り出し、ヒツジとウシの隔離飼育を始めたが、いろいろな特質を獲得したと思われるこの動物たちは育種家に広く受け入れられた。ベークウェルは確信を持ち、たえず育種の実践を行ない、ヒツジとウシの完全な家系図をつくったが、これは今でも世界中の主要な動物育種の基礎となっている。「子は親に似る」と説く学派の思想は二〇世紀初頭まで絶えず複雑性を増しながら続いたが、動物育種の次のステップに差しかかろうとした時に悲惨な世界不況に見舞われた。

大不況が頂点に達したとき、ジェイ・ローレンス・ラッシュというアイオワ州立大学の教授が、外見に現れない動物の形質を育種システムの中に含めて体系化した。これは動物の見かけだけではなく、全動物集団が飼料をいかに効率よく肉に変えられるかという観点から選別するものだった。農家の出であったラッシュはあくまでも実用性を優先していた。自分の家の農場でやっていた育種を見て、「子は親に似る」ことを利用する方法にはある程度の限界があると気づいていたことは疑いない。ラッシュは大人になって、自分のまわりにお腹を空かせた田舎の人たち、肉を買う余裕のない人たちが増えるのを見て、形質がどのように系統的に、また的確に以後の世代へ受け継がれるのかということを研究し始めた。

一九三〇年代から一九四〇年代を通してラッシュは一連の学説を発展させたが、その本質を抽出して要点をまとめると以下のようになる。すなわち、たった一匹の動物の改良を行なっても、農場にいる動物の生産性をすみやかに変化させるには十分ではない。私たちが求めている本当の進歩は、集団全体の改良、もし望むなら新品種の出現である。育種家はある理想的な動物を一匹つくりだすのではなく、集団全体の品質の平均値を、人類の利用可能なものの平均値にさらに近づけることに集中する必要がある。

そして、動物の集団を人類が利用する時に何よりも大切なのは、より少ないコストでより多くの肉を得ることだった。畜産業においては、どの農家にとってもいちばんコストのかかるのは昔から飼料であった。ラッシュの学説が取り入れられる前には、多くの動物は一キロの肉を生産するのに一〇キロもの飼料を必要とした。しかし時が経って、大きな集団の中で成長を調整する遺伝学が理解されてくると、畜産家たちはラッシュの原理を適用して成長速度を促進し「飼料変換率」――つまり、肉一キロを生産するのに必要な飼料のキロ数――をかなり低く抑えることができた。このお陰で、アラスカのオイルタンカーのコックが四・五キログラムの鶏肉をスーパーマーケットで一九・九九ドルという天文学的安値で買うことができたわけだ。この肉を生産した動物はロバート・ベークウェルが飼育した動物の半分の飼料しか消費せず、二倍速くスーパーにやってきたのだ。

ラッシュの研究は陸生動物について続けられたが、時が経って集団の改良速度を落とすある重要な限界因子が現れた。ウシとヒツジは一生かかってわずか二、三頭しか子を産まなかったのだ。いちばん多く子供を産む親を見つけようとしても、新しい世代の標本数が少なすぎるので選別することができなかった。多くの家系間で多くの交配がなされたが、やはり限界に突き当たり行き詰まってしまった。事態が悪化する前の時点まで、はるばる戻らなければならなかった。相対的に言えば、改良は漸進的だった。

しかし一九六三年に、ジェイ・ローレンス・ラッシュとトリグヴェ・ギェドレムという若いノルウェーの畜産家が出会って、突然まったく新しい道を開いた。ユーピックの人々であれ、世界中の誰であれ、天然のサケに関わる人にとってこの出会いはすべてを変えるものだった。

トリグヴェ・ギェドレムは今は半分引退しているが、アクヴァフォルスクというノルウェーの研究所で元気に仕事をしている。アクヴァフォルスクの研究室はオスという町にあって、ここはクイックパック漁業とだいたい同じくらい極北にあるのだが、両者はヒト・サケ関係においては対極にある。アクヴァフォルスクへ行くにはＩＫＥＡ〔スェーデンの家具メーカー。装飾性がほとんどない〕のショールームのようなオスロ空港を通り抜けてローカル線で一時間半の旅をする。黄色い清潔な列車に乗ってジッパーのようなレールの上を単調に走る。ヨーロッパやアメリカのたいていの町とは違って、オスロからはすぐに田園地帯に入り、二、三分のうちに気持ちよくなだらかに起伏している丘、酪農場、木造の家が並ぶ居心地の良さそうな集落などを真っ白な雪が覆った世界が広がる。パリパリに凍ってくっきりとしたクロスカントリースキーのシュプールが、列車のそばを並行している。歩くよりもスキーを履いていたほうが気持ち良さそうなノルウェー人たちが、はつらつとした正確なストロークで素早く滑り、斜面を滑降する時には列車と同じ速度になることもある。

たぶんギェドレムと会ったのが雪の多い北部気候の地のせいだろうが、小さな皮の帽子をかぶってきらきら輝く青い眼をして座っているギェドレムは、サンタよりも年とった小妖精の一人に見えた。話がサケに及ぶとサンタそのものの方にずっと似ていることがわかった。

最初に目指したとおりの人生を送っていたとしたら、トリグヴェ・ギェドレムはサケにかかわることはなかっただろう。ギェドレムは牧羊の訓練を受けていたし、ヒツジが最高の家畜だということを知っていた。ギェドレムに限らず、若い頃にヨーロッパで農業をしていた者はたいていアメリカ人の成功にすっかり心を奪われていた。それは動物を人間の消費に合わせるために改良したことだった。これは「緑の革命」と呼ばれることになる一九六〇年代の大規模農業における趨勢の一部であった。つまり農畜産物における一連の科学的大躍進で、このお陰で農業がかなり生産高を上げることができた。緑の革命は、インドや中国など、どこであれ人口が急増している途上国の飢餓を食い止めるものと大いに信じられた。かくて一九六三年にギェドレムは海外交換研究計画の一環でアメリカへ渡り、緑の革命動物部門の主たる創始者の一人、動物育種の理論家ジェイ・ローレンス・ラッシュに出会うという感激を味わったのである。「ラッシュは素晴らしい人でした。偉大な人物です。でも穏やかな人でした。激しい言葉は使わなかったんです」とギェドレムはぼくに話した。窓の外では雪が輝いていた。

ラッシュは知らなかったのだが、ギェドレムがアメリカに滞在していた時期にノルウェーではある実験が行なわれていた。それはラッシュの理論を大いに広めることになる実験だった。天然のアトランティックサーモンが捕獲によってグリーンランドの海岸から絶滅し始めたのとほぼ同じ時期、一九六〇年代初めのことだが、ノルウェーのヒトラの町に住むシヴァバートとオーヴェのグロントヴェット兄弟が、サケの幼魚を集めて土地のフィヨルドのきれいな水中に網を張ってその中で育て始めた。あらゆる魚のうち特にサケがこの方法に適していることがわかった。一般的に言って、私たちが食用にしている魚のほとんどは顕微鏡サイズの卵から孵り、孵化後の最初の段階を無事通過するには顕微鏡サイズの餌が必要だが、これを人工環境下で再現するのはとてもむずかしい。しかし、サケは大きな、栄養いっぱいの卵から孵り、一生の最初の一週間は脂肪の多い卵黄嚢だけを栄養にして生きる。その後すぐに刻んだ魚肉を食べられるように変わる。ヒトラのグロントヴェット兄弟は、ノルウェー沿岸のフィヨルドにたくさんいるニシンを材料にして簡単に餌を入手できた。

ヒトラにおける挑戦では、自然界のサケに起こるきわめて重要な問題を克服することができた。たいていのサケではかなりの数の稚魚が早い段階で死んでしまう。斃死(へいし)率は自然界では九九パーセント以上である。しかし、この世界初のサケの養殖者たちは、サケを網カゴで捕食動物から守り、ニシンなどの小魚を材料にした餌をやり続けて、自然界の方程式をひっくり返してしまった。突如としてずっと多くの魚が生き残ることになり、天然のサケはすでに急激に減少していたので、この魚を売ってかなりの収益をあげることができた。ギェドレムはひとこと言うごとに平手でテーブルを叩きながらこう言った。「彼らは随分稼ぎました。そして自分たちの兄弟姉妹に浜辺でこう言ったんです。〝儲けたぞ！〟とね」。

グロントヴェット兄弟の成功を見て、ギェドレムと彼の研究指導者、ハラルド・スキャーヴォルドはジェイ・ローレンス・ラッシュの育種理論がサケに応用されれば巨大な可能性があることを実感した。ラッシュと出会う前には、ノルウェーの初期のサケ養殖業が稼ぎ出した最初の収益は、本質的には野生の遺伝的組成を持った魚から拾い集められたものだった。ラッシュもラッシュの先輩の中にもウシやヒツジで四〇〇〇年かかってやったことをサケの育種でやるという大仕事をしたものはいなかった。ギェドレムは言った。「私は育種家です。だから、魚の血統を一つ選別することから始めることが大切だと考えたんです。本当に成功を考えているんだったら、野生の生き物を基にしていては効率の良い結果は得られないだろうと気がついたんですよ」。

さらにこのノルウェーの育種家は、現代のウシの育種家が持っていないあるものを持っていた。それは野生動物が持っている膨大な量の遺伝子の蓄積で、ここから一番都合のいい遺伝子を引き出すことができたのだ。野生のウシは何千年も前に家畜化されてしまったので多くの有用な遺伝子が失われているはずで、一貫した遺伝学に基づく選別の方法論がなければ、今日、我々が食している動物を作り出すことはできないのだ。しかし、ノルウェーのサケの育種が始まった時点では、野生のサケはまだ生存しており、かつ多様性を持っていた。遺伝的可能性には莫大なものがあったのだ。

養殖アトランティックサーモンの最初の選別は、別々の四〇河川系から抜き出した魚で行なわれた。サケが遡上するどの川にも独特の難関があって、魚たちはそれぞれに適応しなければならなかった。ある川はたとえばユーコンのようにずいぶん長いので、長旅を生き延びるべく膨大な量の脂肪を蓄えねばならない。また、ある川は極北にあって水が温まる季節はとても短いので、成長速度を最大に上げなければならない。特に幼魚の時期にである。しかし、系の違いがサケにどのように現れるにせよ、この世界初のサケの育種家は、オリジナルの四〇本の川の固有の家系同士を交配し続ければ成長の速いサケができるだろうということに気がついた。また、サケはウシやヒツジと違って一生の間に何千匹もの子孫を残すので、いったん目的に合った個体が見つかれば、雌雄の個体をほんの数匹使うだけで多産の品種を新たに生産することができる。もともとの野生の先祖とはまったく違う飼育集団を短時間でつくることができるはずだ。

ギェドレムをはじめアクヴァフォルスクの育種家たちにとって、これは希望に満ちた新大陸を発見したも同然だった。ギェドレムは目の前の紙切れに簡単な階段の絵を描きながらこう言った。「この階段――これは世代の間隔です。今登り始めるところです。ラッシュの学説のお陰で、我々がサケといっしょにこの階段を登っていけるのはまちがいないと確信しています。最初の結果では、いちばんよく育った家系といちばん育たなかった家系との劇的な違いを見せつけられた……それにとても印象的だったのは、世代ごとに、段階を経るたびに成長速度が一三から一四パーセントずつ伸びたことです」。

換言すれば、わずか七世代――一四年間――のうちに、このノルウェー人たちはサケの成長速度を二倍にすることができたのだ――これは、三〇世代と六〇年をかけた応用育種法による成果だ。記録には残っていないが新石器時代には数え切れないほどの淘汰が行なわれたはずだが、彼らはそんなことには触れもせずにこの育種を行なったのだ。結果として、正式には依然として同一種ではあるが体内の代謝は先祖とはずいぶん違う魚を育種したのだ。この分離した系統のサケをサーモ・ドメスティクス（*Salmo domesticus*）と呼ぶ学者もいる。数だけで言えば、サーモ・ドメスティクスはいまや世界一繁栄しているサケである。ドメスティクスは、ノルウェー人が自分たちのサケの養殖を国内の（*domestic*）事業から国際的巨大産業へ切り換えた時に使っていた言葉だった。

サーモ・ドメスティクスが世に現れると、ノルウェーの養殖サケの生産量は、わずか三〇年のうちに五〇万トンに増加し、世界の市場を席捲した。ノルウェーのフィヨルドがサケ篭でいっぱいになると、ドメスティクスの養殖法と遺伝資源がノルウェーのサケ養殖会社からチリ南部、ノヴァスコシア、ブリティッシュコロンビアなど、水温が低くフィヨルド地形に富んだ地域へ輸出された。実際、パタゴニアのプエルト・モントの町にあるチリ最大の魚市場でもっとも衝撃的なことは、エギゾチックなキングクリップ〔南アフリカ産のウナギに似た海産魚〕や蔓脚類〔エボシガイやフジツボなど〕の陳列ではない。それは、明るいオレンジ色をしたサケのフィレの肉片が一・五メートルの高さまで積み上げられて南半球の太陽に輝いていることなのだ(21)。

ノルウェー人がやってくる前には南半球にはサケは棲んでいなかった——赤道が温度バリアーになっていたので、冷水性のサケが自然状態でここを超えることはできなかったのだ。今日では一億匹のサケがチリにいて、チリは世界第二のサケ生産国である。ギェドレムの奮闘の成果はほかにもあって、それは養殖サケが野生サケを徹底的に凌駕したことである。毎年養殖サケが三〇億トン生産されるが、これは天然魚捕獲量のおよそ三倍になる。これら何百万匹もの養殖サケの多くのものは、ノルウェー、チリあるいはカナダなどどこに棲んでいようと、遺伝的背景は一九七一年にアクヴァフォルスクで作られた育種系統へとたどることができる。

クイックパック漁業のジャック・ギャドウイルのように天然のサケを商っている人たちにとっては、これは最悪の品質劣化のように見える。養殖サケについて意見を聞くと、ジャックはこう言った。「篭は篭だ。篭なんだ。野生動物の生活は囲いの中にいる動物の生活とは根本的に別物なんだ。泳がせてやらない魚はどうなると思う？　フィジーから男の子を連れてきてガイアナで育てるとする。するとやっぱり太る破目になるかもしれん。でもわからん」。

しかし、トリグヴェ・ギェドレムはこの世に出現して優勢になった系統の養殖魚には何もまずいことは起こっていないと見ている。実際には、人工選抜には、長期にわたる海洋の健全性を考えれば留意すべきことがある。養殖サケは西側世界で消費される養殖魚ではいちばん多い魚である。サケ養殖産業にはとてつもない量の飼料が必要である。サケにはほかの魚を基に作った大量の餌が要るが、それは自然界から収穫したものだ。改良されていない養殖サケだったら、一キロの食用魚を生産するのに、六キロもの野生魚をすり潰してペレットにしたものが必要である。いっぽう、選抜育種されたサケは三キロ以下の野生魚で一キロのサケを生産できるところまで達した。サケがますます効率的に海洋タンパクを摂取するようさらに育種が続けられ、その割合は低下しているようである。[22]

だが、リスクもある。いまや養殖したサケのゲノムは野生のサケのゲノムとは著しく違っている。養殖したサケが自然界へ逃げ出すと（毎年数百万回起こっている）自活できる野生サケの集団が人間の手がなければ生きていけない養殖品種に置き換わってしまう危険を引き起こす。[23] サーモ・ドメスティクスは管理された環境下でたくさん食べて速く成長するように品種改良された。しかし、猛々しさや、急流を遡り、温度変化に耐え、捕食者だらけの中で産卵するという野生のサケの持つ果敢な性質など、多くのものを失ってしまった。養殖したサケが脱走して、将来その子孫が野生サケを生涯のある時期に繁殖できないようにするだけでこれを駆逐するのではないかという懸念を持つ人がいる。これが至るところで野生サケの長期の生存能力を致命的に壊すものになるだろうと主張する人もいる。

これらのリスクにもかかわらず、ギェドレムはどんな養殖魚にも改良を施すのが当然だと確信している。真っ白な雪に覆われたノルウェーの谷間を通って小さな黄色い列車にぼくを乗せるために、自分の青い小型車を運転しながらこう言った。「アトランティックサーモンは例外だけど、私たちは今までのところ陸上での食料生産にははるかに遅れをとっている。一九六〇年代の緑の革命のことを考えてみなさいよ！　緑の革命からこのかた、インドでも中国でもひどい飢餓は起こっていないんです。同じことを魚や貝で始めるべきですよ」。

サケの養殖が汚染や環境破壊を起こしている産業として次第に環境保護団体から標的にされつつあり、シーフード界で出会ったあらゆる人々の中では、ギェドレムがいちばん当惑しているように見えた。ギェドレムは世界恐慌時代を体験していて、幼少時の人格形成期に貧困と飢餓を経験した。彼にとっては、何であれベースラインから離れることは進歩なのだ。分別のある育種原理が取り入れられれば海洋から十分な食料が得られるということを誰かに話す時は、いつも青い目はキラキラし、興奮して怒っているように見えた。魚類の選抜育種容認を世界が見送ったことに対して、「たいへんな資源の無駄です」と断言した。こう言った時に怒ってはおらず、何かとまどっている様子だった。飢餓が起こるかもしれないのに何で放っておくんだ?

駅に着いて別れの挨拶をした時に、意見を聞き残したことが一つあるのを思い出した。オリジナルのノルウェー育種系由来の養殖サケがカナダの囲い網から逃げ出して、西海岸の川に根付いて棲んでいる証拠があると聞いたことをぼくは彼に話した。するとギェドレムは笑って、青い小型車のハンドルを叩きながら、

「はあ!　あの時は驚いた」と言った。

声音には関心も非難も表れていなかった。まるで大昔の人が静かに観察しているような調子だった。まるで人類が主役で飢餓がふざけた敵役という、野生と飼育との相互関係を表わす進行中のドラマを眺めているかのように。

飢餓はいまだにユーピックの人々の記憶に生々しく甦る現象で、とくに年配の人にはそうである。確かに若い世代は鶏肉や牛首ひき肉の冷凍パックを手にすることに慣れて育ったが、祖父母の時代には冬の間手に入るものといえばサケしかなかったことを思い出しているのだ。

ユーコン川で肉と野生サケを交換した次の日、レイ・ワスカは車で二時間ばかり上流の、家族でやっている魚処理キャンプへ連れていってくれた。そこでは七五歳になるワスカ一家の女家長、ローリー・ワスカがぼくに一八〇キログラム分のサケを解体するという仕事をさせた。キャンプ地には、森を切り開いた空き地に建てた小ぎれいな青い家、波板でできた燻製小屋、それに四本柱の波板製天蓋があって、その天蓋の下にローリーと私が座った。何十人もの孫たちには血のつながっている者もいるし養子もいるのだが、この子供たちが草や泥の上を駆けまわっている。

昔の丸ノコの刃をデザインした扇型のウラーク――魚おろし用ナイフ――を使って、ローリーはサケ処理の仕事を始めた。魚さばき業者がやるのとは逆向きに、尻びれの一方の側に切れ目を入れ、頭の方に向かって肉を切るというやり方で、尻からフィレを切り取り始めた。フィレは滑らかで、オレンジ色で、完璧だった。もし自家消費用の魚獲りがうまくいかなかったら、ローリーはゼイバーズ〔ニューヨークの老舗スーパー〕かどこか、ニューヨークの有名サケ小売チェーン店のカウンターの中に入っていい暮らしができるだろう。

やってみようとした時にローリーがぼくをじろじろ見ていたので、ひどく意識した。ぼくはできるを取り上げた。

だけ骨に近いところを切ろうとしていた。ローリーはぼくのやったものを見て顔をしかめ、ウラーク

「肉、多すぎ」と言った。

「無駄をなくそうとしたんだよ」

「肉、多すぎ」

ローリーの手ほどきに従って別のサケでやってみた。ウラークを斜めにして四センチほどの厚さにフィレを切り取った。薄いフィレの方が燻製や乾燥に向くのだということがわかった。結局、腐るのは水分のせいで、薄切りすれば水が肉から出やすくなるのだ。ローリーは別のウラークを取り、二人は縦に並んで無言で仕事をした。ぼくが一匹さばく間にローリーは三匹さばいた。

「こいつはうまくできただろ?」。ぼくは二匹目を見せて言った。

「それなら乾く」ローリーは足元に散らかったピンクがかったオレンジ色の肉と骨を見下ろした。二人とも文字通り足首までロックス〔サケの切り身〕に浸かっていた。

野生のサケは本来決まった時期にしか到来しないため、サケの来ない時期が何ヵ月も何ヵ月も続いたあとで極端に大量のサケがわずか数週間のうちに押し寄せるので、先住民も西部のサケ業者もてんてこ舞いになって難儀する。ユーピック族は燻製小屋と乾燥小屋を建ててこの難儀に対処する。一方、アラスカの白人は缶詰作りに精を出す。

養殖法が考え出されるまでは、たいていの人が鮮度のいいサケを手に入れることはなかった。運悪

く大きな人口密集地の近くにあったサケ遡上河川はすべて、汚染とダム建設とによって荒廃してしまった。工業化した人間の社会と野生のサケとは、きわめてわずかな例外を除けば、お互いに近くで仲良く暮らす方法を見出すことはまったくなかった。だから、養殖以前の時代に一般の消費者が野生のサケを食べる唯一の方法は、アラスカで作った缶詰を買うことだったのだ。

今でも、アラスカのサケ産業の大部分は缶詰作りを中心に展開している。この州の沿岸部の小さな町ならどこでもこれを目にすることができる。前世紀の間にすべてを備えた工場が多くの川の河口部に建設された。巨大な吸引チューブが工場の屋根から待機中の艀(はしけ)の船倉へ伸びているが、艀は川で操業していたもっと小さな舟からかわるがわるサケを集めている。魚は野生そのものの姿からオレンジ色の厚切り肉に変形され、味の好みに合わせて混ぜ合わされ、川岸の工場の裏でまだラベルの付いていない「輝く山積み」となる。見たところこれらはまだ区別がついていないが、大きな缶詰市場の商人から注文が入ると、「バンブルビー」とか「アイシーポイント」とか「オーシャンビューティ」などという名前になって生まれ変わる。

長い間、中流階級の家庭の主婦にとって唯一の選択肢は野生のサケの缶詰で、お婆さんたちはこれを焼いていろいろな種類の巨大な鍋焼き料理やコロッケにしたものである。養殖サケはこういう事情をすっかり変えてしまった。何年間もいっしょに棚の上に収まっている缶詰とは違って、養殖サケはたいてい氷に乗ってやってきて、死後四八時間以内にシーフード・カウンターでお目にかかるのだ。さらに、野生のサケは特定の季節、普通はほんの二、三ヵ月間だけ市場に出回るのだが、養殖サケは一年中新鮮なものが手に入る。また、ノルウェーの（後にはチリおよびカナダの）育種家たちが養殖サケの給餌効率を高め、価格はどんどん下がり、あまり安くなったので、今では貨物船のコックがユーコン川でレイ・ワスカとの交換に牛首ひき肉で払った値段と同等のものになってしまった。

しかし、養殖サケを断固として嫌うタイプの人間もいる。養殖サケをけなす人の多くは人間の記憶から消えようとしている野生サケの郷愁に浸っている人だ。おそらくスポーツフィッシングでサケを釣っていた人たち、あるいは野生サケの遡上がなくなってしまったというアメリカ先住民が語る話を、一九七〇年代の環境保護運動中に聞いた人たちだ。サケ養殖場の眺めと臭いが嫌いな、とくにメイン州とワシントン州の沿岸部の地主たちもいた。養殖場は、一九八〇年代の終わりから一九九〇年代の初めに、カナダおよびアメリカ北部の沿岸の州に、次第にはびこるようになった。

養殖漁業が具体化する時は、たいていいつも公共の資源の私物化から始まる——養殖用海域を奪い合って気ちがいじみた競争をやった場所は、それまでは誰のものでもないところだったのだ。養殖が効率的になればなるほど、企業は環境問題を悪化させた。品種改良の効率が加速すると、改良したサケのせいで市場に魚があふれ出した。価格は急落した。絶望的になった養殖業者は単価低下による損失の埋め合わせをするために、規模を拡大して総生産量を増やすことにした。速い海流ときれいな水をそなえた養殖地はめったに見られなくなった。水流循環が劣悪な場所に養殖場が作られたが、少なくなっている野生サケの遡上コースのすぐ近くにそれがあることも珍しくなかった。養殖場のサケの個体密度が上がると、窒素排出物が溜まって藻の繁茂と枯死がおこり、その過程で水から酸素が失われた。過密飼育によって寄生虫がはびこるようになった。たとえば、ウミジラミと呼ばれる吸血性の生き物だが、これは養殖集団から野生サケに伝播することがわかっている。感染性サケ貧血症のような病気が発生した。(24) 最初はチリで、それから一週間のうちに世界各地の養殖場で全滅が起こった。どんな動物の飼育でも病気や汚染は昔からある。しかし、このサケ養殖における件はすべて自然環境という背景の中で起こったものである。以上のことはさておき、多くの環境論者が納得しなかったのが給餌効率だ。養殖サケ一キロを生産するのに、どうして野生魚三キロを使わなければならないのかという問題だ。

しかし、こういった問題がすべて重要であるとは言え、いちいち数量化するのはむずかしい。野生サケの何匹が養殖漁業のせいで被害を蒙っているのかを完全に知っている者はいなかった。水路にはどのくらいの廃棄物が溜まっているのかを完全に知っている者はいなかった。サケの餌用に野生の「かいば」魚を獲り続けたら長期にわたって海洋の生態系にダメージを与えるだろうということは誰も知らなかった。魚介類養殖の設備は、数珠状に繋がっている一ダースかそこらの輪っかが下に網をぶらさげ、平らで穏やかな水面にほぼ等間隔に浮かんでいて、陸から見れば害のないものに見える。給餌時間には魚臭くなり水はかなり濃く濁るけれど、素人目には影響は最小限に見える。環境保護団体や沿岸にいるその支持者たちが腕を振り回し、大衆の注意を引こうとしたが、誰も注意を払わなかったようだ。しかし、二〇〇〇年代の初めに別のかたちの取り組みが始まった。それは以前に経験した食料改革運動を思い起こさせるものだった。一九〇六年に食肉パック産業の暴露本『ジャングル』で商業的に成功した、社会主義者でベストセラー作家のアプトン・シンクレアはかつてこう言って嘆いたものだ。「大衆の心を狙ったのに、間違って胃袋に当たってしまった」。海洋保護運動家は、シンクレアの先例に倣ってサケ産業の問題で人々の注意を喚起できる方法は、直接大衆の胃袋を狙うことだと悟った。

デイビッド・カーペンターは優しい目をした白髪の医師で、研究室はゼネラルエレクトリック社の影響が感じられるオールバニー大学の中央キャンパスから離れた、レゴランド〔レゴ社のテーマパーク〕様式の建物の拍車型の部分にある。ゼネラルエレクトリック社といえば、環境論者がニューヨーク州内を流れるハドソン川に対する最もひどい汚染企業の一つだと見ているものだ。

カーペンターは医学と公衆衛生学の教育をうけたが、何年間も毒物学に集中して研究しており、ポリクロリネイティッド・ビフェニル、すなわちPCBに関する勧告をしてきた。これは電気の絶縁体、火炎阻止剤、最近ではコンピュータのチップなどを作るときにできる副産物である。二〇世紀全般にわたってゼネラルエレクトリック社は、ハドソン川中流域にある施設から一〇〇万トン以上のPCBを川に排出してきた。一九六〇年代に、これらPCBは水中の食物連鎖内に入って野生の魚類へと移ることが発見された。ハドソン川で産卵するシマバスがPCB汚染の最初の指標の一つであり、魚類のPCB汚染の許容範囲を五ppbから二ppbに引き下げた合衆国政府には大きな功績があった。

だが、ＰＣＢ汚染は河川の範囲を超えて海洋全域へと広がった。カーペンターは最近のぼく宛ての手紙にこう書いている。「いま見えるものは海洋と海洋の食物連鎖網の全面的汚染だ。川は海を汚染し、ＰＣＢは海の食物連鎖網の中で生物濃縮されている」。

カーペンターは数々の条件下でＰＣＢの有害効果を立証した。肝肥大、記憶喪失、突然変異性胎児などである。中でももっとも衝撃的なことは、ＰＣＢは人体から追い出すのがとてつもなくむずかしい化合物だということだ。ＰＣＢを理想的火炎阻止剤や絶縁体たらしめる、まさにその不活性という性質が、同じようにＰＣＢを分解して体内からなくする人間の酵素を働かなくしてしまう。「ＰＣＢの平均的半減期は一〇年です」とカーペンターは言った。言い換えると、人間の体内からＰＣＢの半分量を取り除くには一〇年の歳月が必要だということだ。一〇代の頃に相当な量のＰＣＢを摂取した人は死ぬまで、いくらかは確実に持ち続けることだろう。一九七七年以来合衆国ではＰＣＢは生産されていないが、その遺産はアメリカ人の脂肪組織の中に生き残っている。

二〇〇二年にピュー慈善財団という名の有名なアメリカの財団がＰＣＢ汚染の問題に興味を持ち始めた。これに先立つ一〇年間に、ピューのメンバーはサケ養殖の環境に与える衝撃的な影響を探知していたが、大衆がこの操業にかかわる問題の大きさを理解しなかったので、挫折を味わっていたのだ。環境汚染、病気の蔓延、野生集団へのウミジラミの伝播、養殖品種と野生種との遺伝的交雑、野生魚をサケの餌にするためのすり潰し――どれ一つとっても大衆の興味を掴むものがあるようには見えなかった。ピューの環境部門のマネージングディレクターであるジョシュア・リーチャートはこう言った。「全体として、大衆は海水魚の養殖に関する問題をほとんど気にしないんです。こういった論点のどれ一つとして養殖サケや野生サケに親しみを持ったり、好みに応じてどちらかを買ったりするのに、影響するものはないようですよ」。さらに悪いことに、消費者はサケの養殖を環境から得られる純益だと理解しているのだ。リーチャートは言う。「大衆は、養殖魚の生産は野生魚にかかるプレッシャーを現実に減らしていると思わされてきました。私たちはそんな事例があるとは信じていません。本当はその逆が真実だと確信していますよ」。消費者が気にしていたこと、つまり養殖サケには自分自身の健康に影響を与えるものがあるのではないかということを、リーチャートやスタッフが調べる気になったのは、消費者が養殖魚に対する情報を十分持たず、飼育魚をめぐるより大きな生態学的論点を理解していなかったからである。

ピュー財団のリーチャートたちは、養殖サケ試料のいくつかには野生サケよりも高いレベルのPCBがあったという報告を受けている[25]。この最初のヒントを基にリーチャートたちは、インディアナ大学のロナルド・ハイツとデイビッド・カーペンターに、養殖サケと野生サケについてのかつてない規模の共同研究を委託した。

ハイツやカーペンターなどの研究スタッフが世界中のサケ肉の検査をすると、全般的に養殖サケと野生サケとではPCB汚染度が違っていることがわかった。これは遺伝子操作のせいでもなく、養殖サケの泳いでいる水がなぜか汚染されていたからでもない。サケの汚染はサケが食べているものに由来するのだ。PCB汚染は世界中、特に北半球で起きている。顕微鏡サイズのプランクトンが細胞膜を通してこの化学物質を取り込んだ時にＰＣＢは食物連鎖の中に入り込む。それから小魚がそのプランクトンを食べるが、ＰＣＢは容易に体内組織から洗い流すことができないので、プランクトンを食べるに従ってどんどん体内に溜まっていく。小魚をすり潰してサケのペレット餌にすると、ＰＣＢはさらに移動して食物連鎖の階段を上る。小魚がプランクトンを食べてＰＣＢを体内で「生物濃縮」するのとまったく同じように、サケが小魚を食べるとさらにＰＣＢを生物濃縮する。一般的に、食物連鎖を一段上るごとにＰＣＢ濃度は二倍になると言われている。

しかし、野生サケは養殖サケとは違う摂食をすることがわかった。とりわけ二種のサケ――ベニザケとカラフトマス――は実際は濾過摂食者で、小エビなどの小さな甲殻類を食べて生きている。この微生物食のような食餌は、養殖サケ用の典型的な餌である魚を原料としたペレットよりも、栄養的には一段以上低いレベルにある。ＰＣＢをはじめ、ほとんどの産業由来汚染物質は食物連鎖の階段を上るたびに増大する傾向があるので、餌の食物連鎖レベルが低ければ低いほどサケが体内組織に汚染物質を取り込む可能性は低くなる。これに加えて、ＰＣＢは脂肪組織に蓄積しがちだという事実がある。養殖サケの脂肪含量は平均一五パーセントあり、野生サケでは平均六パーセントある。だから野生のカラフトマスやベニザケの保有する生物濃縮ＰＣＢ量は、魚だけを食べている養殖サケよりもほかの濾過摂食魚の保有量にずっと近い。もし、天然の環境から同じ野生のアラスカのサケを獲ってきて一年間囲いに入れて汚染材料で作ったペレット餌を与えて飼ったならＰＣＢレベルは上がるだろう。よく言われるが、餌が悪ければ魚は悪くなるのだ。

だが、この基本的なルールの内部にはもっと微妙な原則も潜んでいる。餌は地域ごとに違っている。南半球の国々（たとえば、世界第二のサケ生産国、チリ）ではサケの汚染は比較的少ない。この理由はただ単に南半球には北半球よりも全般的に産業が少ないので、南半球のペレット餌にはそれに応じて産業汚染が少ないというにすぎない。

だが、この情報の微妙さが新聞に載ることはなかった。食品安全に関するあらゆる情報と同様、大衆には二者択一式に伝えられた——野生サケは良くて養殖サケは悪いと。そして、即座に養殖サケの消費が一律に落ちた。あたかも毒物学の伝言ゲームのように、あらゆる視聴覚を動員して噂話が広がった。素人環境論者が養殖サケには高濃度の水銀が含まれていると、よく私に注意したものだ。実際には、養殖サケの水銀汚染には特に重要な問題はない。野生サケと養殖サケとの間には水銀レベルに有意差は見られないし、野生であれ養殖であれ、危険なほど高レベルの水銀汚染はない。

ハイツとカーペンターの研究はサケ養殖産業界からの反撃を煽ることにもなった。業界は、養殖サケのような脂肪の多い魚を食べることにはPCBの危険性にまさる重要な利点があると主張したのだ。ドコサヘキサン酸（DHA）やエイコサペンタエン酸（EPA）——よく両者合わせてオメガ3脂肪酸として分類される——などの「長鎖」脂肪酸は、グリーンランドやアラスカの沿岸のような冷水環境で魚が細胞膜を柔軟に保つために使っている。ヒトがそれを食べればヒトの血管組織に対して同じ効果があり、より長い間、動脈や静脈の調子を上げて、若さが保たれるのだ。サケ業界は、ピュー財団が基金を提供した研究にはこの効果が考慮されていないと言って猛烈に咬みついてきた。国立衛生研究所がハーバード大学医学部のダリウシ・モザファリアン博士に研究費を提供すると、この主張はさらに強いものになった。モザファリアンはこの研究で、養殖サケ摂取で起きたPCB中毒によるがん死のリスクと、養殖サケを食べないことによる冠動脈疾患による死のリスクとを比較した。以前ぼくと話した時、モザファリアンは、養殖サケを食べてPCBでがんになるリスクと養殖サケのような脂肪の多い魚を食べないことで冠動脈疾患になるリスクを較べるのは「ゴマ粒とスイカを較べる」ようなものだと言った。モザファリアンの新たな分析では、一週間に養殖サケを三切れずつ食べると一〇万人当たり二三人ががんで死ぬ見込だということがわかった。もし、同じ一〇万人が養殖サケあるいは他の脂肪の多い魚を食べなければ、冠動脈疾患で七一二五人が死ぬだろうと言う。この後、カーペンターたちは、モザファリアンの新分析に使われた科学文献が権威ある雑誌に載っておらず、そして、養殖サケのPCB汚染がオメガ3脂肪酸による冠動脈に対する利点を相殺するかもしれないという前提を勘定に入れていないといって反論した。[26]

モザファリンは、二歳になる自分の息子に養殖サケをよく食べさせていたし、今も食べさせていると言った。カーペンターは、養殖サケが「危険な食品」だという考えを変えてはいない。

しかし、モザファリアンとカーペンターの意見の一致する点が一つある。PCBが含まれていないことが保障され、持続可能な原料から収穫されたオメガ3脂肪酸を含む油の一・八グラムの錠剤を服用することと、養殖、野生を問わずサケを食べることとは同じように冠動脈に良いという点である。

アラスカ以外のアメリカ合衆国やヨーロッパに住んで野生、養殖を問わず大量のサケを食べる人々は、寿命を延ばしたり健康によくないものを除いたりすることが、いつも頭から離れない。だが、ユーコン・デルタに住むユーピック族のように現在サケを捕らえて生活している先住民は、生存のための砦をどんどん失っているように見える。部族のメンバーが問題の多い現世から自発的に去っていくのはすべて悪い運命のめぐり合わせのせいだろう。とくにそのメンバーが若い人だったら——。ワスカのサケ燻製キャンプにいた時に、ユーピック族の町、セントメアリーでピックアップ・トラックが道路外へ飛び出し、十代の若者二人が車の中で死んでいた。

「これで自殺は八件目だ」とジャック・ギャドウイルが言った。ジャックは寝ていないようだったが、それは、二人が亡くなったせいなのか、北極の夏の陽の光が一晩中クイックパック漁業の窓に注いでいたせいなのかはっきりしなかった。

「本当だよ。じきにわかるさ」ジャックは私に言った。

しばらく後で、ぼくたちは単発エンジンの飛行機に乗り込んで霧の中に向かって離陸した。ユーピック族の国はとても広いユーコンデルタ——オレゴン州くらいの大きさ——全体に広がって並んでいる列島状の居留地である。川の状態が変わると野営地がいくつか消えたが、あの手この手で自由に土手を乗り越える川はサケがいっぱいいるところの証しである。他の居留地は村へと成長し、ある種の近代化へ向けてゆっくりと進み始めた。居留地はそれぞれ巨大な空間と時間とによって隔てられているけれども、どういうわけか危機は共通している。だから、ジャック・ギャドウイルがセントメアリーまで飛んで犠牲者の家族を慰め、一族の損失に何らかの方法で援助するのは当然なのだ。

ジャックの長い脚は体に寄せて二つ折りになった。ナビの読み取り装置には「使用圏外。判断不能」と出た。離陸した時点でジャックは私との会話をやめ、愛人のチョン・チャ（略してチーチー）の肩に寄りかかって寝てしまった。チーチーはワシントン州オリンピアにネイルサロンのチェーン店を持っていて、ずいぶん長い付け爪全部に手の込んだ白い模様が描いてあった。アラスカにはちょっと立ち寄っただけで、すぐに戻りたがっているようだった。漁のシーズンが終わったら、ジャックがクイックパックから休暇をとってオリンピアで自分といっしょに過ごしてくれる方が良かったのだ。

セントメアリーへの途中で、コトリックの村に立ち寄った。ここはクイックパック社のサテライト漁業基地の一つである。サケは常に移動しているので、クイックパック社はいくつか別々の場所からの漁獲とそれを輸送する手段を確保しなければならない。インフラなどまるでない僻地での悪夢の輸送術である。ジャックはコトリックの従業員用に電子式タイムカード・システムを導入したばかりで、その活用に熱意を注いでいた。着陸したとたんにジャックは目を覚まし、ぼくたちは飛行機からとび出した。待機していた二台の四輪駆動車に飛び乗り、曲がりくねってつるつるした板張りの道をごろごろと進んだ。まもなく川岸にある新築の積み下ろし用ドックに着いた。ジャックはその隣の古い荒れ果てたドックを指して言った。

「あのドックは二、三年前に川に流れてきた切れっぱしを集めて俺が建てたんだ。作業していた三日間というもの、雨風に曝されっぱなしさ。あのトレーラーの床で寝たよ。食い物なしでさ」

ジャックはまわりを見回してから目を細めて遠くの平原を見た。

「さあ着いたぞ。ハーク〔ヘラクレス型輸送機〕をここへ呼べる。新鮮なサケ九トンを積み込んでシアトルまで飛ばすんだ。ニューヨークまで一日で届く」

ジャック・ギャドウイルがアラスカのシーフード・ビジネスで最初に働き始めた頃には、ニューヨークに住んでいる誰もがユーコン川のサケを食べたがっているという考えは馬鹿げたものに思えただろう。こんなに困難な輸送上の離れ業を受け入れるために空港を建設するという考えは、完全に狂気の沙汰だと思われたことだろう。

しかし、養殖サケが生サケに対する味覚を呼び起こしてくれたことに感謝、そして、ハイツとカーペンターが養殖サケのPCBに対する恐怖を広めてくれたことに感謝である。いま、生の野生サケの市場は成長し続けている。ヘラクレスC―一三〇型輸送機を週二回、世界のてっぺんにある未舗装の滑走路へ飛ばすような大きい市場があることは理にかなっており、また利益を上げ得ることだろう。

ハイツ・カーペンターの研究が発表されて七年あまり後には、PCBとサケに関する論争が次第にうす霞に包まれ色褪せていき、養殖サケの消費もサケの養殖も研究発表のあと一時的に減少していたのだが、再び増加し続けた。とはいえ、やはり生の野生サケも求められた。現実に、養殖、野生あわせてサケ全体の消費量はここ二〇年間で二倍になった。PCBの恐怖を人々の注意を向けさせるための道具に使っている環境団体が留意すべきだと思われるのは、この点なのだ。PCBの汚染は明らかに重要な問題であり、解決すべき課題である。危険な化学物質を海洋や食料供給を依存している場所に投棄すべきではない。しかし、飼育下の魚類をどのように養殖すべきかとか、どのように野生魚を捕獲すべきかという問題は別の事柄であり、汚染問題とは切り離して取り組む必要がある。消費者にとって差し迫っている現実的な難題は、そもそもハイツに研究を依頼する動機となったもともとの問題点である。すなわち、サケの養殖では極端な品種改良をしており、野性サケの血統には激しい重圧がかかっていて、生息域も潜在資源も極度に減少しているということだ。最近、水産業界はサケの餌にPCBを入れない方法を考え出したが、野性にしろ養殖にしろ、大量のサケを長期間持続して供給する方法を考えた者はいない。

もし野生サケだけに依存すれば、必然的に人々の欲求と魚の求めるものとの間に根本的な不均衡を生ずることになる。つまり、人類が牛首ひき肉よりもユーコン産野生キングサーモンを選んだ場合に起きる不均衡である。人類が環境を変化させたせいで、世界中に水が冷たく酸素の豊富なユーコン川のような川は本当に少なくなってしまった。そこではあまり障害物に遭わず、ダムが流路を妨げることなく、大きく立派な古木が川に倒れかかり、サケの稚魚のためのゆるい流れを作っている。そんな川がまたできるなんてことはありそうもない。今や、人類は数の上で野生サケより七倍多い。もし地球上の全人類が養殖サケではなく野生サケを欲しがったらどうなるだろう。即座に絶滅だ。

これは西洋文明が選抜と品種改良という緊急処置で、とりあえず野生サケの数をちょっと調節してみたことは除いての話である。ユーコン川にはまったく汚されていないサケの棲息地があるが、アラスカの漁業狩猟局は今、孵化場で孵化した何百万匹もの稚魚を州内南部の河川に毎年放流して、野生魚生産の「補給」とする事業を行なっている。今日では野生サケの三匹に一匹は孵化場出身である。これは一種のトリックだが、アラスカ以外の州のサケ遡上河川でやってみてとてもまずい影響を生じさせてしまったものだ。ワシントン、オレゴン、カリフォルニアの各州において、孵化場で孵化したサケを本来の母川以外の川へよく放流していた。先細りになっている野生サケの数が減ってくるにつれて、孵化場から来た放流魚が野生の産卵魚と置き換わり、本来の魚集団に破壊的打撃を与えたのだ。たちまちこれらのサケ遡上河川は人間の支えが必要な川になってしまった。もし、アラスカ以外の西部の州を流れるたいていの河川に人間が放流するのをやめたら、サケはほとんど消えてしまうだろう。

アラスカ漁業狩猟局の管理官によれば、アラスカでは事態はもっと複雑なのでより慎重に考えられているということである。漁業狩猟局の職員は、当節アラスカの孵化場では稚魚の補給を厳密に河川別に行なっていると言った。五〜七・五センチメートルの稚魚をアラスカの川に放つのだが、それは同じ川の両親から生まれた稚魚だ。カッパー川には親がカッパー川で育った魚を放流する。各放流河川の特異的、遺伝的完全性を保存することで全アラスカ州を通して多様性は保たれていると、管理官は言う。

だが、あるサケ養殖業者がぼくに指摘したとおり、「野生魚放流」を受けた魚はひどく歪められたものなのだ。自然界では最大の淘汰圧の一つに、卵から稚魚へ変わるとても抵抗力の弱い時期におこる不適個体の間引きがある。人間の操作のまったく及ばない天然河川の系では、八〇パーセントもの卵が孵化前に死んでしまう。すでに人工的に五センチの稚魚にまで育てられた魚を天然の系に放流することで、漁業管理官はいちばん大きな自然淘汰圧をないがしろにするのだ。実質的には、悪い卵を生かして、その悪い遺伝子を将来の世代へ伝えている。このような孵化場出身の魚が成長して産卵したら、その子供たちが過酷な自然界で生涯を全うできるかどうかなど誰にわかるだろう。

実際、アラスカのサケの多くのものが試練に耐える遺伝的資質をすでに失ってしまった可能性がある。私たちが知らないうちにアラスカ産野生サケの大部分が人間の支えに依存しているのかもしれない。私たちがやりすぎてしまったのかどうかを判断する方法がないことが混乱のもとである。アラスカの川に放流したサケが生き延びられるかどうかを知る方法はたった一つ、放流をやめることだ。そのあとで「野生の」遡上がアラスカから消えたら、それは私たちが大変な失敗を犯したことを意味する。

サケの未来とユーピックの人々の未来とがなぜか同じ悲しい道を歩むような気がしてならなかった。外部からの操縦——連邦および州政府が生き残った七千人のユーピック族に提供しているたくさんの助成金、融資、奨学金、合衆国本土への旅行など——がなければ、いかなるアラスカ先住民もユーコン川氾濫原にとどまることができるかどうかあやしい。狂おしいほどに美しく、同時に人を打ちのめすほど圧倒的なこの土地に。もし今までやってきたことをやり続けるならば、アラスカのサケを生かし続けるためにはユーピック族に施したのと同じような支援が必要だろう。生存のために毎年の放流が絶対不可欠になるだろうが、これはユーピック族にとっての食料クーポンと同じことだ。

セスナ機はジャック・ギャドウイルとぼくを乗せてセントメアリーへ向かってさらに飛んだ。ひっくり返ったピックアップ・トラックの中で死んでいた若者の家族はジャックの悔やみの言葉を待っていた。その時はジャックがクイックパック社の臨時代理人だということを別にしても、彼は体が大きく人を元気づけるような存在感があったので、哀悼に加わるにはさっきの一晩眠らなかったような顔に戻る必要があるように思われた。ところが、雲底高度がかなり下がってきて、ジャックが飛行機のフロントグラスごしに前方のどんよりして何もない景色を見透かしながら言った。

「行けないな」

「行けるかも」と、ずっと若い現地の操縦士が六〇メートルほど下の穏やかな空中へ機を降下させながら言った。

ジャックは頭を下げて聞こえるか聞こえないかの声で私の耳に囁いた。「行けないさ」。

急にジャックが疲れて見えた。疲れはジャックの骨から染み出してぼくの体に入ったようだった。一時はジャックは自分のことを五〇代半ばか後半だと信じていたが、アラスカの魚商人を何年もやっていてジャックのことをよく知っている仲間が、前の年のボストンのシーフードショーで計算してくれて本当は六〇歳だと言ったのだ。

「どうしてもこの仕事を続けてなきゃいけないのかい」と、とうとう聞いてみた。

「その通りだ、ポール。一日で一〇〇万ドル稼いだこともある」といきなり言った。「ポケットに六〇〇万ドル入れてアラスカへやって来てその六〇〇万ドルを取り返すのに二〇年かかったこともある」。しばらく黙ってから、「でも、いや、結局は正しいことをやったと思ってるよ。俺はどっちかと言やあ、こいつのためにも何でもやる人間だと思う」と言って自分の心臓を指した。「いいかい、俺はカトリックで、人は死ぬまでにやりがいのある仕事をやっておくべきだと思う方の人間なんだ」。黙り込んで窓の外を眺め、それからつぶやいた。「でも、そいつがどえらくしんどいんだ」。

「後継者は育ててるのかい」と、いい点を突いてはいるがおそらくいささか攻撃的な調子で探りを入れてみた。ぼくの声音の切り替えに気づきもっと誠意ある態度をしろという感じで、ジャックは眼鏡の上からぼくを見つめた。

「つまり、リタイアを考えたことはないのかということだよ」とぼくは言い換えた。

「ハッ！」通路の向こうにいる愛人のドラゴンレディ製の爪に手を伸ばして、「このチーチーが俺のリタイアさ」と言った。

雲底高度はさらに低くなり、いきなり、かなたにあるセントメアリーの不快な灰色の塊が辿り着けそうもないものに思えた。

「皆さん、すみません。目的地へは行けません」と操縦士が言った。

「わかってたよ」ジャックが小声で言った。

飛行機は低く猛烈にバンクし、エモナックへ向けて引き返した。今やおなじみになった町がもう一度視界に入るまで、みんな黙って座っていた。「やれやれ」ジャックは体を前方に傾け、住人の名前をほとんど知っている町を窓から目を細めて見ながら、「中途半端なところまで行くよりこっちにいる方がましだ」と言った。

空港の格納庫に戻ると、定期航空路のスケジュール札が全部さかさまになっており、アンカレッジ行きのぼくの飛行機が何時間も前に出てしまったことがわかった。しかし、ジャックから短いやり取りとウインクを受けた運航管理者が、ベーゼルの町を経由してアンカレッジへ行く別便を用意してくれた。

ジャックが言った。「ベーゼルでは気をつけた方がいいぞ。そこで乗り違えると『ツンドラタイムズ』に記事を書くことになるぞ。ワッハッハッハッハ！」。

駐車中のジャックのトラックから自分の旅行鞄を集め、待機中の飛行機に向かって歩いていった。ジャックが手を差し伸べて思いも寄らぬ巨大なハグをした。

「こんちくしょう、ポール、ここじゃ順調だったようだな。お前は目的を果たしたし、俺は助言ができた」と頭を振りながら言った。

ぼくは胸に不思議な高鳴りを覚えて笑った。ジャックと握手をして飛行機に搭乗した。機は前方への短いランジ〔フェンシングの突き〕一つで離陸した。小型機に特有の簡単な離陸、より安全でより人間に近いサイズで飛びまわれる。これは大きなジェット機にはないものだ。ユーコン氾濫原と暖かい南方にある文明とを隔てるぎざぎざの山なみを飛び越えた。エモナックの湿った空気が、まだ機内に滞留しているのが感じられた。体中で暖かいのは足だけだった。エモナックの町とクイックパック漁業の小さな切れはしがぼくの中に残っていることに気がついた。ブーツを脱いで足を空気にさらすとジャックの存在を感じた。ジャックの大きな靴に自分の足が合ったと思っているわけではない。そうではなく、ジャック・ギャドウイルの靴下にエモナックの思い出が残っていることにしあわせを感じたのだ。

二〇〇七年にユーコンをあとにして以来、野生および養殖サケの運命はさらに道をそれ、終わりなき負のスパイラルという野生サケにかけられた呪いに、ぼくは追われ続けているようだった。二〇〇八年と二〇〇九年にはキングサーモンが海から戻ってくることはほとんどなかった。ユーピックの人たちはたちまち飢餓に直面し、この地域には連邦政府による災害救助があった。それにもかかわらず、最近、ユーピックの人々は募金を集めてハリケーン・カトリーナの被災者援助のために四万ドルを赤十字に寄付した。

二〇〇二年にあった前回のサケの減少と同様、サケがユーコン川に遡上しない理由を知る者は誰一人いない。昨今では、野生サケの遡上に関して何か良くないことが起こる（あるいは起こり続ける）ことがあっても遡上河川に問題が発見されることはなく、たいていの生物学者は海の方角を指して、いくぶん漠然と「海で何かが起こっている」と言う。この「何か」は多くはもっとも古典的な問題、すなわち漁師が魚を獲りすぎるということである。それはアトランティックサーモンのはるかに極端な減少の原因になっている問題と同じものだということはすでにわかっている。

海洋で起こっている問題が最終的にはうまく処理されたこともある。アイスランドではオリ・ヴィグフッソンという名の元ニシン漁師が、アトランティックサーモンの営利漁業をすべてやめさせるため、大西洋にわずかに残っている営利サケ捕獲事業を買い取るプロジェクトの先駆けとなった。彼は、フェロー諸島から南へアイルランド沿岸まで、北大西洋全体から魚網を取り除くことに尽力した。実際、ヴィグフッソンはロシアのコラ半島からはるばるカナダのラブラドルまでの海域に国際鮭類保護区が設立される日が来ることを心に描いているのだ。サケを研究している生物学者たちは、ヴィグフッソンの取り組みによって実質的な成果が上がっていることを認めている。サケの成魚が海洋で捕獲されて殺されることはなく、今まで何年も見たことがないような多数のサケがアイスランドの河川に戻ってきている。

太平洋ではいまだに予測不可能な個体数の変動があって水産学者が困惑しており、これは「本当に何が起こっているのかまったくわからない」という言葉でまとめられがちである。しかし、いくつか考えられることはある。二〇〇七年までユーコン川のキングサーモンをプレミアム魚として市場に出そうとしていたシーフードコンサルタントのジョン・ローリーは、これはスケトウダラ漁業の過失によるものだと確信している。

スケトウダラ漁業は合衆国最大の天然魚漁業で、世界でもっとも権威ある持続可能魚介類の認証者である海洋管理協議会（これについては後ほどさらに触れる）から「持続可能」であるとして二度認証されている。二年前、一二万頭のキングサーモンがスケトウダラ用の魚網に誤って「付随漁獲物」

として捕獲された。おそらくこのサケの三分の一はユーコン川へ向かうはずのものだった。この総数は、当たり年にユーピック族が収穫するキングサーモンの数より多く、これが間違って付随捕獲魚として殺されたのだ。こういった意図しないで捕獲した魚類は、法によれば死骸を船外へ投棄しなければならない。スケトウダラ漁業の「持続可能」認証の正当性、それにユーピック族に及ぼした影響についても異議を唱えるようなことが何かされたのかと尋ねると、ローリーは、責任者たちはアンカレッジへ向かい、地元の漁業経営会議に先んじて証言したと答えた。しかし、次のように結論を下した。「スケトウダラ漁業には強力なロビー活動があって、こっちはほとんど何もできないんだ」。ユーコン川のキングサーモンには気候変動も影響しているかもしれない。しかし、このような前代未聞の変動をどうやって定量化すればよいのか、誰にもまったくわからない。

一方では、ユーコン川のキングサーモンその他の野生サケが、人間が進路上に置いたさまざまな障害物を越えて泳ぎ切るのがますます困難になっているが、同時に、別種のサケが違うタイプの障害物コースを次第に通り抜けるようになっている。あのノルウェー人が始めた養殖魚繁殖の取り組みはいろいろな結果をもたらした。いいものもあったが、たいていは問題のあるものだった。私たちは、野生の先祖が要した量の半分の餌で育つ魚を選抜することに成功して市場に出せるようにした。だが、さらなる効率的な動物を追求するあまりやりすぎて、見通しがきかない小道へ踏み込んでしまった――選抜育種を超えて無制限な遺伝子操作の領域へ進む小道である。

カナダ、プリンスエドワード島のアクアバウンティ社は今、ＤＮＡ操作によるより効率的なサケ生産の研究開発では先頭を切っている。アクアバウンティ社のロナルド・ストティッシュによれば、より成長の早いサケを作る遺伝子工学の企画は一九八〇年代の終わりに始められたが、この時研究者たちは「抗凍結」タンパクをコードする遺伝子に注目し始めた。このタンパクは氷点下でも魚を死なないようにするものである。しかし、「研究が進むにつれ、この興味深いタンパクには他にも応用の可能性があることに気がつきました」とストティッシュが書いているように、抗凍結遺伝子の研究には数々の医薬品、食品、化粧品への使用が約束されているように思われ、研究は別途の企業へ分離された。

だが、当初の抗凍結研究の成果のうちでいちばん利益を挙げたのはおそらく成長促進であろう。ストティッシュは続ける。「成長ホルモン遺伝子をもう一コピー加えてアトランティックサーモンの成長速度と経済効率を増進できるかどうかを探求することにも関心を持ちました」。抗凍結遺伝子のオン・オフ切り替えの方法を見つけていたので、同じ「スイッチ」をサケの成長ホルモンにも使えることがわかっていた。試験が始まり、研究者たちは目ざましく成長率が増加するのを目撃した。

さらに研究と進歩を重ね、アクアバウンティ社は選抜育種によってすでに成長速度が二倍になっていたサケの成長をさらに二倍にすることについに成功した。このアクアアドバンテージ・サーモンという商標をつけた新規の魚は、最近アメリカ食品医薬品局の認可を受けた。今までのところ、市場には遺伝子操作を受けたサケは出回っていないが、これから二、三年後には出てくるだろう。

ユーコン川の野生のキングサーモンを一方におき、改良されたアクアアドバンテージ・サーモンを他方においてこの二つの実例を見ると、ヒトとサケの関係が両極端に乖離してしまったことに、ぼくは大きなショックを受けた。どちらの関係も、やりすぎれば崩壊する恐れがある。一方では、純粋で高貴な魚を世界の市場へもたらそうとする純粋で高貴なクイックパックの努力がある。しかし、野生のサケは根本的には有限で不安定な資源であり、これを世界の市場へ供給しようとする企てはどうやったとしてもリスクは多いのだ。

アラスカにいる野生系のサケは根本において開発できる幅が狭く、市場の隙間にある品物にすぎないわけで、それを世界的商品へ発展させれば、伝統的漁法が壊滅するおそれがある。もし、野生のサケを食べ続けるとなれば、きわめつきの珍味としてたまにしか食べないようにしなければならないし、価格にはその稀少さを反映させるべきである。アラスカのもっと南方の河川にいるカラフトマスやシロザケの場合は、ユーコン川のキングサーモンより品質が劣るとはいえ、スーパーで一缶二ドルで売るために人工的に数を増やすだけの理屈はないと主張できるだろう。

一方には、価格を下げるためのなりふり構わぬ取り組みという極端な行為がある。アクアアドバンテージは、とても速く成長するサケなので、操作を加えていない魚よりもかなり安いはずだから、消費者が遺伝子操作食品に対する不快感を乗り越えられれば巨大な市場シェアを獲得するだろう。アクアバウンティ社のステティッシュは、遺伝子による汚染は最小限だという。また、「当社の製品はすべてメスで不稔性（生殖能力がないこと）となります。さらに物理的に囲った容器を用いて魚を育てます。たとえば魚が逃げ出せないタンク、養魚用水路などがあります」と書いている。このことは多くの環境保護論者が唱えることにいくらか合致している。サケを自然の系から離してタンクの中で育てる「閉鎖系」養殖は、野生のサケと飼育下のサケを分けておく唯一の方法だ。だが、このシステムは費用がかさむ。ファンディ湾〔カナダ大西洋岸、潮の干満が大きいことで有名〕にあるコンサルタント会社が一九九八年に指導したモデル事業[27]によって、五年後にトランスジェニック〔他から特定の遺伝子を人工的に導入した〕のサケの飼育に成功したのは、非海洋性の閉鎖系のモデルだけだということがわかった。もし、最少の飼料で最多のサケを飼育することが最終目的ならば、論理的に言って遺伝子操作が最高の手段であることに疑問の余地はない。

私たちが食べるサケがみな野生のものならばそれは素晴らしいことだ。しかし、最近ある海洋生物学者が言ったように、私たちが大型野生魚を今まで食べてきたのと同じペースで食べ続けて現在の人口を支えるには「大洋が二つか三つ」必要となる。私たちは過去二〇〇年の間にサケを生かしてきた棲息場所を減らし、同時にまだ生き残っている魚たちに対する過酷な漁獲を行なって食べ続け、この欠乏状態へと至った。いわば私たちはサケという蓄えが毎年生み出す「利子」ではなく「元金」を食べているのだ。利子というのは、毎年ユーコン川へサケが帰って来るとユーピック族のような人々が慎み深く取り出していたものである。

もちろん食事がサケ中心でない国に住む人にとっての解決策は、サケを食べるのを完全にやめて、海洋全体に及ぼす影響の少ないもっと小さい魚を食べることだ。良心的消費者が海洋政策を変更させる刺激剤として選ぶこのアイディアは、現代の海洋問題について書いているライターたちにとっての理想となっている。この考え方を持つあるライターが二〇〇八年に『ニューヨークタイムズ』紙にオピニオンエッセーを寄せて、サケの燻製入りベーグルをやめて代わりにイワシとクリームチーズを食べるべきだと提案した。

しかし、サケ産業は今や何十億ドルものビジネスで、世界のあらゆる大陸で利益を生んでいる。消費者によるサケの需要はPCBの恐怖から一時的に下降したが、その後すぐに回復し、毎年成長し続けている。事実、今やサケは国際食品産業におけるまさに核心にあって、中枢産業になっている。あるサケ養殖業者がぼくに言ったように、「ほとんどのスーパーはサケ用以外のシーフード売り場を作ろうとしない」。消費者による選択力というのは好ましい概念だが、これまでのところこれはあまり影響力を及ぼしてはいない。

ぼくがそれより必要だと思うのは、法律を改定してサケ産業の取り締まりを実行させる運動である。サケの養殖は始まってまだとても日の浅い事業で、たいていの国では四〇年も経っていない。まだ自分のやり方に固執しているわけでもないし、過去の最悪のやり方を将来のやり方の基準にする必要もない。陸上の単種飼育で学んだすべてのことを水産養殖という比較的新しい未開拓分野へ編入する機会はまだある。

サケの調査をそろそろ終えようという七月、ファンディ湾にあるセントジョージの町へ向かって、カナダ大西洋沿岸で車を走らせていた時に、この新しい考え方のヒントを思いついた。陽気で楽天的なフランス系カナダ移民、ティエリ・ショパンに会ったのはそこだった。ショパンはメールの文末に次のようなジュール・ベルヌからの引用を載せて勇気付けてくれた。——達成されないままでいられるものなんて一つもない。

ショパンはカナダ沿海諸州では最大の養殖会社、クック・アクアカルチャー社と共同で仕事をしており、集約多栄養養殖、略してIMTAという事業を開発している。この飼育方法は餌が必要な種（たとえばサケ）を溶存無機栄養物を海水から引き出す他の種（たとえば海藻）および有機微粒子物質を取り出す種（たとえばムール貝やウニ）と一緒にして、養殖環境の中でバランスのとれた生態系を管理運営しようとするものだ。クイックパック漁業と同様、IMTAの基本的コンセプトはとても古い。世界初の養殖業者で四〇〇〇年前からコイの養殖を始めていた中国人は混合飼育を行なっていた。[28]その昔の中国の養蚕業者は、コイが桑畑の下に群がるのを見つけたが、そこではカイコが繭を紡いでいたのだ。やがてコイが収穫物を食べ、またコイそのものが収穫物になることが発見された。この二種による関係は時を経て拡張された。コイの糞は中国人が収穫しているイネなどの有用草類の成長を促すことがわかった。これらの草はまた、食肉用アヒルの餌となった。こうして、絹、魚、鳥、穀類からなる四種による混合飼育・栽培が発達した。みんな個別に存在していたのだが、結果として一つの池の生産力を何倍にも増やしたのだ。

一九六〇年代から一九七〇年代に近代的サケ養殖が始まった時、混合養殖という概念がどうしたことか消えてしまった。初期の養殖業者は、貴重な魚をほんのわずかの金額で市場へ卸すことになるのではないかと恐れていたので、世界中の温帯域の海沿いにある最も汚れのないサケ産出国において、肥育型単種養殖による促成飼育を行った。養殖場の設置場所を決める際に、廃水や病気の蔓延などについてほとんど注意が払われることはなかった。そのうちにファンディ湾のような所は実質的にはサケの開放下水道になって、廃液はチェックなしで放出され、サケの廃棄物でできたヘドロの溜まった海底は隠蔽された。

一九九〇年代終わりから二〇〇〇年代初めにかけての一連の危機と環境保護論者からの反対運動を経験して、産業界は自己改革を行なった。一九九六年にニューブランズウィックでサケの感染性貧血症の存在を示し始める兆しが見られた。そこでニューブランズウィック州政府および水産業界は二〇〇五年に湾内管理領域（ＢＭＡ）のシステムを立ち上げてこれを実施した。これはサケ養殖場の配置をもっと周到に計画するものである。この動きによって養魚場当たりの魚の頭数は少なくされ、生物安全性測定法が導入され、また、ファンディ湾内の一定の場所に、通常は養殖を行なわずにおく領域を確保することが求められた。

養殖産業界のこれら一連の変化は、ショパン博士にも門戸を開いた。ショパンは海藻研究の専門家で、フランスからニューブランズウィック‐セントジョン大学に移った一九八九年以来カナダ大西洋沿岸のケルプの研究をしていた。海藻は食品、化粧品および繊維製品産業に不可欠な要素で、六二億ドルの市場を構成することがわかっている。ショパンはカラギーナンの生産に従事していた。これは紅藻類から抽出した、濃化剤や乳化剤となるもので、ことに工業用製品としてすぐれている。ショパンはサケ養殖場の無機廃棄物がこのとても価値ある海藻の発育に使えることに着想した。

「カナダの大西洋岸へやって来て気がついたんだ。〝ワーオ、サケ養殖場があれば水中には栄養素が全部あるぞ〟とね」と、クック・アクアカルチャー社のIMTA部に車を着けた時にショパンは言った。「この栄養を無駄にしないで回収しなきゃ」。有機廃棄物の大型粒子を処理しなければならないこともわかっていた。カナダ水産海洋省のセントアンドリュース生物局から来たショーン・ロビンソン博士との共同研究で、ショパンはムール貝が水中に浮かんだ中等度の廃棄物粒子を回収することを発見した。その後、二人は底に沈んでしまういちばん重い粒子に含まれる有機物を食べさせられることを見つけた。高価なウニやナマコがとくにこの種の廃棄物を好むことがわかった。

IMTAはまだほんの試験的企画にすぎない。ショパンとロビンソンは小規模なサケ養殖ベンチャー企業二社と共同研究を開始した。ベンチャーの目的の一つが純種のサケだった。クック・アクアカルチャー社の最高経営責任者であるグレン・クックが二〇〇五年にサケの純種を手に入れるや、これを拡大して養殖しようと決めた。混合養殖実験はクック社全体の実績から見れば未だ小規模なものだが、少しずつ拡大し始めている。

円形のサケ囲いから離れて四角い海藻用筏のそばを車で通り過ぎている時に、ショパンがブルーマッセル〔ムール貝の一種〕のソックスのぶらさがった篭の並びを見るよう促した。ムール貝をつかんでナイフで開き、中の繊細でかすかに輝いている身を指した――身は殻のふちからあふれ出さんばかりだった。「ごらんの通り、食料品店で普通に売っているムール貝よりもだいたい三〇パーセントよけい身が入っている。オメガ3脂肪酸、ことに心臓によいEPAとDHAをかなり含んでるよ」。

ムール貝にはサケの養殖に関してもう一つ面白いことがあった。ムール貝がサケの感染性貧血症ウイルスを吸収していると思われる証拠がある。養殖水槽の中へムール貝を入れると、サケ養殖場によっては蔓延していたこの病気の感染サイクルが断ち切られたのだ。

サケ養殖業にとってはおそらくもっとも致命的だと思われるウミジラミについては、混合養殖したどの生き物もなすすべを持っていない。それにもかかわらず将来は明るいように思えた。「飼料転換率」とは、単にサケの重量を増やすために与えた餌の重量という問題ではないだろう。そうではなく、結果として生じたものがその循環系における一連のシーフード製品になるということだろう。グラフや図やパワーポイントを使ったプレゼンが大好きなショパンでさえ、このようなプロジェクトからどれくらいの食料が生産されるかまったくわかっていない。「図上では矢印があらゆる方向に向かっているんだ。私にはまだ計算できないよ」と言った。

「閉じたサークル」を達成するのはむずかしいが、結局ＩＭＴＡはこのための基礎的条件を作り上げるだろう。これは持続可能なシーフードを生産する者にとって、いちばん大切な目標なのだ。そこでは系の中へはまったく飼料を入れず、系へのインプットもアウトプットも同じユニットに由来する。これはぼくたちが考えることと大きく外れてはいないだろう。アメリカ農務省の実験的飼料の開発者、リック・バロウズは「魚は栄養が欲しいんです。栄養素じゃないんですよ」と説明してくれた。栄養、ことによく非難される飼料用野生魚に含まれるオメガ3脂肪酸は海藻が合成できる。サケに自然に含まれているオメガ3脂肪酸は、結局は海藻に由来するもので、小魚がこれを摂取した後でサケに食べられたのだ。

高度化した混合養殖環境では、サケは海藻を食べる小魚をパスして海藻から直接合成されたペレット飼料を食べる。この方法で給餌すると、事実上養殖魚の栄養レベルを下げることになり、捕食動物を何か濾過摂食動物に近いものに変えることになるだろう。こうすれば、得体の知れない野生魚を原料にした飼料を与えられている魚よりもはるかにPCBの少ない魚を生産することになるだろう。またこのシステムには、サケが発生させた廃物が次にはムール貝の餌となり、また海藻をさらに成長させるという利点が加わる。非常に初期の稚魚の飼料として、またタネ魚の健康維持に魚の肉や脂肪は依然として必要だが、従来のサケ単種養殖法でいま必要とされている量に較べれば最少量ですむ。

純粋主義者の中には、これをサケの粗悪化だと非難する者もいる。サケは元来捕食動物であり、当然魚を食うべきだというわけだ。反サケ養殖陣営がよく引用する喩えは「海のトラを飼育すべきでない」というものだ。しかし、農務省のリック・バロウズが指摘したように、これは見方の問題なのだ。「海のトラは飼育できる」とバロウズは言う。「餌を与えさえすれば」。

初めてサケの養殖を企てた中世にまで遡ると、認めざるを得ない事実がある。この時に別の何かを選ぶべきだった。確実にもっとすぐれた、もっと効率の良い魚がほかにもいたのだが、そういう別の魚を飼いならす技術がなかっただけなのだ。サケの卵は大きくて人間が手を加えやすく、たくさんの育種科学によってヒトとサケの関係が他の海洋動物では見られないほど複雑なレベルにまで進歩した。私たちは、サケが地球上の他のたいていの魚よりもすぐれていることを、実に当たり前のこととして知っている。私たちはゲノムを染色体上に位置づけ、系統同士を交配し、詳細に生活環を調べたのだ。現時点で完全に別の動物で新たに始めることは何十年も逆戻りすることになる。

そういうわけで、私たちはサケに関しては岐路に来てしまった。金銭を投入してさらに人工的サケ、遺伝的要素が先祖のものとはまったく違うサケを作ることもできるし、また、選抜育種をやるだけやったからもうすることはないと言うこともできる。今はこれら養殖魚を維持する給餌と飼育業務のための手段を選択しなければならない。サケに人工の淘汰圧を加える代わりに養殖業者に圧力を加える時期に来ているのかもしれない。もっともふさわしく、もっともきめの細かい組織を生かしてやり、その組織が克服した困難に見合うだけの利益を得させてやろう。

話したいことや関連する情報がいっぱいあるが、それはさておき、ぼくのところにはずっと、ジャック・ギャドウイルのとても重宝な持ち物がある――すごく暖かいソックスだ。ぼくに貸してくれたL・L・ビーン〔アメリカのアウトドア用品メーカー〕の厚手のウールの品で、返すのを忘れていたものだが、アラスカから帰って二、三ヵ月たってそれを履いた。それから胸まであるウエーダー〔長靴〕を履き、ニューヨーク州のサーモンリバーの速い流れに足を踏み入れた。何ヵ月もかけてサケを調査したり、サケを獲る人々を観察したり、また環境に与えるストレスの違いを養殖魚のタイプ別に比べたりしてぼくは十分仕事をやり遂げていた。自分が最初に魚に関心を持った理由にまで戻りたくなった。つまり、サケを捕まえたくなったのだ。

三〇年前にはサーモンリバーでこんなことをするのは不可能だった。サケは、まさにコネティカットから消えたように、一八〇〇年代の昔にはニューヨークからもいなくなっていたのだ。何度もオンタリオ湖にもう一度サケを呼び戻そうとしたが、いずれも惨憺たる失敗に終わった。多くは大きな環境の変化によるものだった。工業および農業廃水が水を汚染した。サケが食べていた天然の淡水ニシンの群れはエールワイフに置き換わった。これは大洋回遊性の小魚で、セントローレンス内陸水路の開削で五大湖へ侵入したものだ。取り立てて言うほどの捕食者もいなかったので、個体数は膨れ上がり、その後、藻類が繁茂して季節的酸素不足が起こると膨大な数のエールワイフが次々に死んだ。夏のオンタリオ湖畔では悪臭がすさまじかった。湖岸のどこだろうと、子供たちを浜辺へ行かせることはできなかった。

今やオンタリオ湖もサーモンリバーも変わってしまった。ぼくは左手の棒と右手につかんだ木の枝で体を支え、流れから出て岩の上へ上がり、キャスティングできるだけのラインを繰り出した。秋の紅葉はたけなわで、川は同じような道具をもった釣り人で混み合っていた。釣り人たちは規則正しくフライを上流へ投げ、フライが流れ切るまで目で追っていた。南方にあるダムから定期的に放出される水によって、使用済みの使い捨てコーヒーカップが渦巻きながら下流へと殺到してくる。錆びたショッピングカートがぼくのすぐそばでひっくり返って流れの渦の中で揺れていて、古いフライがいくつかとモノフィラメントのラインが一本、カートの金属製の格子状のものに引っかかっている。

初めは、魚よりも釣り人の方が多くて、やってきたことを後悔した昔の日々のような思いをした。ラインを振り回したり、長靴でジャブジャブ歩いたり、ルアーを結んだり取り替えたりするすべての行動――すべての儀式化されたばかげた振る舞いは、釣れた魚を引き寄せるという行動よりもまわりの釣り師たちに印象づけるようにデザインされている。

だが、秋の日の光に目が慣れて水面下のものの形がはっきりしてくると、それまでぼくの心を傷めていた光景が本来の姿を見せ始めた。ぼくが立っている岩のそばの流れの中でゆらゆらしている一切れの藻と見えたものは、植物ではなく動物だった。実際にはキングサーモンの擦り切れた胸びれだった。二〇年前、ちょうどオレゴンの野生のサケが永久に絶滅しかけている時にぼくが見たものとまったく同じように、流れの中でのんびりしている一〇キログラムを越えるキングサーモンだ。突然この川の本当の姿が見えてきた――このサケのそばに別のサケが見えた。たぶんつがい相手だ。さらにそのそばには別の、そしてさらに別のサケが……。川はサケで舗装されているようだ。キャスティングの範囲内に一〇〇匹はいる。

あらゆる実験室由来のサケの最先端の品種と平行して、ここサーモンリバーには野生・非野生のある種のハイブリッドがいる。足元の物陰の流れにいるサケはドナルドソン系のキングサーモンで、ワシントン州のシアトルの近くの施設で多くの異なる系をかけ合わせて繁殖させたものだ。今、その原種のいくつかは、原産地である太平洋岸北西部では絶滅している。だから、ドナルドソン系は試験管の中の遺伝情報であり、遺伝子の融合体であり、いったんは失ったがまた見つけ出して合体させて、サーモンリバーを再びサケが棲めるようにするためのものだ[29]。

世界を見渡すと、サケの遺伝学者がもっともっと効率の良い、タンク養殖に適応したサケをつくろうとしている一方で、それとは逆向きの技術を開発し始めようとする動きがある。野生サケの支持者がタンクで育ってタンクに適応しているサケを野生に戻すために、もっと科学に基づいた方法を応用しているのだ。過去半世紀の間に失われてしまったために貴重になった遺伝子の複雑さが、野生サケの復活にあたっての唯一のカギというわけではない。サケの生息を回復させようとする者は、イングランド北東岸のタイン川のように、ほぼ絶滅といえるほどサケがいなくなった河川でこのことを認識し始めている。

タイン川が、イギリス中のサケ遡上河川でもっとも情けない川になってから五〇年も経っていない。ニューカッスルという産業都市に近接していることと、キールダー貯水池を作るためにこの川に建設したダムとによって、サケの集団が完膚なきまでに撲滅されたのだ。一九五九年にはタイン川に一匹たりともサケは戻らなかった。生物学者でスポーツ釣り師のピーター・グレイがこのことに注目しなかったら、この状態はずっと続いていたことだろう。グレイはサケと遺伝学に関する論争で、常識的な結論に反論する決意をした。

「もし我々が最終氷期直後の時代にまで遡るとしたら、あらゆるサケ遡上河川にサケを再移植しなければならない。完璧な遺伝子でゼロから再出発するのだ」とグレイは書いてよこした。サケ遡上河川は一万年から二万年前の間に氷河によって一掃されてしまった。どういう方法でか、サケたちは小さな砦から始めて自分たちの王国を再生することができたのだ。サケの生育には後天的な要素があって、グレイはこれを軽視すべきでないという説を支持している。スコットランド西海岸のサケは「右向け右」をして北方のグリーンランドへ行き、いっぽう東海岸のものは「左向け左」をする。西海岸のものを東海岸の川へ移すと、フランスでの命取りになる休暇へ向かうことになる。

さて、このような後天的要素の存在を正しいと認めたなら、サケに生存能力を取り戻させるべく喝を入れてやれるのだ。マンモス養殖場や、サケ養殖産業が仕組んだ巨大孵化施設を取り払わなければならないと、グレイは信じている。グレイは遺伝学が大切なことに異論はないが、きちんと稚魚の準備をすることや川に放流するタイミングの方がもっと大事だということを見つけている。つまり、成功と失敗の分かれ目がこういうことで決まるということだ。孵化場出身のサケが生き延びるためにもう一度野生化するには訓練が必要だということがわかった。グレイは、仔魚用水槽の中に川のような速い流れを作った。また、魚が川へ戻された時に自然界で出会うであろう昆虫その他の餌を食べさせた。これらすべてにはタイン川の運命の逆転という意味があった。グレイが取り組み始めてから三〇年以内に、二万匹以上のサケの成魚が毎年産卵のためにタイン川へ戻るようになった。

サケは本質的に脆弱な魚だが、同時に、おそらく本質的に立ち直りの早い魚でもある。私たちは、自分たちが及ぼしたダメージをどうやったら和らげることができるかわかっていない時代に、ほとんどのサケ遡上河川を荒廃させた。でも今だったらできる。もし、川を浄化し、昔住んでいた場所でサケを心地よい状態にしてやれたら、おそらく私たちが生きているうちにもう一度野生のサケを見ることができるだろう。私が立ち寄ったニューヨークのサーモンリバーでは、その可能性があるという証拠をこの目で見た。一九八〇年代に放流されたドナルドソン系のサケは、オンタリオ湖とサーモンリバーへ導入されたのだが、当初は食用や釣り用でなく毎年夏に地元の湖岸を洗う悪臭芬々たる大量のエールワイフ対策が目的だった。

ドナルドソン系のサケは確かにその役目を果たした。だが、サケは大きく力強く美しくなり、漁師たちはそれを捕まえて食べたくなった。唯一の問題は、オンタリオ湖がおよそ一世紀にわたり産業汚染を受けていることだった。汚染物質には、クロムのような長期残存性の重金属からベトナム戦争時代の枯葉剤であるオレンジ剤〔ベトナム戦争で米軍が用いた強力枯葉剤で、ダイオキシンを含む〕まであった。魚の有毒性は危険なレベルにあった。漁業狩猟局はドナルドソン・キングサーモンのサーモンリバーへの放流をやめるよう命じた。漁師には捕まえたものは食べるべきだと言ってあって、健康上のリスクを案じたためである。しかし、漁業狩猟局が放流を禁じた後でも、珍しい出来事が起こった。ドナルドソン・キングサーモンが人手によらずに産卵した。野生に帰ったのだ。

漁師であり、真の野生魚の探索者であるぼくの純潔魂が、怯みそうになった。足元にいるサケはいったい何なのだ。これから何になるのだ。大西洋系の魚が支配した生息地で太平洋のサケが何をやっているのだ。もし食べられないのなら誰かにとって何か良いことがあるのか。こんな思いが頭をよぎっていたが、突然体長一メートル、肩幅三〇センチの堂々とした黄金色に輝く褐色の動物が水面上に立ち上がってルアーを引っつかみ、逃げる力でぼくを岩から引きずり落とした。驚くべき野生の引きだった。その力は、消えゆく魚に対する鬱屈とした思いからぼくを上流へと引きずる驚くべきものだった。このことはぼくの人生においてサケとのかかわりがすべて終わったわけではないことを物語っている。この気持ちには冷静な修正を加えなくてはならないだろうが、このサケの存在を否定することはまちがっているようだ。二〇年前のこの川にはまったくいなかった、否定しようもなく力強く美しい魚だ。

　ラインはリールから引っ張られて悲鳴を上げ、心臓は高鳴った。「地獄の底までついてくぞ」と自分に言い聞かせ、上流に向かって大物を追いかけた。結局、サーモンリバーにはサーモンがいるべきなのだ。

第2章

シーバス

ハレの日の主役が働きに出る

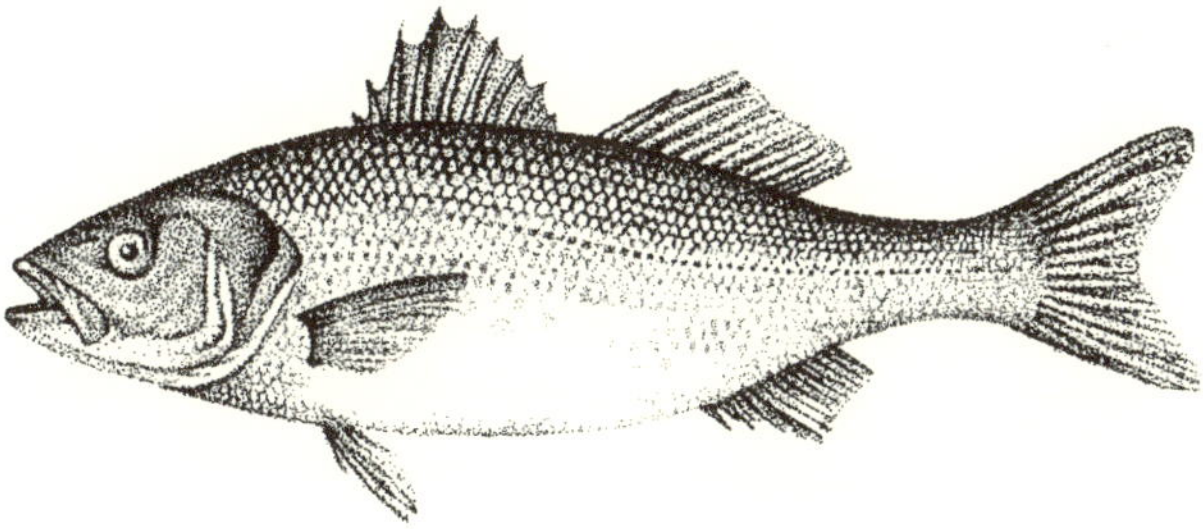

鱸

養殖ものの魚にはどんなものがあるかと聞かれれば、たいていのシーフード好きは「サケだ」と答えるだろう。それ以上のことになると、消費者の知識はあいまいになる。人々は魚の養殖業が成長していることには何となく気づいているが、養殖をする理由や養殖場所、生産量や生産方法までは知らない。普通の消費者は、食卓の魚はまずまちがいなく野生のものだといまだに思っているようだ。養殖漁業が世界一高成長の食糧生産システムで、（すでにそうなっていないとしても）おそらく一、二年のうちに野生魚の漁業をしのいでしまうだろうという事実[30]があるにもかかわらず、である。

ぼくの義母を例にして話してみよう。五年ほど前のこと、今度お気に入りの魚を見つけたのだと言ってきた。その魚を、この間のイタリア旅行で食べたのだという彼女は、帰国してみると、ニューヨーク中の高級イタリアレストランではたいてい食べられるようになったことがわかり、ご機嫌だった。ある日、義母とランチをいっしょにして、ついにこの新来の生き物にお目にかかった。メニューでは「ブランチーノ」と呼ばれ、ヨーロッパのシーサイド・レストランの方式で尾頭付きの網焼きで出てきた。鮮度と質の良さを誇示し、また浜辺で食べるハレの日の食事という気分を出すために、焼く前にウエイターがその魚を持ってきてぼくたちに見せた。義母は、このパフォーマンスを楽しむことはなかった——魚を例外としたベジタリアンである義母は、魚もまた動物で、哺乳類と同じような知性を持つ目をしているという事実に直面するのが嫌だったのだ。

ブランチーノはとても新鮮だった——瞳は澄み切っており、鱗はしっかりと脇腹に張り付いていた。正確にディナープレートのサイズで、体側は銀色の見事な流線型をしており、アメリカのシマバスを思い起こさせた。シマバスはアメリカではたぶんもっとも知られた釣り対象魚だ[31]。一九八〇年代半ばに営利捕獲が時限禁漁となり、その後に厳しく漁獲が制限されることになって以来、アメリカのメニューからほとんど消えてしまった魚だ。あとで家へ帰って魚類図鑑を見ると、ブランチーノは実際シマバスにとても近縁の魚だということがわかった。分類学者によってはこれをシマバス（*Morone*）と同じ属へ移動させている人さえいる。

ブランチーノはイギリスでは「バス」とか「シーバス」あるいは「ヨーロッパ・シーバス」と呼ばれており、ぼくが若い頃夢中になってシマバスを獲ったのと同じような熱心さで釣り人に求められている。いったんヨーロッパ・シーバス、シーバスあるいはブランチーノとお馴染みになってみると、どこへ行ってもこの魚とお目にかかれることがわかった。アメリカの都市部の中心街に雨後の竹の子のようにできた何十軒というフレンチビストロもどきでは「バー」とか「ルードメール」とか呼ばれている。南部またはシチリア起源を標榜するイタリアントラットリアでは「スピゴーラ」という名で通っており、スペイン料理店では「ロバロ」といって黄色いご飯といっしょに出している。そして、客に見せる時は必ず新鮮な尾頭付きで、目は澄んで知的で、正確にディナープレートサイズなのだ。食事のひとときをヨーロッパの海辺の休暇に、というわけだ。

これはどこの魚だい？「ヨーロッパです！」と何人かのウエイターが答えた。ヨーロッパのどこ？　まったく誰も知らないようだった。「地中海かな？」。何で地元の魚を食べないでヨーロッパのバスを食べているんだ？「ヨーロッパ産だからですよ」というのがもっとも一般的な答えのようだ。

ぼくはこのあとの二、三年の間にヨーロッパ・シーバスにさらに親しむことになる。ヨーロッパ・シーバスを飼育するということが人間と魚の関係におけるもっとも重要な進歩の一つであると気づくことになるのだ。というのは、プレートサイズのヨーロッパ・シーバスを世界中のレストランに届ける人類の能力が、海を管理し、かつ馴致するという、人と魚の次なる段階を象徴しているからだ。養殖環境に比較的簡単に適応するサケとは違って、シーバスや多くの海洋性食用魚をこれに適応させるのはむずかしい。発育の最初の段階では顕微鏡サイズだし、繁殖行動は複雑だし、人間が用意した水中かいば桶で育てるという計画には生まれつき抵抗があるようだ。シーバスが、野生魚グループという巨大な出身母体から選択されて最終的に飼い馴らされたのは二〇〇〇年に及ぶ開発と科学研究の結果である。そこには古代ローマの漁師、現代イタリアの密漁者、起業家となったギリシャの元生物学者、イスラエルの内分泌学者たちの奮闘があった。これらの人たちは皆、ある者は注意深く、ある者は偶然に、ヨーロッパ・シーバスが国際化するという最終段階へ向かう条件をこしらえたのだ。

ぼくは、ヨーロッパ・シーバスの歴史と、一般に言われる「バス」という言葉を道しるべとすれば、過去四分の一世紀の間に世界中の沿岸漁業に起こったこと、また、人類が次に壮大な人為淘汰を進める用意がどれだけ整っているかを理解できるのだということがわかりかけていた。

魚屋や料理屋がバスと呼ばれるものを私たちに勧めるとき、どの魚のことを言っているのだろうか。

たくさんの魚が同じ名前で呼ばれているが、そんなに似ているのはなぜだろうか。これに答えるには、魚と漁師との長い間の素朴な関係や、人類が「美味しい」食べられる魚とまずい魚とを区別するための迷信や、極度に非科学的な方法にまで遡らなければならない。

英語の「バス」という言葉はゲルマン語の ***barse*** または ***barsch*** に由来するが[32]、これは「剛毛」のことで、この名前をもった魚の背中側から奇妙なトゲが五本放射状に出ていることからこう呼ばれているのはまちがいないだろう。しかし、『語源とそれを知る方法』の著者で、物の名前とその由来についての世界的権威であるアナトリー・ライバーマンがぼくに語ったところによると、魚の名前は扱いにくく、必ずしも特徴と結びつくものではないということだ。「いくつもの別々の魚に同じ名前がついているかと思えば、同じような魚にはなはだしく違った名前がついていることもある」と言う。たとえば「ムーンフィッシュ」という名前は世界中にいる少なくとも七属の魚につけられている。ムーンフィッシュの多くは丸くてなんとなく月のようだが[33]、そうでないのもたくさんいる。ライバーマンが説明したように、これは野生のものを狩るという行為そのものの本質に由来するのだが、名前をつける際に、人間が獲物を狡猾に騙そうとしているからなのだろう。「狩人とか漁師とかいう連中は迷信深い。獲物に聞き分けられては困るので獲物を直接呼ばないようにしているんだ」とライバーマンは続ける。

そうではあったのだが、人類は、先史時代を過ぎて理性と分類の時代になると、生き物に外見に基づいた名前を付け始めた。進化に由来した命名をするのは二〇世紀になって分類学者がそのことに気づいてからである。現代では、普通にバスと呼ばれるものは、ヨーロッパ・シーバスであれ、アメリカ・シマバスであれ、あるいはチリ・シーバスであれ、すべて唯一つの分類学上の目、スズキ目（Perciformes）に分類される。この目名の語根 *perc* はギリシャ語の *perke* まで遡る。これがラテン語の *formes* と合体すると、平らな、つまり「パーチ〔スズキの類の食用淡水魚〕型をした」という意味を持たせて分類を完成させることになる。多くの魚が「パーチ型をして」いることは明らかだ——スズキ目は地球上の脊椎動物中最大の目[34]で、ここには七〇〇〇種の魚が含まれ、また、世界中のいわゆるゲームフィッシュのほとんどが含まれている。あまりに大きな分類群なので、よく分類学者たちがこれを「なんでも袋」と呼んで、よく似ていてはっきりせず、うまく分類するのがまったく手に余るような、途方もない数の種を入れておくのに使っている。奇妙なことに、そしてたぶんまったくの偶然ではないのだが、スズキ目にはヨーロッパ系の人々が食用だと見なす海水魚のほとんどが含まれている。「それがスズキ目だったら食べよう」と分類学は言っているようだ。

私たちがそもそもどうしてスズキ目の中からたくさん食べるものを選ぶのかということは、二億五〇〇〇万年前に起こった進化の歩みと関係がある。原始的な魚が底へ沈んでしまわないためにずっと泳ぎ続けなければならなかったのに対し、スズキ目魚類の先祖はウキブクロという器官を作り上げていた。これを気体で膨らませて水中で浮き上がりも沈みもしない平衡状態の浮力を保つ。ちょうどスキューバダイバーが浮力補整器を膨らませて無重力状態を作っているようなものだ。スズキ目魚類が深く潜ろうと思えば、気体をウキブクロから組織内へ吸収して沈む。浮き上がろうとする時にはウキブクロに気体を放出するが、このとき無重力平衡状態になるよう気体放出量を調整することができる。スキューバダイバーが浮力補整器を適切に調整した時のように、平衡浮力を得た魚は消費エネルギー量を少なくすることができる。

スズキ目魚類が重力に打ち勝つと今度は形態学的に適応し、その結果、進化の上で成功を勝ち取った動物になり、かつ食べられるのにふさわしいものになった。常に重力と戦う必要がないので、スズキ目魚類はもっと上手く泳げるようになり、重くてエネルギーを大量に必要とする「赤色筋肉」組織を、軽くてもっと繊細な肉と取り替えることができた。そこでスズキ目魚類の多くに白身で軽い肉がついたのだ。スズキ目魚類はまた、効果的な筋肉構造を発展させた。筋肉がおもに脊椎骨だけに付着しているのだ。その結果、身は柔らかくてほとんど骨なしのフィレ肉となり、食べるには最適だ。

スズキ目魚類がウキブクロを持つことで食品として魅力的になった最終的理由は、ウキブクロを持つことで得た可能性ではなく、むしろそれが負わせた限界から来ている。スキューバダイビングの喩えに戻ってみよう。ダイバーが潜れるのは浮力補整器が働いている深さまでである。それ以下の深さでは水圧が補整器内の気体を圧倒してこの装置が破裂し、ダイバーは石のように沈んでいく。ウキブクロを備えた魚も同じ問題をかかえており、それゆえ潜水できるのは特定の深度までに限られる。沿岸性のスズキ目魚類が潜れる最深部は、人間が素潜りできる深さ、あるいは昔の人類の釣り糸が届く深さに一致していないだろうか。食べることができるものとして私たちがもっとも広く認識した魚[35]は、原始ヨーロッパ人がもっとも簡単に捕らえられる魚だったに違いない。

しかし、とくにヨーロッパ・シーバスというある種のスズキ目魚類がどうして義母のお好みの魚になったのかという点に立ち帰るには、他の問題点を検討する必要がある。いちばん重要な問題点は、魚が少なく人が多いということである。

スズキ目魚類を確実に捕らえられるようになった時には、人類はすでにこういう魚の数に影響を及ぼし始めたのだ。そして早々にいなくなったスズキ目魚類はいっそう珍重された。稀にしか見られない魚に対して、特にその魚が強い漁獲圧を受けている場所ほど、人類が好意的に擬人化した特性を認めたのがその証拠だ。アングロ - ゲルマン系の人々がいる地域では漁獲圧は穏やかなもので、シーバスは「バス」と呼ばれた。つまり、単に「とげ魚」なのだ。しかし、地中海域では同じ種に力や知性を表わす名前がつけられ始めた。古代ギリシャではこの魚は *labros*、つまり「大荒れ」という言葉[36]で呼ばれた。ホメロスは *labros* という言葉を風や水について用いた。後世の作家たちは人々に対して、暴力や喧騒の意味で用いた。しかし、シーバスのことを言う場合は、*labros* は、次第に賢いという意味になっていった。現代のギリシャ語では賢い魚というシーバスの概念がこの魚の典型的な特徴になってきた。今日ではこの魚は *lavraki*、つまり「賢いやつ」と呼ばれている。誰かが何かを巧みにかつ挑戦的にやり遂げたことを現代ギリシャ語で表わそうとするなら、*epyase lavraki* と言えばよい。「あいつはシーバスを捕まえた」という意味だ。

バスが賢いという概念は、地中海の別の言語にも現れる。ローマではこの魚は特に知性的であると考えられたので、*lupinus* と呼ばれた。これはその後フランス語の *loup de mer* すなわち「海の狼」となった。また、古代ローマの詩人オヴィディウスはシーバスのことを捕獲者を欺く賢いものだと書いている。「貪欲な［漁師の］網を無益なものにして、さらに見事な技でバスは欺く[37]」とオヴィディウスは書いている。

ヨーロッパ・シーバスは地中海では賢いという名声を早々に固めたようだ。その理由は、おそらくはいつもバカンスのような地中海沿岸の環境によって直接つくられたものだろう。そこでは人とシーバスとの間にきわめて強い相互関係がある。地中海沿岸は特別に暖かく乾燥した地帯だ。ヨーロッパ大陸のほとんどの川は地中海へは注がない。ということは、他の海洋と比べて地中海の生命系があまり栄養を貰えないということだ。だから、この海のことを科学者はギリシャ語由来の言葉 *oligotrophic*――「貧栄養の」と記載している。この貧栄養状態は、食物連鎖の最下部から始まる。陸から海へ洗い流される廃物の供給が少なくて、光合成プランクトンがわずかしか存在できない。生態系の下部では食物の基盤がとても貧弱なので、連鎖の上部のいずれのレベルへ上っても他のたいていの海の沿岸部よりも貧相である[38]。ヨーロッパ・シーバスのレベルまで来ると、魚は数においても大きさにおいても当然小さく、より豊かな海に比べて乱獲の影響を受けやすい。最近、イタリアの料理本の作家、マルチェラ・ハザンがぼくに語ったところによると、彼女がアメリカへ移って来た時、ヨーロッパ・シーバスのレシピに合う魚をどうしても見つけられなかったという。「こちらのバスは大きすぎるのよ！」と言って嘆いた。

地中海は極端に深く、ピュロス湾近くの深部では五〇〇〇メートル以上ある。このお陰で熱が保存されて、極度に寒い時でも沿岸部が暖かく保たれる。最後の氷河時代に、ヨーロッパの他の地方では人々は穴居生活をし、人口が減少していたのに、地中海地方の人々は生き延びただけではなく、おそらく人口は増加していた。

もともと十分な食料源があるとは言えない海沿いでは、そこに生きる人々が増え続ければ、人間と魚の関係が不均衡な状態ができあがる。人間がもっと増え、もっと魚獲りがうまくなれば、常にもっと不均衡が進むというわけだ。そして最後には、人間と魚との不均衡が大きくなりすぎ、この不釣合いを正すために漁獲以外の何かが現れる必要が出てくる。地中海は人類の勃興と魚類の没落という意味で、長い間世界の他の海の先頭に立っている。ここ半世紀における地中海の野生魚資源の減少と、その後の養殖で個体数を増やそうという試みは、一般に海が貧栄養になれば全世界どこでも起こるだろうという、明確な警告である。この貧栄養という言葉には、個々人の食物不足という意味もある。

昔の人は、自分たちが飼い馴らして食料にする動物をどうやって選んだのだろう。新石器時代のヨーロッパ人の住居跡にあるゴミ捨て場を調べると、当時の人々が野生動物を獲物として相当広い範囲で食べていたことがわかる。量はそれぞれ異なるが、アカシカ、イノシシ、ウシ、ノロジカ、ウマ、ヤギ、アンテロープ、ヘラジカ、シャモア、トナカイ、キツネ、アナグマ、ネコ、テン、クマ、オオカミ、イヌ、カワウソ、オオヤマネコ、イタチ、マウス、ラット、ウサギ、ビーバー、マーモットなどの肉を食べていた。[39] キリストの時代までには、厨房へ持ってくるのは最小限の四種類の哺乳類にまで減っていた。ヒツジ、ヤギ、ブタ、それにウシである。

鳥については、同じように広範な選択対象があった。ハト、シギ、ヤマシギ、キジ、ライチョウ、何十種類もいるカモ、カイツブリ、いろんな渉禽類、等々。今日私たちはもっぱら四種類の主要な鳥を食料としている。ニワトリ、シチメンチョウ、アヒル、それにガチョウである。

どうしてこのような種類になったのだろう。

一九世紀の知識人フランシス・ゴルトンには悪名高い優生学の著書があるけれども、人類学者たちは彼が述べた家畜化適合基準を新石器時代の人類の手引きとなるすぐれた簡潔なスケッチだと見なしている。ゴルトンは、人類が家畜化するのに選んだ動物には以下の条件が必要だと考えた。

1　丈夫なこと
2　生まれつき人間と相性がよいこと
3　飼育環境に満足しやすいこと
4　繁殖しやすいこと
5　最小限の世話で十分なこと

一九六〇年代に地中海の野生魚が少なくなったことがわかり始めた頃、ちょっと図書館で調べれば誰にでもこの基準リストは手に入れることができた。それなのに結局はこのリストはまったく無視された。一九六〇年代半ばといえばいわゆる「緑の革命」のピーク時で、食糧生産を促進するための急進的科学技術に大いに信頼が寄せられることが多かった時代だ。この技術熱は、新石器時代の人々が行なった古代の選別習慣よりもはるかに多大な影響を初期の海洋養殖研究者に及ぼした。アメリカの生態学者で養殖家であるジョシュ・ゴールドマンは、最近「魚類養殖は、あらゆる種類の科学が何でも思い通りにできるようになった時期に生まれたという不運を背負っている」と書いている。現代の研究から得た教訓により、科学者たちはいかなる種も飼育できるし、飼育すべきだと信じていた。家畜化という本来の性向が基本的にその種の特性に備わっていないということは度外視して。

ヨーロッパ・シーバスを見てみよう。研究者がゴルトンの基準に合わせて魚を評価しようと考えるなら、ヨーロッパ・シーバスとは違う選択をすることは疑いない。この種を選ぶのはどの範疇においても失敗だ。

1　丈夫でなければならない。 ヨーロッパ・シーバスはそうではない。シーバスはたいていの海洋性スズキ目魚類と同様、一〇〇万個以上の卵を産むが、その大量の卵のうち成体になるまで生き残るのはほんの一匹か二匹にすぎない。孵化直後の魚体が特に虚弱なだけでなく、とくに仔魚期には数限りない病気の攻撃を受ける。九九パーセント以上が死ぬのが自然状態だとしたら、長期にわたって種を繁栄させるのはとてもむずかしい。

2　生まれつき人間と相性がよくなければならない。 シーバスやたいていの海洋性スズキ目魚類は我々人間にはせいぜい無関心というところだ。新石器時代の人類が、クマや古代ウマの顎に綱を結んでペットとして連れて歩いたという昔の化石記録の例が残っているが、海水魚について同じようなことはまったくない。海へ行ってペット用シーバスを持ち帰った古代人などいなかった。一方、水族館は単に景色が動くだけのものだ。このような飼育魚には色と動き以外にはあまり期待できるものはないので、人から魚に働きかける一方通行しかできない。

3　飼育環境に満足しなければならない。シーバスや海洋性スズキ目魚類は一般にそうではない。簡単に餌が得られることには好反応を示すけれども、多くは束縛されるのが大嫌いだ。地中海産のデンテックス〔大型のタイ科の魚〕のような有益な魚を飼育しようとしたことがあったが、結果は惨憺たるものだった。デンテックスは網かごの底で元気なくすねて、食事を拒否した。マヒマヒ――つまりシイラのことだが――などのような他のスズキ目魚類は囲いのブイに繰り返しぶつかるか、檻の網で体をずたずたにして死んでいった。

4　繁殖しやすくなければならない。哺乳類の生殖システムを理解するのは、原始人にとってさえも簡単だった。交尾を目撃し、その結果子供が生まれるだろうと推測していた。しかし、ほとんど顕微鏡サイズの卵と精子で大部分は魚の体外で起こるシーバスの生殖はミステリアスだ。もちろん魚の生殖も、すべての脊椎動物と同じように、実際は精子と卵との合体であるが、そう理解していても、一つの水槽に同じ種のオスとメスとを入れただけで繁殖を引き起こすわけではない。たいていの海洋性スズキ目魚類は、捕らえられた状態では生殖活動を完全に停止してしまう。

5　世話が簡単でなければならない。　シーバスは、誕生した時点では生きていくための準備ができていないことはまちがいない。家畜や家禽は胎児期や孵化前の時期には母親の体内で養育されるか、栄養豊富でカルシウムを基にした硬い卵という自分の世界の中に入って過ごす。このような場合には、人間は複雑な顕微鏡サイズの発生に手出しをする必要はない。この発生では細胞の小さなかたまりにすぎないものが、複雑で、完全に構造ができあがり、しかも自立した生物へと変わってゆくのだ。ほとんどの淡水性の魚でさえシーバスよりはましである。マス、サケ、ナマズ、あるいはコイなどは、みな大きくて栄養豊富な卵から孵化し、生まれた後には幼生はおなかに大切な卵嚢をつけて出てくる。その卵黄嚢には、自由遊泳生活の最初の二、三週間を持ちこたえるのに十分な栄養が入っている。一方、海洋性スズキ目魚類は完全に無防備である。[40] 海水魚のゲームではひどく不釣合いな掛け率で勝負するので、両親は卵一個一個にはあまり投資しないのだ。栄養が乏しいということは、墜落中の飛行機に乗っている旅客が緊急着陸時に吸い込めるわずかな空気に似ている——着陸まで生き延びるには十分だけれど、それ以上についてはまったく頼りにならない。そういうわけで、シーバスは生まれて早々に餌を見つけなければならない。魚が捕囚状態にある時には、人間は自然状態に対応した顕微鏡サイズの放牧場を再現し、これらちっぽけなハンターに初めての獲物の狩りをさせなければならない。
　本来なら飼うべきでない動物のモデルを捜しているなら、その事例としてヨーロッパ・シーバス以上のものを見つけるのはむずかしいだろう。本来もっと適した動物を捜して飼育するための論理的な解決法があるはずだ。しかし、ヨーロッパ人はすでにシーバスを知っており、たぶん、ヨーロッパ沿岸のどの魚よりもこれが好きだ。たとえ相当な資金の投資と「生活環を閉じる」（養殖学者は完全な家畜化のプロセスをこう呼ぶ）ための知的エネルギーを注ぐことになったとしても、初期の開拓養殖家はシーバスが最高の出発点だと判断したのだ。

飛行機、電話、白熱電球やその他の現代史における偉大な科学技術の進歩によるあらゆる大躍進と同様、具体的に言えばシーバスの、一般的には海洋性スズキ目魚類の飼育の背景には、その仕事を果たしたのは自分たちだと主張する大勢の国民や個人がいる。日本は戦後、一九四〇年代に高級だが数が減りつつあったスズキ目の魚、マダイ（*Pagrus major*）を飼育しようと奮闘し始めた。これはいま一つの「ハレの日の魚」で、日本では伝統を重んじる結婚披露宴に出席すればこの魚がお膳に乗っているのが当然だと考えられている。ヨーロッパでは、フランスがシーバスを開発した一九七〇年代の中ごろに、これと並行してターボーというヒラメに似た魚の研究に本気で集中した。しかし、必要が発明の母ならば、イスラエルは養殖シーバスを誕生させた母として、声を張り上げて主張をする資格がある。

地中海沿岸の他国の人々が、野生魚が減りすぎて減った分を養殖魚で補わなければならなくなったことに気づくよりはるか以前に、イスラエルの指導者たちが自国の食用魚類の不足を深刻に認識していた。「食料保障」と「食料主権」という二つの言葉は、今日他の諸国の農業経済学者や生態学者の議論に上る言葉だが、イスラエルではその数十年前から、これらは国家の存亡にかかわる重要な言葉だったのだ。一九五〇年代の初め、イスラエルでは自国生産食料の開発に向けて多面的な解決策を展開した。政府主導の研究センターやキブツ農場組織などである。

この食料開発研究へ向けた実践的取り組みでは、特に魚類養殖において成功を収めた。政府機関と実用的なキブツ農場とが緊密な関係にあったということは、実験計画をただちにフィールドで実践できたということである。この応用研究からはすぐに見返りが得られた。イスラエルは一九四〇年代に戦後ヨーロッパに残ったユダヤ人からノウハウを集めて、コイの養殖を始めた。これは中国四〇〇〇年の伝統技術を借用したものだ。コイはヨーロッパ固有の魚ではない。養殖は、中世後期に始まった中国との交易とともに始まった。コイの養殖は、地中海魚類の減少に先立つヨーロッパにおける漁業の破綻を視野に入れたものであった。ヨーロッパ人はローマ時代から淡水湖や河川で魚の乱獲をしてきて、次第に淡水池をコイの養殖場に変えてきた。しかし、ヨーロッパのコイ養殖はいつも家内産業的だった。コイの肉にはそこらじゅうに小骨が広がっていたので、シュテットゥル〔かつて東欧・ロシアにみられた小さなユダヤ人町〕に住む貧しい人々がよく魚肉をすり潰してゲフィルテ・フィッシュ〔マスやコイなどを刻み、卵・タマネギなどを混ぜてダンゴにしてスープで煮込んだユダヤ料理〕などにして使っていた。一九四八年までには、依然として野生魚に依存していた諸外国とはきわめて対照的に、イスラエル人の食べる魚の七〇パーセントは養殖ものだった。[41] その養殖魚のほとんどはコイだった。

しかし、コイは淡水魚だ――イスラエルでは真水は極端に稀少な物資であり、しばしば地域紛争の原因となっていた。イスラエルにあるのは、長い海岸線に隣接する海水だ。総面積がたった二万平方キロメートルの国は、国土に加えて豊かな可能性を秘めた細長い領海を利用しなければならなかった。

一九六七年、海洋養殖計画をさらに進めることになるもう一つの大きな資源がイスラエルの手に入った。ヨルダン川の真水の使用権をめぐる論争で一時期緊張が高まったのだが、皮肉なことに、その緊張が解けたあとでイスラエルと周辺アラブ諸国との間に戦争が勃発した。六日間戦争として知られるようになったその戦争で、イスラエルは全方位からのアラブの攻撃を撃退し、大規模な反撃によってシナイ半島の支配権をエジプトからもぎ取った。シナイ半島を獲得して、敬虔なユダヤ人は今や神がモーセに十戒を授けた山をイスラエルが支配しているとして歓喜に沸いた。魚類の研究者（会ってみればたいていはかなり世俗的な人たちだ）は山には関心を持たなかった。関心は、海およびシナイ半島の海岸平野にある豊かな水の方向に向かった。

シナイ半島の北端にバーダウィル湖がある。これは、半島のてっぺんを横切って延びる少し穴の多い砂州状の陸地によってできた、海の中にある海だ。この極端に熱く、塩辛い水域はヨーロッパ・シーバスの聖地である。というのは、より大きな地中海とは水の出入りがほとんどなく、また日射が強く蒸発が速やかに起きる地域に位置するため、バーダウィル湖が高塩分域――シーバスの産卵には臨界状態――になっているからだ。ヨナタン・ゾハールという若い内分泌学者がシーバス、いや、すべての魚に対し、その後数十年にもわたる運命を決めるものを研究し始めたのは、バーダウィル湖だった。

詩的な喩えに身をまかせるなら、ゾハールはギリシャの神エロス――愛と豊饒の神になぞらえられるだろう。現実には、ゾハールはとても実際的かつ実証的で、自分がやっていることを正確に伝えるにはもっと科学的な喩えを使う。ゾハールは最近九〇歳の母親のために特にわかりやすい喩えを使った。「ぼくは魚の産婦人科医みたいなものだと母には言ったんです」と語った。ゾハールは、海洋生物の生殖の暗号を解くことでは世界最優秀学者の一人として養殖家の間で何年も前から一目置かれている。

イスラエルがシナイ半島を併合して間もなく、ゾハールはヘブライ大学国立海洋養殖センターで卒業研究を始めた。このセンターは、今日のイスラエル領土では最南端にあるアイラート市に位置し、紅海に集中した海洋養殖の開発をゆだねられていた[42]。ゾハールの学問分野の選択を動機付けたのは、飢餓を減らそうとする、まさに緑の革命的心情であった。ゾハールは「人々を食べさせるための助けになることを何かやりたかったんです」と私に語った。

しかし、どうしてイスラエル人はシーバスからスタートしたのだろうか。その答えは、食料源としてのみならず商品としての可能性にもあるようだ。最近、フランスのある漁業政策アナリストが私に「伝統的にシーバスは稀少な魚だった。友達や家族とのパーティで食べる大きな魚だったんだ」と語った。彼にとって伝統とは古代に遡ることだった。ローマ人は、魚は尾頭付きではらわたを抜かずに調理すべきだと考えていて、とくに頭を珍重していた。

おそらくローマ人は、シーバスに対する自分たちの主張の正しさをヨーロッパ大陸中で論じたことだろう。というのは、ヨーロッパ・シーバスは極端に広い棲息域を持っていたからだ。地中海全域から、ジブラルタル海峡の外、スペイン、フランス、イングランド、オランダの海岸およびドイツのバルト海沿岸にまで及ぶ。ある意味、この魚は、ユーロ通貨の魚バージョンで、大陸諸国の津々浦々で、人々のポケットへ入ろうとしている、実質的に価値のある銀貨のようなものだ。これは、事実上何世紀にもわたってヨーロッパ人の間で流通してきたものだ。イスラエル人は、海水魚を生きた養殖産物として開発するには巨額の資本投下が必要なことに気づいた。少なくとも、魚の販売に利潤が伴う兆しがあるという見通しがなければならない。このような国際的名声とハレの日の魚だと考えて人々が高額を支払うだろうという付加価値とによって、シーバスは生物学的限界はあるものの、やってみるべき一番の魚だと考えられた。

しかし、このハレの日の魚を日常の魚にするには、制約をいくつか克服しなければならなかった。囲いの中のシーバスに産卵させる方法を誰も知らなかったので、ゾハールと共同研究者たちは自分たちの研究のために野生の魚を採集しなければならなかった。イスラエルがバーダウィル湖を獲得したことが決定的重要性を持ったのはこの点にある。ユダヤ人研究者たちは、新たに占領したアラブの土地を通ってみるなりすぐに、バーダウィル湖がシーバス研究にとっては金鉱だということに気づいた。「ずいぶん大変でしたよ」とゾハールは思い出を語った。「何日もかけてバーダウィルへ行って稚魚を採集したものです。そのあとはるばる砂漠を横切って戻り、アイラートにある水槽までトラックで運んで飼育を始めるのです。考えてもごらんなさい。こいつを養殖するのはまったくとんでもない仕事なんです」。何日も続くトラックの旅は、背が高く痩せていて慢性的に背中を痛めていたゾハールにとって不快なものだったので、極端な考えがひらめいたほどだった。敵地アラブの領域で魚を採集し、イスラエルで育てるというばかげた考えだった。

ゾハールと共同研究者たちはしばらくの間、バーダウィル湖の環境と同じものを作ろうとした。しかし、それは産卵に対しては何の効き目もなかった。そこで生化学的側面から問題を検討することにした。ゾハールは当時のことを語る。「適切な産卵条件が整わないのはホルモンがうまく働かないからだという仮説を立てました。そこで、ホルモン系を調べて何が起こっているのかを見ることに決めたのです」。

アイラートで研究していたのだが、シーバスなど、スズキ目魚類のホルモン中枢に到達するのは容易なことではなかった。性ホルモンは魚の脳下垂体の中で生産される。これはエンドウマメの四分の一くらいの大きさの器官で、頭骨にある骨質のケースの中にある。続く十年間の研究期間中、ゾハールはチームを指導し、何万という魚の頭からちっぽけな脳下垂体を取り出してサンプルを世界中へ送って解析を依頼した。

人間には本来、無秩序な日常生活の中から論理的で簡潔な物語を作り上げたいと思う傾向がある。しかし、科学というものはおよそ論理的で簡潔なものとはほど遠いものだ。スズキ目魚類の生殖システムの解釈には、間違ったスタートを切ったまま十年間を過ごしていたのだ。ある時、一万個の脳下垂体を採取するという気の遠くなるような困難な作業をした後、ゾハールがサンプルの解析を依頼した研究所から電話があって、脳下垂体の材料はすべて「ディグレード（腐敗）していた」と言ってきた。それから何年も経っているが、ゾハールはいまだに当時の不満を思い出して、もじゃもじゃの白い眉を上げる。「ぼくは彼女に言ったんです。〝違う、違う、違う、違う、違う、あり得ない！　可能な限り新鮮なまま集めたんだ！〟」。ゾハールはさらに一二ヵ月を費やして新たに一万個の脳下垂体を採取したが、研究所からは同じ答えを得ただけだった。

このとき結果をもう一度見直そうと思わなかったら、ゾハールの経歴は無価値な研究活動の果てしない悪循環の中で「ディグレードして（評価が落ちて）いた」ことだろう。ゾハールは結果を見直してみて、自分がシーバスの生殖の秘密だけではなく、受精についてのあらゆる疑問の背後にある基本的な問題をも解決したことに気がついた。これはヒトにも当てはまる。研究所で解析した時にメモされていた折れ線グラフの山型が意味のある化学的変化を表わしていることがわかったのだ。サンプルは腐敗していなかった。新たなホルモン――それ以前にはその存在を誰も知らなかった新規のもの――が産卵中の魚の脳下垂体に存在していた。これが解析結果をボツにしていた原因だった。

問題は解決したように思えた。しかし、またしてもスズキ目魚類は油断がならない魚だった。魚に産卵誘導ホルモンを注射しても二、三時間以内にこの化学物質は魚の血流中から完全に消え失せるのだ。「卵割酵素」が問題だったようだ。これは野生魚の体内で生産される化合物で、いつでもホルモンの効果を払拭できるように準備されている。結局、ゾハールは酵素を受け付けないまったく新しいホルモンを作らなければならないことを悟った。

ホルモンを作るためには、さらなる解析と間違ったスタートによって失った年月の回復が必要だった。しかし、それが達成されても満足できるものとはとても言えなかった。シーバスは「非同調産卵者」で、何日間も卵を抱えていていろいろな環境や条件に応じて分散産卵するのだ。だから、ホルモンを使ってシーバスを信じ込ませなければならない。今こそその時だ、ここがその場所だ——まさにこの瞬間に卵を全部産むんだ。生涯最高の賭け時なんだから——。ついにゾハールの研究室は、重合体を基にした顕微鏡サイズの球体を考案した。これはシーバスの血流中にゆっくりとホルモンを放出し、卵と精子を予測可能な期間の一時期にすべて発射させるものである。

一九八〇年代までにシーバス繁殖の秘密はついに解読された。だがすべてが達成されたときには時は移り、世の出来事は変わっていた。イスラエルにシーバス・マーケットを独占させたはずの扉は閉まり始めた。シナイ半島は一九七九年にエジプトに返還され、バーダウィル湖とそれが象徴するあらゆる研究の可能性は共に返還に同行した。食料の乏しいイスラエルは、ゾハールのような科学者たちをすぐれた経歴と科学的発見へと大胆に導いていたが、国民の方は一九八〇年代には勢いを失っていた。往年の理想主義時代のキブツの耐乏家たちは姿を消し始めていた。ゾハールのような科学者たちは地位を求めて海外へ出て行った。

シーバスを国際的オデュッセイに託して送り出す義務は、別の国に与えられるべきだろう。ニューヨークの義母の皿の上に連れて行ってくれるオデュッセイである。この義務は一九八二年、運良くオデュッセイを創り出した国に与えられたのだ。

ヨナタン・ゾハールがシーバスにとってのエロスであるとするなら、タナシス・フレンツォスというギリシャ人を、魚類にとってのオデュッセウスだとみなすのが公平というものだ。

タナシスは、ギリシャ本土西海岸の中ほどに面したケファロニア島に住んでいる。オデュッセウスの故郷、イタカ島を望む光景の中にあって、ケファロニアはエメラルド色だが高地ではオリーブ色をしており、泡立って流れる川幅の広い奔流は紺碧のイオニア海へと注いでいる。最近考古学者たちは、実はケファロニアがオデュッセウスの本当の故郷で、すぐ隣の小さな島はそれを詐称しているのだという説を発表した。この小さな島は、もともとあったずっと大きな原ケファロニア島が火山の爆発によって半ダースにわかれたもののささやかな残骸だというわけだ。この島の上空を飛ぶと、この場所がオデュッセウスの王国の「海で守られた土地」だということが容易に想像できる。ホメロスが「荒々しき領土にしてしかも心優しき乳母」と語ったのも肯けるところである。

同じようにタナシスもホメロス風である。ほっそりとして肩が張り、低く響く声、流れるようなふさふさした髪、英雄のように長く平たい鼻、カールした顎ひげを持っていて、まるで古代の壷の脇から策略に長けたオデュッセウスの霊が抜け出し、現世にとび出してきたばかりのように見える。しかし、オデュッセウスが美女を救うために根城にしている島から東方へ出帆してアナトリアのトロイへ向かったのに対して、タナシスは一九八二年、ヨーロッパ・シーバス二万匹を持ち帰るために西方、シチリアへ向かった。

ちょうど神々のあと押しを受けた外国人によってヘレンがギリシャの浜辺から連れ去られたように、ギリシャ西部にわずかに残っていた野生のシーバスは、タナシスによれば、一九六〇年代から一九七〇年代にわたり、ダイナマイトの力のあと押しを受けた外国人によってギリシャの海域から盗まれていた。二三ヵ国それぞれにとって自国の海である地中海は、一九四九年以来、地中海漁業一般委員会（GFCM）が調整してきた。これはもっとも古い地域漁業協定の一つである。GFCMはこれまで、いくつもの領海を横断するメルルーサのような大型で回遊性の魚種を扱ってきた。メンバーの国々はこれら「大海原をめぐる」魚を共同で管理することにはわりあい素直に従ってきており、管理者たちはこれらの魚の個体数はきちんと保たれていると報告している。しかし、シーバスは「地方魚」とみなされていて、GFCMの監視を受けていない。結果として、シーバスという資源を保護することは個々の国家に委ねられる。一九七〇年代にタナシスがニュージーランドで海洋生物学の博士号をとっている時に、この管理方法がギリシャのシーバスに多大な好ましくない影響を与えた。ちょうど古代の例のように、ギリシャ人は自分たちの財産をローマ人の策略から守ることがまったくできないということを証明してしまったのだ。

乱獲が起こった時によく見られる次のような法則がある。もし調整が機能しなければ、魚の個体数が減れば減るほど、より過激で生態に危害を与える漁獲方法がとられるという法則だ。漁獲高を割に合うものにするには、過激な方法が必要だと考えられているのだ。一九七〇年代の初め、ダイナマイトで武装した密漁者たちがイタリアからモーターボートでやって来て、イオニア海のバスの将来に引導を渡した。ボートから爆発物を投げて水中で爆発させたのだ[43]。それによって生じた暴力的な圧力波がシーバスの神経伝達物質を過剰に分泌させ、その結果、バスは気絶して棲んでいた岩礁の隙間から浮き上がってきた。気絶していてはウキブクロを調節できないので腹はガスで膨らみ、バスは水面へ浮かび上がったのだが、そこですくい取られてイタリア沿岸のアンコナその他の町へ持ち帰られたのだ。

タナシスがニュージーランドの研究生活から戻ってきて見たのは、変わり果てた海だった。シーバスの最高の産卵シーズン、天候が穏やかになる一月のいわゆるハルキュオネの日々、カワセミがイオニア海から卵を産みに帰ってくる頃（「ハルキュオネ」はカワセミのギリシャ語に由来している）、そんな時だというのに産卵中のシーバスを見ることは滅多になかった。市場にシーバスがお目見えすればそれは事件だった。一キログラムの魚が丸ごと一匹で五〇米ドルした。

そこで、タナシス・フレンツォスはシチリアへ向かって自分自身のシーバスを見つけることにした。タナシスがニュージーランドへ発ってから戻ってくるまでの間に、フランスの科学者がイスラエル人のあとを引き継ぎ、シーバスの飼育をかなり進めていた。イタリア人は今では一時しのぎの孵化場にフランスのテクノロジーを取り入れつつあり、タナシスはギリシャへ連れ帰る魚を手に入れるにはイタリアがいちばん簡単でいちばん安いところだと思った。ギリシャへ魚を連れ帰って、これを成魚にまで育て上げ、養殖シーバスの独立永続性コロニーをギリシャの領土内で作り始めようという計画を立てた。おそらくタナシスは、これをギリシャの遺産の一つを取り返す方法だと見たのだろう。エルギン卿がパルテノン神殿の前面から取っていった、エルギンの大理石彫刻群を返還するよう、当時のギリシャのナショナリストがイギリスに要求したのによく似ている。

しかし、タナシスの目的は愛国心だけではなかった。漁業の危機という考えは地中海特有の現象から全世界的なそれへと変わり始めていた。当時、海洋生物学を学んでいる者なら誰でも雰囲気が変化しているのを感じ取ることができた。一九七七年に、魚が「盗まれて」いるという多くの国の訴えに応じて、国連が各国の主権を三海里〔約五・六キロメートル〕から二〇〇海里〔約三七〇キロメートル〕の海域へ広げるという改定領海法を通過させた。そこはほとんどの「バス」と呼ばれる魚が生息するはずの海域である。アメリカは、マグナソン‐スティーブンス法という自国用の協定を強引に制定した。これによってニューイングランドのジョージズバンクやアメリカ大西洋岸全域の豊かな漁場からヨーロッパの国々を効果的に締め出した。

自然保護運動家たちも動き始めた。国際捕鯨委員会が全面的捕鯨禁止条約を通過させたのと同じ一九八二年に、アメリカ東部で人気の高いバス、アメリカ・シマバスの個体数が記録上最低レベルに達し、その結果、数年後に同じ禁漁措置がとられた。アメリカ・シマバスは、おそらくイギリスから来た初期の開拓者たちがヨーロッパ・シーバスにちなんで名前をつけたのだろう。これが一九七〇年代を通じて急激に減り続けて史上最低レベルに達したのだ。スポーツ釣り師や自然保護運動家が長いあいだ熱心に運動してくれたことに感謝しなければならないが、スポーツであれ、営利用であれ、漁はすべて三年間禁止となった。同じく一九八二年に、もう一つのバスの名を持つ人気魚、カリフォルニア・ホワイトシーバスが同様の漁獲縮小の対象となった。この年、メキシコ政府はアメリカがメキシコ湾でホワイトシーバスの漁をすることを禁止したのだ。[44] そこで市場のリストからまた一つバスが外された。

これに対応して、一九八三年、さらにいま一つの「バス」がアジアおよびアメリカの市場に登場しようとしていた——パタゴニア・トゥースフィッシュという魚[45]だったが、「チリ・シーバス」と改名されるまではあまり売れていなかった（日本では銀ムツやメロと呼ばれる）。このスズキ目の食べでのある白身魚に対し、国際的な市場が開放されるようになった。そして、タナシス・フレンツォスにとって「シーバスを捕らえる」ことは、ギリシャ語の文字通りの意味でも金銭的意味でも切迫していた。

一九八二年のギリシャは、きわどいベンチャー・ビジネスに簡単に融資してくれるようなところではなかった。「大佐グループ」として知られる軍事政権が十年も経たない前まで権力を奪取していて、国はまだ、ヨーロッパのバナナ共和国（一般にバナナしか輸出品がなく、外国資本に支配されている政情不安定な中南米の小国）みたいなものだと見られていた。だが、ケファロニアは風変わりでリスク引き受けの島として知られているところだ。守護聖人は聖ゲラシモス——聖なるバカ者たちの保護者である。たいへん運のいいことに、タナシスにはマリノス・イェロウラーノスという友人がいた。民間の技師から企業家になった男で、ケファロニア仲間だった。イェロウラーノスは海洋生物学者としての二年分の給料と自分のヨットをタナシスに貸してくれた。そして、昔のケファロニア人の伝統にならって、タナシスは九メートルの小型ヨットに小さなエンジンを付けて危険な海に向けて船出した。

シチリアに到着するや、タナシスは自分の魚を買い付ける予定の保管施設に立ち寄った。感銘を受けるようなことはまったくなかった。保管施設のオーナーたちはイタリアの研究所から八センチのシーバスを大量に手に入れていて、それを売れる大きさになるまでラグーンで育てていた。タナシスの水槽に荷を積み込んだイタリア人たちはつぎだらけのボートを見て驚いたが、喜んで二万八〇〇〇ドルの料金を受け取った。銀行がビジネスの貸付に二〇パーセントの利子を課していた時代のヨーロッパではこれは大金だった。

港外へ帆走すると、タナシスは希望が満ちてくるのを感じ始めた。シーバスを持ち帰って市場に出せる大きさに育てたら、この荷はどのくらいの価値をもつのかを計算した。二万匹の小さなシーバスをおよそ九キログラムという市場向けの体重にまで成長させ、一匹あたりの値段五〇ドルを掛けると……本当に一〇〇万ドルになるのか？　もちろん出費があるだろう。死ぬものも必ず出るだろう。

しかし、ほとんどの魚の死亡は生まれてから非常に早いうちに起こる。魚類プランクトンの研究者であるタナシスがよく知っている段階――孵化したばかりの顕微鏡サイズで怪物みたいな姿の段階に、である。ニュージーランド時代にタナシスは気の遠くなるような時間をこの奇妙な、魚以前の魚を顕微鏡下で注視して過ごした。二キロメートルもあると感じられる二次元の平面の上を浮かんだように横切って観察したのだ。彼らはバタバタ動き、急回転し、仔魚のエラで呼吸をし、餌や塩分や水の微妙なバランスがわずかに変わっただけで死んでいった。一九七〇年代にはこういう調査は皆とても新しいものだったので、タナシスや共同研究者たちは絶えず未知の種に出くわしていた。タナシスは研究室ではただ一人ギリシャ語を話せたので、しょっちゅう共同研究者の顕微鏡のもとへ呼ばれてスライド上の奇妙な生き物にふさわしい学名を思いつくよう頼まれた。「背びれは橋みたいだ」と一人が言った。「タナシス、ギリシャ語で橋はなんと言うんだい」。

何年も仔魚のダンスを観察して、自然界が行なうふるい分けはこの繊細で超敏感な段階でいちばん起こりやすいのだとわかった。しかし、後にシチリア沖でボートを小さなシーバスでいっぱいにして、タナシスはそんなことはみんな終わってしまっているのだと気づいた。借りたボートの船べりに打ちつけられた樽の中の魚は八センチになっている——すでに生き残りになっているのだ。あのイタリア人たちが小魚のサイズまで育てる間に初期減少という代価を払ってしまっているのだ。タナシスの見方では、あのイタリア人たちがリスクを引き受けてくれており、自分は市場サイズまで育ててそれを売って莫大な収益をあげ、タナボタをいただこうとしているのだ。ギリシャの偉大なる古典的ライバルに野生バスを根こそぎにされた故郷の海を見ていた一人のギリシャ人の詩的な正義である。

こういった思いのすべては、シチリアの山々が彼方に霞んでいく頃にタナシスの胸に去来していたに違いない。風が吹き始めた頃だった……。

地中海に強風が吹く前には、たいてい濃い紫紺色の海面上に澄み切った空が広がる。タナシスのボートからシチリアがはるか後方に見えなくなってしまった時がまさにそうだった。初夏の気まぐれな嵐が襲ってきたときには、夕暮れまでにすべてが変わってしまっていた。たちまちボートの後ろで風力七の風が吹き始め、舳先(へさき)は波の下に潜った。シーバスが入った特製の樽はしっかりした鎖でボートの舷側にきちんと固定して細かい網目の幌で覆い、魚が海の中へ跳ね落ちないようにしてあった。だが、エアレーション用の酸素ボンベは容器の中で傾き、水中へ伸びているホースを無理に引っ張っていた。タナシスと船長は操舵室に留まっていたが、ボンベは互いにぶつかってガチャガチャと不吉な音を立てていた。ボンベからホースが抜ければ魚はまちがいなく死ぬ。

二万八〇〇〇ドルの価値のあるシーバスの幼魚を操舵室の窓から見つめているのは、タナシスにとってまったく耐えられないことだった。主帆のロープにすがりながら、デッキへ自分を引っ張り上げた。船首を横切って駆け抜ける波はしぶきの雲となって吹き上げ、塩分が目の中へ入ってひりひりした。混乱した光景をじっと見渡すと、命の泉を養っている酸素ボンベが、ホースの上をころがって前へ行ったり後ろへ行ったりしている様子が見えた。タナシスは手と膝を使ってボンベまで這っていった。ボンベは手元からころがり去り、戻ってきて、また行ってしまった。ついに最後に手を伸ばしたときにそいつの縁をつかまえた。しかし、まさにその時に船長がタナシスの肩をつかんで室内へ引っ張り込んだ。「無駄だよ」と船長は言った。「わずかばかりの魚と引き換えに海の底へ沈むなんて無駄なことだよ」。

風は次から次へと一晩中吹き続け、絶えずボートの向きを変えた。風と暗闇の中でまったく方向を失ってしまい、夜には終わりがないかのようだった。だが終わった。ばら色の指をした夜明けが東の空から輝き始めた〔ギリシャ神話の曙の女神エオスには「ばら色の指もてる」という定型修飾語がある〕。タナシスと船長はデッキの上でふらふらしていた。

「船乗りが遭難したらまず何をたずねると思う?」。その二〇年後に、タナシスはぼくに向かって大声でたずねてから、ランチ用に分けた調理済みのシーバスを器用におろした。オチを言うために太い眉を上げた。「この船乗りは〝飲み物はあるか?〟とか〝食い物はあるか?〟とたずねると思ってるんだろ? でも違う。そうはたずねなかった。たずねたのは〝ここはどこだ?〟だったんだ」。

一九八二年六月のぞっとする朝、広々とした海原で二人は岬のようなものを見たが、それが島なのか大陸なのかはっきりしなかった。人間は奇妙なくらい方向の認識が硬直している(つまり、左舷側を南にして出航したならば、最初の認識が固定されているから、たとえ一〇〇回ぐるぐる回ったとしても左舷はやはり南に違いないと思うのだ)ので、タナシスは胃が締め付けられるように感じた。ここはムアマール・アル・カダフィの支配するリビア以外のどこでもないと感じた。そこはシチリアの真南で、当時は有名な海賊の天国だった。どうやったらボートを貸してくれたギリシャの起業家のもとへ帰れるのだろうか? なんで海洋学者の簡素な生活を断念して養殖業者になろうなんて思ってしまったんだ?

だが陸地に近づくと、見慣れた家の輪郭が目に入ってきた。大きくて窓の多い小屋で、独特のヒスイ色をしたイオニア風のシャッターを備えていたが、それは昨晩の嵐のためにまだしっかりと閉まったままになっていた。まさにタナシスがよく知っている家のようだった。港を見下ろす岬に住んでいるクラウダトスという知り合いの家だ。「なんてこった」とタナシスは囁いた。「本当にクラウダトスの家だろうか？」。手を振って大声で呼びかけると、すぐにクラウダトスその人が柱廊式玄関に現れて手を振り返した。禿げ頭に朝日が心地よく照り返していた。アテナ神に後押ししてもらった運のいい神のように、風がボートをケファロニアまで無事に吹き返したのだ。タナシスは船長を抱きしめ、思い切り安堵のため息をついた。この時初めてシーバスの水槽に続いているエアレーション用のホースに繋いだ酸素ボンベの一つが止まっていることに気がついた。ホースはよじれて水槽に挟まれ、酸素の流れは塞がれていた。心配しながら樽の中を覗き込むと、故郷の海の岩礁にイタリア人がダイナマイトを仕掛けた後に見たシーンのミニチュア版が目に入ってきた。何千匹もの小さなシーバスがウキブクロをガスでいっぱいにして腹を上にして浮かび、窒息して死んでいた。

だが、これら死んだ魚にまじって、水槽ごとに何匹かずつ酸素なしで生き残った魚がいるのをタナシスは見つけた。一匹ずつ数えたが、正確な生き残りの数は二一五三匹だった。これら少数の魚たちはストレスと酸素の欠乏によく耐えるという能力によって選抜されたのだ。この魚たちは、これから世界中に広がるシーバス系統の先祖になるのだ。

タナシス・フレンツォスの携帯の着メロは、二〇〇四年サッカー・ヨーロッパ選手権決勝戦のラジオ放送からダウンロードしたものだ。この試合で八対一のオッズで大穴だったギリシャがはるかに強いポルトガルと戦い、ほとんど思惑どおりの試合で〇対〇のままだった。ついに、わずか数分間のチャンスがめぐってきて、〔この試合でたった一度の〕コーナーキックのボールをアンゲロス・ハリステアスが跳び上がってヘッディング、ゴールネットの右側に叩き込んだのだ。「ゴーーーーール！ギリシャ一点、ポルトガル〇点！」。誰かが電話をかけるたびにタナシス・フレンツォスの携帯は叫ぶのだ。

オッズ差の圧倒的な相手からどたんばで得た勝利は、どんな弱小国にとっても胸躍るものだ。だが、ギリシャ人はとくにこのような勝利にプライドと正義の意識を覚える。ギリシャ人の多くは、まさに科学的方法の創始者として自分たちが世界をリードすべきだと信じており、あまりにも長い間ヨーロッパの最貧国だったので、自分たちがうまくやれたことは何であれ喜ばしいのだ。タナシスがシチリアへの旅でうまくやりとげようと望んでいたことは、そういう勝利なのである。

タナシスはこう思う。シーバスの飼育のためには旅に出る前にやることがいっぱいあったけれど、水産業界はまだ取り掛かっていない。自分は今始めているのだ。彼は二一五三匹の魚を生存率を最大にするやり方で養殖を始めた。

ところが、いきなり解けそうもないような問題に遭遇した。最初のグループをまず繁殖させてみると、五〇パーセント近くに背骨の湾曲が発生した。食べるにはまったく問題ないが、見かけはよくない。ことに尾頭付きで供されるのが好きな文化圏では——。それどころか、この最初に養殖した海水魚がこんなに気味の悪い体形をしているのは、魚が遺伝子操作を受けているのではないかというあらぬ憶測をヨーロッパじゅうに引き起こすもとになりそうだった。深刻な問題だったので、タナシスはこの問題をなるべく早く解決するよう、わずかにいるスタッフに依頼した。「どうしてこんなことが起こるのかわからなかった」と彼は当時を語る。「癌なのか？」と疑った。考えがある点に至り、絶望的な考えを捨て去った。タナシスはその一点に賭けた。「わかった。ビタミンCが足りないんだ！」。

じっさいシーバスを飼育するには、繁殖技術以外では栄養が二番目に重大なネックになるのだ。孵化したときに持っている卵黄嚢の栄養が不十分なので、仔魚はとても脆弱なのだ。孵化したら、ただちに獲物を見つけなければならない。しかし、とても未熟で目はまだよく見えず、鼻孔も未発達なので、獲物のいる場所を知る手段は、獲物が動く時の振動を感じるニューロンの集中している側線を使うことだけである。自然界では、シーバスは植物プランクトンの発生直後に生まれる。植物プランクトンは顕微鏡サイズの藻類で、動物プランクトンという微小な動物の餌となっているものだ。動物プランクトンはハルキュオネの日々の間、活発に身をくねらせシーバスを惹きつけてその獲物になる。

だから当然、養殖家がやっておくべきことは動物プランクトンを飼育下で増やしておくことだろう。しかし、動物プランクトンを飼育するのはいくつかの点でシーバスと同じくらいむずかしい。そしてついに、植物プランクトンと動物プランクトンの食物連鎖を事実上一つの輪の中に溶け込ませる別の生き物が見つかった。その生き物とは、ワムシという淡水性の動物である。初めのうちは、池や循環システムを汚して中国の養鯉業者を悩ませた迷惑なものだと考えられ、ただ水面にいるワムシをすくって棄てているだけだった。しかし、ついに日本（極度に食料保障が懸念されるもう一つの国）の養殖業者が早い時期に、これがとても小さい稚魚の餌に使えることに気がついた。

ワムシをシーバスの発育初期の餌として完全に使えるようにしたのは、フランスとオランダだった。パスカル・ディヴァナシはブルターニュ出身の陽気なフランス人で、現在はギリシャのクレタ島を本拠地にしている。ディヴァナシはシーフード産業に深く関わる古い家系の出である。兄はクレモンアコール・グループを通じ、ヨーロッパ人に魚を提供して成功を収めている。このグループはフランス中でよく知られたシーフード・レストランだ。だが、いま多くのヨーロッパ人が食べている魚の供給方法を、フランスとオランダにいて見つけ出した養殖の研究者はこの兄ではなく、パスカルと彼の研究スタッフだ。

ディヴァナシは一九八〇年代にギリシャの海洋研究所に招聘され、まもなくギリシャ人女性と結婚した。フランス人としての誇りを持ち続けていたが、自分が帰化したことにも喜びを感じており、ギリシャの養殖産業にかかわることには個人的に誇りを持っていた。イラクリオンの町の郊外にある研究室に、ディヴァナシはギリシャの養殖促進用のステッカーを張り出したが、そこには「ギリシャの魚、太陽の魚」と書いてある。「とても美しいね。そう思わないか?」。ディヴァナシはフランス人がシーバスを飼育したことについて説明し続けた。

「シーバス飼育で大きな進歩のもとになったのは、我々が緑水効果と呼んでいるものなんだ。昔の飼育システムでは連中はワムシを導入して大発生させていたんだ。これは閉鎖系だったので、二十日後には細菌が溜まってシーバスの稚魚に病気が蔓延した。フランスでは飼育システムを少しだけ開いてやったんだ。一ヵ月間、システムを海に向かってあけてやり、植物プランクトンを含む環境を回復させて元気にした。このお陰でワムシのための餌が多くなって、いっそう健康と栄養が供給されたんだ」

それは研究者をきわめて重要な発見に導く、豊かな内容をもったアイディアだった。栄養学者はシーバスの稚魚の餌には脂肪とタンパクが必要だということは知っていた。しかし、脂肪やタンパクを単に水の中へ放り込んだだけでは稚魚が見つけることは絶対できない。ワムシが栄養の完璧な供給システムになるかもしれず、それが決定的に重要だということを悟ったのだ。ワムシの振動行動は、シーバスの餌としてピッタリである。シーバスを「狩猟」行動に駆り立て、その結果、ワムシの持っている脂肪とタンパクを獲得させるからだ。最後に挙げるワムシの好ましい特徴はいささか奇妙だが、稚魚にとって特にありがたいことだ。なんとワムシは、死後に自分を消化する酵素を持っているのだ[46]。これは、生まれたてで完全な消化酵素を揃えていない稚魚が、ミニチュアの獲物に含まれる栄養を即時に利用できるということだ。

しかし、ワムシは第一段階の解決にすぎない。稚魚が二、三ミリ以上になっても人工のペレット飼料を食べられるようにはなっておらず、かといって、ワムシを食べ続けるには大きくなりすぎている。第二の過渡期食を用いなければならない。結局、国際養殖魚コミュニティが決めたのは、おかしなことに科学雑誌の読者よりもコミック本の愛好家がよく知っているものだった。

世界中至るところの内陸部の低地にある、不毛の塩湖の生態系にアルテミアという微小なエビの仲間がよく生育している。塩湖は超高塩濃度になっているので、アルテミアは硬くほとんど不透性で、異様なほど外界の影響に耐えられる嚢子を形成する。アルテミアの嚢子は一〇〇万年以上も前から機能していてちゃんと孵化している。世界一のアルテミアの大生産地はユタ州の大塩湖で、アルテミアの養殖が始まる前にはハロルド・フォン・ブラウンハットという人物がこれを郵送するという変わった事業をして大衆に普及させていた。

フォン・ブラウンハットは奇妙な才能に富んだ男だった。「グリーン・ホーネット」の名でオートバイレースをやり、また三〇センチだけ水を入れた子供用のプールに一二メートルの高さから飛び込むといったショーを運営した。元来ユダヤ系だがネオナチとなり、またX線ショーを創案した。これは、赤い糸を織り込んだ眼鏡で見ると人間の皮膚を通して内臓が見えるような気がするというものだ。だが、フォン・ブラウンハットの発明で一番うまくいったのはアルテミアだった。アルテミアの卵は外界の影響にとても強いので、封筒に入れて世界中に郵送するのはわけないと判断した。必要なのは、消費者を惹きつける商品名だった。最初は一九六〇年に「インスタント・ライフ〔即席生命〕」の名で売り出したが、一九六四年には「シー - モンキー〔海猿〕」に決めた。フォン・ブラウンハットは、この生き物のために完全に自然界と同等の世界――活発な運動、赤ん坊の遊び場、生活環――を創り出し、すべてコミック本の裏表紙に宣伝した。(47) 硬い嚢子はやる気満々な九歳の子どもたちに郵送され、ほとんどどんな水質ででも孵化したことだろう。

しかし、ヨーロッパの研究者たちは、アルテミアができる最高の妙技はシーバスの餌になることだということに気づいた。何年も保存できて、予測可能な時期に孵化させられるので、アルテミアは海洋性スズキ目魚類の過渡期用の餌として理想的なものになる。今日、アルテミアの嚢子に対する需要は非常に大きいので、その乱獲が大塩湖にとって大きな脅威となっている。ある漁師は、世界のアルテミアの供給を操作している二、三の国家のことを石油輸出国機構（ＯＰＥＣ）になぞらえて怒っていた。ここ一〇年間でアルテミア嚢子の価格は急騰した。

ところが、ワムシにもアルテミアにも、タナシス・フレンツォスの魚を台無しにするという性質がある。ワムシやアルテミアの栄養価を高めると、これらは栄養いっぱいの油脂を文字通りあふれさせる――この動物たちの膜から油がしみ出して養殖水槽の表面に浮かぶのだ。そしてついに、タナシス・グループは、スズキ目魚類養殖のカギとなる器官、ウキブクロの発達をなんらかの方法で妨げているのはこの油であることに気がついた。原因を解明するために稚魚に麻酔をかけてやると、かなりの数が水槽の底に沈んでしまった。何事かが起こって、魚を浮遊させる装置が適切に形成されなかったのだ。

「魚の行動を丹念に観察してわかったんだ」とタナシスは語ってくれた。「一三日齢から一四日齢のときに、この魚は水の表面まで泳いでくるんだ。そして、まさにそこでちっちゃな気泡をちょっと吸い込むんだよ。魚がこのくらい幼い時には口とウキブクロの間にはまだ仕切りがない。だから空気をウキブクロに入れられる――この気泡こそが最初にウキブクロを作るものなのだ。しかし、我々が作った給餌環境下で起こったことは、魚が空気との界面まで達することができなかったということだ。

餌から出てきた油が水面に浮かび、生まれて初めての空気吸い込みを邪魔したのだ。そこで、水面の油をすくい取ってやれば魚に空気を吸わせられるとわかった[48]。それから魚たちは、手遅れになる前に正しく空気を取り込むことができ、しかる後にウキブクロの防壁を生理的に閉じたんだ」。

以上、すべての開発のおかげでシーバス養殖では驚異的な生存率を達成することができた。自然界における稚魚の生存率がおよそ一〇〇分の一パーセントであるのに対して、タナシスが水槽の刷新を完成した時には生存率は約二〇パーセントに上った——二〇〇〇倍の向上である。そして、これにはギリシャの目玉商品——イオニア海にある野生シーバスの棲息地——をそれからは独占的に利用できるというおまけがついていた。

フランスには比較的長い海岸線があったが、沿岸の養殖に対する環境保護運動家の抵抗と不動産価値への思惑とがあいまって、海岸部を養殖に使うことはほとんどできなかった。一方、ギリシャは海洋養殖にはうってつけだ。ギリシャは陸地総面積という点からは世界で九七番目だが、海岸線は激しく入り組んで折れ曲がり、その総延長は世界で一〇番目である。本土のどこも海から一〇〇キロメートルと離れておらず、海岸近くで育てた魚を容易にかつ速やかに主要都市部へ輸送することができる。

最後に、そしてたぶんもっとも決定的なことだろうが、ギリシャはきわめて「フェッチ」の小さい湾や港に恵まれている。フェッチというのは、風波が障害物に遮られずに届く距離を意味する海事用語だ。フェッチが長ければ長いほど波は強くなり、波が強ければ強いほど海中に吊るした網製のケージが壊されやすくなる。ギリシャにある何千という湾は驚異のフェッチ防御地だ。荒々しく高い山々に囲まれている。フェッチが事実上は問題とならないので、ギリシャでは魚用ケージのつくりをきゃしゃにして材料費を抑えることができる。養殖を始めた当時には、水中ケージを作るのに先進技術は浮かばなかったが、彼らは一番簡単な解決法を思いついた。ギリシャのある養殖学者が言ったように、「青い樽を四つまとめて厚板に釘で打ち付けて、その下に網をぶら下げる」のだ。

そういうわけで、さまざまな問題が全部まとめて起こったのは、ここギリシャだったのだ。繁殖における最重要課題である稚魚の給餌と棲息地の問題は克服された。シーバスが世界へ向けて飛躍する舞台は整えられた。

依然としてケファロニア周辺の海には魚がとても少なく、海へ出る漁師も自分たちが獲った魚ではなく、日に一五〇ユーロの補助金の方で生計を立てている。しかし、タナシスに感謝だ。今日ではたくさんの湾や入り江にはシーバスでいっぱいの網ケージがぶら下がっている。最初の収穫物はうまく育った。観光シーズン中、地元のレストランが魚をまわせとひっきりなしにタナシスにせがんだくらいうまくいった。「魚を隠さなきゃならないほどになった。みんな私の魚を欲しがったんだ」。

タナシスが成功したという噂が広がった。他の会社に引き抜かれたスタッフもいた。たちまちギリシャ・シーバスのゴールドラッシュが始まった。大きなシーバス養殖会社が現れ、手広く商売をする脅威的存在となった。すべて新たに起こったことなので、ギリシャ政府自身がタナシスに地中海のシーバス養殖の管理に協力するよう依頼したが、彼は同僚たちよりわずかに優っているにすぎなかった。当時を振り返って語った。「ある時近くの養殖業者がやって来て、私に頼んだんだ。〝タナシスさん、俺んとこのケージとケージの間の通路の幅は十分だとうちの従業員に言ってくれませんかねえ。六八センチあるんだけど、連中は七五センチなきゃあって言うんです。どうしてかと訊くと、だってあんたんとこ、タナシスさんとこの通路が七五センチだからっていうんですよ〟」。

シーバス・ブームに由来する問題にはほかにも疾病と汚染とがある。養殖の初心者たちは病気の広がりを抑える方法を知らなかったので、ビブリオ病という細菌感染に壊滅的打撃を受けた。海洋生物学をきちんと修めた養殖家は少なかったが、タナシスはその一人だったので、なんとかこの病気の打撃を受けずにすんだ。海流の早い場所に養殖場を設置し、環境が汚染されないよう細やかな世話をしたのだ。ある業者が、タナシスはうまくやるための何か秘密のやり方を知っているのだと思って、助けを求めて来た。「やるべきことは全部教えてやったさ。でも、やつは聞こうとしなかったんだ」とタナシスは笑いながら言った。「やつは教えたことは何もやらなかった。結局、魔法使いを呼んできて養殖場から邪悪なまなざしを追い払おうとしたんだ。嘘じゃないんだが、俺は邪悪なまなざしってのはわかる。君だって感じることがあるはずさ。ネコがネズミを見つめるようなまなざしだよ。でも、この場合のは邪悪なまなざしじゃない。で、やつはこの仕事をやめたよ」。

しかし、先達であるフランス人やイスラエル人と同じく、タナシスも市場価格の下落を実感を持って見ていなかった。その後、何年間か続いたシーバス・ブームの間は、健全な業務を営む信頼できる養殖業者だからといって必ずしも成功できるとは限らなかった。貧困国家の一つであるギリシャはヨーロッパ連合（EU）の一員としての地位を全うするため、多大な「結束基金」を利用して苦しい経済状態から抜け出てドイツのような強国と肩を並べようとした。ギリシャでは結束基金のかなりの額がヨーロッパ・シーバスの養殖に使われた。またしても、目的はギリシャにおける持続可能な産物の生産を援助することではなく――なるべく苦労をしないで金を稼いでヨーロッパ経済圏へ参入するのを助けることだった。タナシスよりも業績が劣る業者たちは、何であれ問題が生じればただEUの資金を注ぎ込むだけで業績不振を隠蔽することができた。こういったギリシャのもっともご都合主義の会社は、EUの資金を使って国境を越えて広がるシーバス帝国を建設した。シーバスが海洋の野生タンパク源として消滅しかかっていた、極度に魚の不足した場所で、こういう会社が毎年養殖魚という形でこの魚を驚くほど大量に育てているのだ。今日、ギリシャはぴったりプレートサイズの魚およそ一億匹を全ヨーロッパ、アメリカ、およびその他の国々へ毎年発送している。

シーバスのブームと破産が今や地中海の海岸に打ち寄せている。利ざやが薄くなったり規制が緩く人件費の安い所へ操業が移ったりするたびに、この波は高くなったり低くなったりしている。そして波は、トルコからチュニジア、エジプトへと広がり、そのたびにカナダやノルウェーのサケ産業のように、劣悪な操業が汚染や病気や死を引き起こす。それぞれ、場合に応じて当を得た緊急規制が敷かれ、産業と海浜を保護している。その昔、シーバスがまだ稀少だった頃、キロあたり二〇ドルという収益があった。今ではシーバスの生産は世界で年間二億匹に達し、利益はキロあたり半セントにまで落ちている。

経済状態は悪くなる一方だろう。飼料代は上がり、シーバスの値段は暴落している。ヨーロッパ・シーバス自身の評判も芳しくない。イギリスの新聞『オブザーバー』の食品批評家、ジェイ・レイナーが「シェフも客も、これを無難で調法な魚にすぎないと思っているようです。ほとんど何といっしょに盛り付けしても、存在感がありすぎるということはなく、うまく収まるんです」と手紙に書いた。かつては古代ローマのメインディッシュだったハレの日の魚が、付け合せと同格の身分にまで落ちぶれてしまった。その上稼ぎもよくない。タナシスは長く白い髪を引っ張りながら、自分が一九八二年に始めたこの変わった冒険を続けていくことに意味があるのかどうかと迷っていた。もちろん世界には食料が必要だ。でも、タナシスが負担するコストを急騰させようという連中は将来のことを考えている賢い人間ではない、とタナシスは強調する。

「こういう会社の会計系が電話してきてまた私の負担額を上げると言ったら、その時がやつらの食べ物がなくなってしまう日になって欲しいものだ。わくわくするな。その時私がなんと言うかわかるかい？　こう言うんだ〝自分のコンピュータを食え。食え。もたもたしないで食うんだ〟」

「ソクラテスさん、野生シーバスと養殖シーバスとはどうやって見分けるのです？」とぼくは尋ねた。

ぼくはセロンダ社の外交員たちといっしょにアテネの北東にあるレストランにいた。セロンダというのはギリシャで二番目に大きいシーバス養殖会社だ。目の前の皿には尾頭付きのヨーロッパ・シーバスが載っている。ギリシャ国有会社の孵化主任であるソクラテス・パノポウロスは、まず若手の研究者に答えさせた。

「肝臓ですよ。肝臓が赤黒いのは低脂肪食を摂っている魚で、それはおそらく野生なんですよ」と、ある生物学者が説明した。

「でもコスタス、内臓は抜いてあるんだよ。どうしたらいい？」と、ソクラテスが応じた。

「耳石ですかね？」別の研究者が提案した。「ああ、耳石ね」。ソクラテスが言った。

ソクラテスはナイフを使って魚の頭から真珠色に輝く耳の骨を取り出した。それから、グラスを拡大鏡代わりに使って耳石にある縞を数えた。これは木の年輪みたいに増えて行くものだ。「四本あるぞ。しかもムラがある。この魚は四歳で、野生だ」。

ぼくは、アテネの中央魚市場へ行ってセロンダ社の学者たちの鑑定法の真偽を確かめるために、この魚を買った。この市場では今でも「野生」バスを分けて陳列しており、養殖バスの三倍から五倍の値段で売っている。四〇年前には養殖バスにそんなことはなかったのだが、今では捕獲した野生シーバスのおよそ一〇倍のシーバスが養殖されている。約八万トンの養殖シーバスが毎年氷詰めされているが、これに比べて野性の方は四五〇〇トン以下にすぎない。しかし、ギリシャからの帰路でヨナタン・ゾハールが指摘したように、野生魚だと思われているものも根本のところで野生ではなくなっている。

ボルチモアの研究室からゾハールがよこした手紙には、「自分の考えでは、いわゆる野生のシーバスはケージから脱走したものであることはまちがいない。こちらではDNA鑑定で確認できる」と書かれていた。かつて地中海には、遺伝的にまったく違う三種類のシーバス——東部系、西部系および大西洋系——が住んでいたが、今ではフランス人が最初に発育させた西部系がおそらく養魚場の外の自然環境においてさえ優勢になっているのだろう。「ギリシャの魚、太陽の魚」[49]というのはギリシャのシーバスを世界中に販売するときのキャッチフレーズだが、この魚はいずれにせよ遺伝的にはフランスの魚なのだ。

シーバスの飼育は、世界に対して良きものと悪しきものをもたらした。まちがいなく将来の計画を立てるに当たってはこれを俎上に載せて分析する必要がある。標準的な養殖基準から言えば、シーバスは初めて飼育する海洋性スズキ目魚類としては最良の選択とは言えない。繁殖がむずかしく、仔魚期にうまく育て上げるのが厄介で、しかも、最終的に収穫できる量よりも多くの野生魚を餌として与えなければならない。もし、「世界の胃袋を満たす」ために、もっとましな食料源を本当に渇望していたなら、何か別のものを選んでいただろう。

でも、このプロジェクトが考え出された時の状況を見てみよう。イスラエル人、フランス人、イタリア人、それにギリシャ人がシーバスを選んだ理由は、飢餓を緩和してくれるものを見つけるためだったが、それと同じくらい利益をあげるためでもあった。この人たちがシーバスの飼育を手がけた時の目的は、ハレの日の魚を普段の魚にすることではなかった。むしろ、当時の緑の革命的空想の流れで、この魚が毎日をハレの日にするための一翼を担うだろうと想像したのだ。シーバスの養殖という着想が産声を上げた頃には、これがうまく行き過ぎたせいで価格と投資の見返りが大規模に暴落するなどと見通せる者はいなかった。

ヨーロッパ・シーバスは、いわば魚類のロゼッタストーン(50)であることも心にとどめておく必要がある。この魚は、世界中のおもな商用海水魚すべてに関し、発生の秘密を解いた魚なのだ。ヒエログリフが表わしているのは、ホルモン物質、稚魚に必要な餌、冬の陽射しの強さなどで、これらすべての因子は、太古の地中海地域にあった塩水沼沢におけるハルキュオネの日の最高機密だった。一〇〇万年の秘密記録なのだ。そして、この秘密は奇妙なことに、スズキ目という巨大な目全体に共通しているということがわかった。シーバスの繁殖と飼育法のひな型はところどころ修正しつつも、私たちが今食べている魚のほとんどに適用できるようだ。

そこで、この秘密をどうするかという問題だ。これを使ってもっともっといろんな種の暗号を解読し、飼育魚のみのパラレルワールドを作るのか？　人間の利用だけのために、野生の個体群にどんな影響があるか考えもせずにだ。それとも、自然界に与える影響と人類の利益との両方を勘案した魚種と養殖の方法論を開発するのか？　いかなる動物の家畜化も常に困難で、複雑な問題と病気とをもたらすものだ。軽々に扱うべきものでは断じてない。

この四半世紀の間に、ヨーロッパ・シーバスの飼育を探求したイスラエル人、フランス人、イタリア人、それにギリシャ人から教えをすべて受けた者がいるとしたら、それはジョシュ・ゴールドマンだ。まじめで澄んだ目をした四〇代半ばの養殖家で、マサチューセッツ州西部の田舎、パイオニア・バレーにある古い大学街の近くに落ち着いて暮らしている。魚大好き人間というわけではなく、生態学の勉強のために養殖場へやってきたのだ。ゴールドマンは、養殖には生態学にとってすぐれて有望なものがあると見た。一九七〇年代には生態学の理論家が次のような説を唱えていた。すなわち水産養殖には、うまくやれば、畜産学の最終目的を達成する可能性がある――最終目的というのはまことに理解しにくいのだが、一キログラム以下の餌で一キログラムの肉を生産するということだ。重力にあらがって泳ぐわけでもなければ体温を上げるわけでもないので、基本的に魚は陸上動物よりもエネルギーが少なくてすむ。うまくやれば養殖魚は世界のタンパク不足という問題をいとも簡単に解決できると食料学者は考えていた。

ところが、ゴールドマンは一九八〇年代から一九九〇年代を通して最初はサケを、ついでヨーロッパ・シーバスを逐一観察してがっかりした。水産養殖はみずからの名声を貶めていて、大衆の目には世界のタンパクの純益を無駄にしている薄汚い産業の掃き溜めだと映っていた。ヨーロッパ・シーバスはサケと同様、肉一キログラムを生産するには三キログラムもの餌が必要だ。

ゴールドマンはこの等式を正常なものにしようとして、人為淘汰の手順を逆にしてやろうと決心した。よく知られたポピュラーな魚、ハレの日の魚を探してきてその評判に頼って金儲けをしようとするのではなく、人間にとっての天性の相棒を見つけようと決めたのだ。ある爽やかな秋の日、ゴールドマンは私に言った。「一九九〇年代の初めに古本屋へ行って、イギリスの伝説的魚類遺伝学者、コリン・パーダムの本を偶然見つけたことを思い出すよ」と私に言った。木々がはっきりと紅葉し始めているのが後ろの窓から見えた。「パーダムはこう主張しているんだ。自然がこれまで何をしてきたかを理解してから家畜化プロジェクトを開始すべきだと。自然界にある膨大な多様性を理解し、望ましい利益を得るために、野生種の中からできる限りたくさん候補を選ぶことから始めるべきだとね。気がついたんだけど、ぼくたちは実にむずかしい生殖と飼育の問題をいくつか解こうとして、ありったけのお金を注ぎ込んでいるんだ。でも、この問題点に集中するに当たって、飼育魚を選択する前にその種に関する基本的な疑問を問いかけることはまったくなかったのだ。何を食べるのか？　基本的な行動はどうなのか？　成長速度はどのくらいか？」。

これらの疑問を解くためにゴールドマンは地球規模の壮大な探求を開始した。それまで飼育していたシマバスについての初期の計画はあきらめた。ゴルトンの基準二点に合わなかったからだ。

1　簡単に繁殖しなかった――四月の満月の頃にだけ産卵し、飼育下では繁殖がきわめてむずかしい。

2　とても人の手を嫌い、網の中でのた打ち回ったり鱗がはがれたりし、傷ついて死ぬことも多い。

ゴールドマンはどこまでも探し歩き、五〇種以上の魚を試したが、調べた魚にはどれも致命的な欠点があった。だが、新たなミレニアムが始まる時に、とうとうスチュワート・グラハムというエネルギッシュなオーストラリアの企業家に出会い、ゴールドマンの基準すべてに合致する東南アジアの魚を教えてもらった。植民地時代にイギリス人がこの魚にアジア・シーバスと名付けたのだが、これはアメリカ産のどのバスよりもヨーロッパ・シーバスとは遠縁だった。

この魚は、オーストラリアの地元ではアボリジニが名付けたバラマンディという名で知られていた。そして、この魚が生息する環境は人間が作る典型的な養殖場とほとんどそっくりだった。シーバスとシマバスが淡水域に産卵して成魚は温暖な海水域で過ごすのに対して、バラマンディは降河回遊性〔回遊魚が産卵目的で淡水から海に降下すること〕で、まさに逆の行動をとる。このような生き方をするということは、夏季に淡水域へ移動して袋水路に捕まってしまうことがよくあるということだ。袋水路とは乾季に川が途切れて淀んでいるところをいう。でき方はずいぶん違うが、袋水路は大きな天然の養殖水槽のようなものだ。シマバスが閉じ込められるとアイルランドの妖精みたいにのた打ち回るのに対して、バラマンディは御しやすく素直で人の世話を受け入れる。バラマンディは適切な条件下ではひどく多産で、一年中産卵する。無酸素環境に適応した巨大なエラを持っていて、おかげでとても病気に罹りにくい。最後に、そして一番大事なことだが、この魚はほとんど植物食だけでやっていけるのだ。つまり、他の肉食種に比べて、魚の肉や油脂にあまり依存していないということだ。それは、すなわち、汚れた餌による汚染を引き起こしにくいということでもある——餌に含まれる魚肉が少なければ、それだけ収穫する魚肉に好ましからざるＰＣＢ汚染の機会が少なくなるというわけだ。同時にバラマンディはどんな魚もできないことをやってのける――植物性油脂からオメガ３脂肪酸を作れるのだ。

ゴールドマンは「養殖産業の有望性と中心課題は、餌となる野生魚の量は決まっているのに世間へ供給する魚の量を劇的に増やすという点にあります。養殖漁業が今後一〇年間の需要に対応し続けるためには生産量を二倍にする必要が生じるだろうと見積もるのなら、需要に応えて世界中の海洋から資源を消耗し続けることがないよう、これら有限の天然資源を今よりはるかに有効に使うことがどうあっても必要なのです」と、ぼくに語った。

バラマンディを潜在的な海洋タンパク供給源たらしめているのは、またしてもこの魚の生態と生活環である。バラマンディは淡水に生息して塩水に産卵するので、産卵のために海へ移動した時にオメガ３化合物を素早く合成して卵に引き渡さなければならない。養殖ではバラマンディにほんの少量の油脂と食事を、養殖産業界で呼んでいるところの「仕上げ飼料」の一部として与えるだけでよい。

しかし、ゴールドマンは、バラマンディを人工の環境で飼育する際、ヨーロッパ・シーバスの開拓者たちが築いた基礎をないがしろにすることは決してできなかった。フランス人やオランダ人がやった生き餌法を使わないと、幼魚の時に飢餓に陥った。ゾハールとイスラエル人たちが開発したホルモン注入を行なわないと、バラマンディの繁殖が完全に調整されて安定して一貫した収穫が得られることはなかった。ギリシャ人がやった規模の拡大なしでは、大規模生産の利点を想像することもできなかっただろう。

そして、ゴールドマンが熱を入れていたのは、その大規模生産だった。彼はターナーズフォールズで両親といっしょに世界最大の「再循環式養殖システム」を創設した。このまことに珍しいアジア・バラマンディは本物の海に触れることは決してなかった。航空機格納庫サイズの部屋四つ（それぞれオーストラリアの都市の名前がついている――アデレード、ブリスベン、キャンベラ、ダーウィン）の中に家ほどの大きさの水槽が何ダースもあって、コネティカット川の水を引いたプールから水を引き入れて絶えず再循環と洗浄を行い無菌環境を作っているが、ここでは魚は早く成長するし、病気に罹ることも滅多にない。

だから、現代史におけるさらに悲劇的な魚の根絶の地、たった一つのダムのおかげでコネティカット川のサケが地上から絶滅させられた場所、マサチューセッツ州ターナーズフォールズで、食用魚の復興ができることはまちがいないだろう。生態学的影響の小ささと人類の文化に適応する生来の傾向のせいで、ある動物が特別に選ばれたのだ。海洋の養殖業黎明期に緑の革命が保証したことをすべて満たすであろう魚である。本当に、消費される以上に多くの魚を世のために生み出すだろう。野生の同じような種に対する漁獲圧を現実に取り除き、人類が海洋全体に与える衝撃を弱めることができるだろう。

一つだけ問題がある。残念なことに西洋人は誰一人としてバラマンディのことを知らない。最近、ゴールドマンは自然にやさしい自分の再循環式養魚技術を中部ベトナムに持ち込み、アメリカおよびヨーロッパの市場向けの冷凍バラマンディの生産を始めた。アジアではこの魚の生産が多くなっている。ゴールドマンだけではなく、中国、オーストラリア、インドネシアその他の養殖業者によって、年間およそ四万トンずつ生産が伸びている。しかし、ヨーロッパとアメリカでは、餌を消費し過ぎて環境に負担を与えすぎるタイプの養殖に、ほとんどの消費者が依存したままである。

たぶんゴールドマンは地中海の歴史からもう一つ見習って、みんながそれとわかる名前を探すべきだろう。今やぼくが、魚たちがどうやって自分にブランドをつけたか、人間がどうやってその魚たちを受け入れるようになったか、ということを知っているので、バラマンディを何かほかの名前で呼んでもいいと思う。植民地イギリス人が押し付けた名前で呼んでもいいだろう。どんな理由で付けられたにせよ、この名前は「良い魚」という意味で私たちの意識に入り込んでいる。「アジア・シーバス」と呼ぼう。

第3章

タラ

庶民の再訪

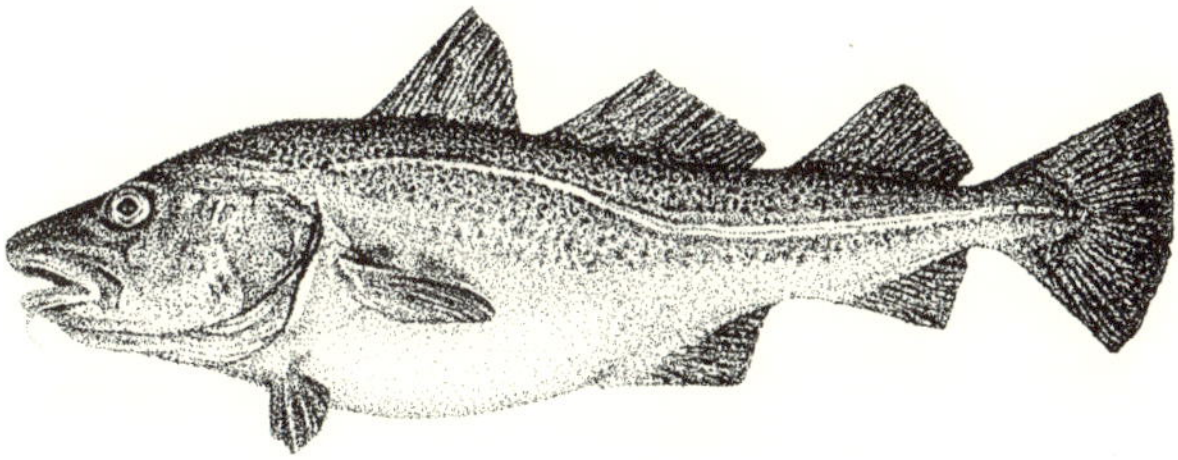

鱈

サケやシーバスが、王者のごときハレの日の野生魚から普段の日の魚へと変化したが、世界中の動物にこの傾向が続いている。ヨーロッパ・シーバスの飼育によって開発された技術を用いて、主として一キログラム当たり三〇ドル以上で売れる多くの高価な魚種――チョウザメ、グルーパー〔ハタ科の魚の総称〕、それに後述するがクロマグロまでも――が生育段階を問わず飼育されている。これらは最終的に市場の隙間に入る魚種だが、少なくとも初めのうちは一九七〇年代および八〇年代の第一次大激減による魚の局地的減少や絶滅を埋め合わせるために開発されたものだった。しかし、ハレの日の魚ではなく普段の日の魚がいなくなり始めたらどうしたらいいのだろう。普通の人々が毎日食べている魚、チキンと同じ値段で売らなければならない魚。あり余るほどいることが一番の美点という魚だ。

二〇〇〇年の春、こういう問題に触れた本を兄がイギリスで買ってきて私へ、それから叔母へ、さらに叔父へと家族内で読み回された。この本の著者は、一時期職業漁師でその後ジャーナリストになったマーク・カーランスキーという人で、本のタイトルは簡単に『鱈』となっていた。これは、出版界で「超ミニ歴史」と呼ぶようになったものの初出だと考えられるが、それは、人間社会の進化を一つの商品を通してたどるという方式のものである。カーランスキーの場合は、この商品が大西洋タラ（*Gadus morhua*）であった。タラはそのフレーク状の白い魚肉が中世の頃からアメリカ大陸発見の時を経て産業の時代に至るまで人類を養ってきた魚種である。もし、ヨーロッパ・シーバスが特別な魚の典型ならば、タラはカーランスキーが明らかにしたように、その正反対のものの代表である。その数は西洋の人口の二〇倍を養うに十分である。

家族のメンバーが『鱈』の中で「面白い」と言ったところはまちまちだった。叔母は、カーランスキーが中世の料理本を探し出してタラの肝臓やウキブクロ、またの名「サウンド」の風変わりなレシピを再現したという点が気に入った。兄（ダンジョンズ・アンド・ドラゴンズというロールプレイングゲームが出始めの頃これにハマっていて、イェール大学で中世学を専攻）は、コロンブスよりはるか昔にバスクの漁師たちがアメリカを発見していたが、良好なタラの漁場を他国人に知られたくないのでそれを秘密にしていたかもしれないというところが好きだった。

しかし、ぼくはといえば、この本の中ごろに書いてある豊かさの喪失というストーリーにこだわった。豊かさの喪失とそれを引き起こした漁業の強欲な私物化、独占および産業化である。一連の技術革新を経て、巨大企業がどのようにして巨大工船を使って職人漁師の小型漁船を壊滅させ、タラの群れを次から次へと消滅させたことか。地中海にシーバスが僅少になった頃にイタリア人がダイナマイトを使ったのと同じように、産業界の漁船は最初は北海で、次にアイスランド沖からノヴァスコシアの浅瀬を越えてニューイングランドへと南下し、ますます破壊的になった。

大きな底引き網、つまりトロール網はますます大きくなり、「ロックホッパー」装置を備えるようになった。この装置は、工船が岩だらけのタラの要塞になっている浅瀬に突っ込むためのものだ。そこは毎年タラが集まってつがい、産卵する、沖合いの湧昇流のあるところだ。しかもタラには乱獲が不可能なくらい個体数がある。乱獲というのは立証可能な科学的概念ではない、と唱える科学者に後押しされて、最初から漁獲熱は膨らんでいった。一九七〇年代終わりと一九八〇年代初めに合衆国政府がアメリカの漁船を建造するための補助金八億ドルを放出すると、この重装備の漁業がさらに盛んになっていった。

『鱈』は結局、連邦政府が一九九四年にニューイングランドの最大の漁場、ジョージズバンク、それもケープコッド〔タラ岬〕という名のついた最高の漁場から営利タラ漁を締め出したという話で結んでいる。「それですべて本当にうまくいったのか?」。カーランスキーは自分の感動的で勇壮な本の結末で、もはや海へ出ることのかなわぬマサチューセッツのタラ漁師たちを悼んでいる。野生の世界から食料を採取するこの最後の人たちをじわじわと抹殺していいのか。これが最後の野生食料なのか。(51)未開発の自然との最後のナマの絆が、たまたま獲れたキジみたいに滅多にお目にかかれない珍味になってしまうのか。

これらの言葉が、その後何年も心にひっかかっていた。だが、環境に対する悪事の歴史には心の傷む出来事を過去へ押しやってしまう不思議な力がある。以前に人間がした良くない行ないを、まだ書かれていない現在および未来のページには入れさせないのだ。こういう本がよく読まれると、それらが暴いたさまざまな犯罪行為が大衆の知るところとなり、ものごとが必然的に良い方向へ変化するような気がする。ちょうどレイチェル・カーソンの『沈黙の春』が合衆国政府に殺虫剤ＤＤＴを禁止させ、ワシやハヤブサやタカなどを甦らせたように、「鱈」が乱獲という問題を大衆の意識の中へ持ち込んでくれることを私は願っていた。『鱈』は『ジョーズ』以来群を抜いて売れた魚の本で、ざっと見ても国際的ベストセラーである。カーランスキーのこの本は一九九八年に出版された〔日本語版は一九九九年〕。二〇〇八年の冬までにはものごとが変化したと信じたかった。タラに加え続けられた虐待が学会で詳細に調査され、効果的な政策によってすっかり改善されていると。

さらに、他の漁業でも水産資源の減少や枯渇という悪循環から回復しそうな兆しがあった。アメリカ・シマバスも一九七〇年代のすさまじい破壊行為を蒙っていたが、一九八二年に発効した三年間の有限禁漁措置に守られ、それ以後は営利漁業による漁獲圧が非常に減少した。今日では過去一〇〇年間のいずれの時期よりもシマバスの数は多い。一四年間にわたって営利漁業の禁止、保護活動、それに科学的調査を行なったのだから、またジョージズバンクへタラを獲りに行ってもまったくかまわないと私は思う。

ともかく食料補給法という点ではその通りだった。ジョージズバンクでは、過去二〇年間にわたって定期的に漁を解禁する海域があり、マサチューセッツ州ハイアニスから出る乗り合い釣り船「ヘレンH」が、毎日このバンク周辺の漁場の一角へ航行していたことがわかった。そこではリクリエーション用の釣りが認められていた。ギリシャのバスの調査から帰った一二月に、ぼくはまるまる二四時間海で過ごしてよいと家族から言われた。乗り合い船の釣りをやるための許可証だ。金曜の夜遅くマンハッタンから出発し、一晩中I-九五を走った。若い頃にロングアイランド海峡沿いにあるいろんな釣り場へ向かってかよった幹線道路だ。

ニューヘブンを後にすると、ニューヨークの都市部が長く延びたあたりがぼんやりし始め、ロードアイランドの古きわが学生街プロビンスの町を通り過ぎた時に見た強烈な明かりを別にすれば、道路はほとんど真っ暗なままだった。その後はI‐一九五だ。マサチューセッツへ入る交差点を過ぎてしばらくすると、美しくも不気味なボーンブリッジがぼんやりと現れてくる。一九一六年に工兵部隊がケープコッドを水路で切り離したが、一九三三年にボーンブリッジが岬と本土とをもう一度結びつけたのだ。あたりは完全な静寂に包まれ、凍りついた窓ガラスを通して寒さが車内へ浸み込んでくる。軽い雪が降り始めた中を橋の向こう側へ渡り、さらに三、四キロメートル走ってかつての捕鯨の町ハイアニスに向かった。午前二時ちょうどに〔乗り合い船〕「ヘレンH」の駐車場へ入った。そこには行儀の悪い輩が大勢いてすっかり落胆した。連中はまさにぼくと同じようにやって来たばかりのニューヨーカーたちだった。

みんな国別に分かれてそれぞれ固まっていた。ぼくの左側には一五人ばかりの韓国人がいて、棺おけ大のクーラーボックスを昔の牛車さながらの荷車に積み上げていた。右側ではドミニカ人が一二人、寒さに足を踏み鳴らし、暖かくなるようにと期待をこめながら両手をこすり合わせていた。ギリシャ人やクロアチア人やいろいろ雑多な民族も少人数で集まっていた。

でも、たとえ混みあっていてまた長旅であろうと、寒い朝にハイアニスにいられることが嬉しく、釣り人を満載してタラを狙う乗り合い船を見るのが嬉しかった。ぼくには、アメリカの乗り合い釣り船は世界でも何か特別なものに思われた――徹底して大人数を乗せるのだ。一日釣るのに一〇〇〇ドル以上かかる個人チャータータ―のボートと違って、乗り合い船は全長六〇メートルのタフな巨漢だ。男ども（そう、ふつう男どもだ）を六〇人から時には一〇〇人も乗せることができ、一人当たり五〇ドルで連れていってくれることもよくある。ブルーカラーのふところに優しいこの種の船による船団が存在するということは、野生魚対象の漁業がいまだ一般的であり、魚がかなり豊富にいて、それが有用な資源だということだ。

みんな料金を払うために小屋の前に列を作った。行列の中に見覚えのある顔がいくつかあった。夏にブルックリンのシープスヘッド湾で釣りをした時の乗り合い船でいっしょだった顔だ。決して豊かとは言えない人々、配管工、大工、港湾労働者たちだ。でもちょっと待てよ。豊かなんてことを口にするぼくはいったい何者だ。ぼくは、いつも破産の瀬戸際に立ちながら、どんな雑誌や新聞にも記事を書いてきた。収入の不足や経費削減という思いは誰の胸にもあったのだ。釣り船の上の群衆はいわゆる普通の「リクリエーション」釣り師ではなかった。食料を求めて釣っていたのだ。実際、私自身は、ある程度経済的理由があるということでこの釣り旅を正当化していた。これはブルックリンでやった一日釣り旅の三倍近くも長距離の沖合い航行なので、いつもよりも料金は高く、一七〇ドルした。ガソリン、施設使用料、釣り船助手への心づけなど付随する費用を加えると二五〇ドルくらいになる。しかし、ハイアニス発の情報は悪くなかった。タラの個体数が激減したので値段は急騰した――今や一キロ当たり三〇ドルになっている。[52] 損益をトントンにするにはフィレをおよそ九キロ――型のいい魚を一〇匹――持ち帰ることが必要になるだろう。それ以上獲れば、市場の売り値よりも安く手に入れることになる。

料金の支払いが終わると船長が現れて、予約順に客の点呼をした。船は満席で、ぼくは電話予約最後の席を手に入れたのだ。バウスプリットと呼ばれる船首の前に突き出た円材の近くの恐ろしい場所があてがわれるのではないかと心配した。しかし、最後にぼくが呼ばれた時には、人ごみを抜けて進むように言われ、ちょっと角からそれてぽつんと離れた船尾の隙間を指示された。奇跡みたいだった。そこは、ともかくぼくの経験では、今までで一番大量に釣り上げた場所だった。釣り位置を確保し、ぼくは最後に残った空いた寝棚を見つけ、「ヘレンH」は七〇海里東方のナンタケット・ショールズへ向かってギシギシ音を立ててゆっくりと進み始めた。そこはジョージズバンクの湧昇流へと続く傾斜地だ。

夜明け直前にエンジンが速度を落とした。疲れた体にゴムの胸当てズボンを履いていたが、それがこすれて出す音で目が覚めた。「ヘレンH」は円を描きながらソナー探知をして、釣り客全員が十分満足できる大きな魚が集まる場所を探していた。とうとうエンジンが停止して、船長がみんなに手すりの方へ来るように言い、釣りが始まった。始めは魚の動きはぽつりぽつりとしたものだった。釣りの状況を聞いた時の「ヘレンH」の事務員の声を思い出す。彼女は「最高よ」といささかきっぱりしすぎるほどに言い切ったのだ。その声の中の「プロの誇張」には、内実はそうではないというほのめかしがあったのかもしれない。

ぼくのすぐそばでは、いつ見ても釣り名人の韓国人たちがこの日の最初の釣果をあげたが、面白くなさそうだった。左側にいる男がリールを巻き上げた。「小さい」と文句をいいながら五六センチという法定サイズより小さいタラをつかみ、それから法規を無視して自分のクーラーへ放り込んだ。「規格サイズが欲しいんだ！」。規格サイズの魚を欲しがっていると言い立てることが、あたかも規格以下の魚を殺したことの言い訳になるかのように言った。右側では別の男が三本針をつけて（連邦法では二本までしか認めていない）釣っており、向こうにいる一人は法規の制限を破って電動リールを使っていた。ルアーが海底に着くたびにたちまち魚を針にかけていた。リールの「巻き上げ」ボタンを押すと、リールはズー、ズー、ズーという大きな音を立てて楽々と巻き上がり、その男は違法に小さいタラを自分のバケツの中へ投げ込んでいた。

ぼくにも小さい魚が掛かってきたが、舷側へ上げた時には指がエラに触れないように、またできるだけ触る面積を小さくして粘液皮膜を剥がさないようにとてもやさしく扱った。粘液皮膜はたいていの魚の表面を覆っているもので、局部の感染に対する最初の防御手段である。釣り上げた魚の一匹が腹に針を引っ掛けていて、まちがいなく死ぬことがわかっていたが、ルールを守って同じように海に返した。最初の一時間のうちは規格サイズの魚を一匹釣り上げただけだった。がっかりして自分のクーラーを見つめていた。父なら「一匹で二五〇ドルの魚だ」と言ったことだろう。いったい何のためにこんなバカげた船旅にやってきたんだ。

そのうちあるポイントで船が漂流をやめて停止したようだった。ぼくたちはしだいに下にいる魚のサイズと動きを見極めることに慣れてきた。釣り糸に乗ってくるタラのサイズが大きくなって、あるものは合法的制限サイズを十分に超えていた――制限というのは、捕まって死ぬ前になるべく多くのタラが少なくとも一回は確実に産卵できるようにするために課したものだ。たちまち釣りはまったくとんでもないものになった。隣の男のクーラーには今や一ダースのタラが入っており、ぼくの方にはそのおよそ半分が入っていた。

その頃になると、小さい魚が釣り糸を引くのを感じるとジグを海底に落とし、二番目の「誘惑」針にもっと大きな二番目のタラが確実にヒットするようにしていた。釣果がますます上がってくると、始めの頃にはあんなに手厚く扱っていた小さい魚に対して次第に無礼になっていった。小さい魚が二匹掛かったということは、より速く仕掛けを海底にもどしてより多く規格サイズを釣り上げるために、得にもならない魚から針を外す仕事が二回もあるということだ。ぼくは顎から優しく針を滑らせるのではなく、引き裂いて外し、エラを指でつかんだ。少しでもよけい釣り上げるためだ。

心の底ではマーク・カーランスキーが『鱈』で述べていたことを思い出していた。それは、魚が大量に繁殖すれば、軽蔑しないまでも、まちがいなく尊敬の念は落ちてくるということだ。

しかし、それは背景の雑音にすぎなかった。船のまわりはまさに豊饒の海になった。ゴンドウクジラが穏やかな海で波のようにうねる。時々五〇キログラムもあるクロマグロが三日月形の背びれで水を切り裂き、空中に飛び出て獲物を追いかける。絶滅が近いと思わせられてきた魚だ。そしてその獲物！　何百万匹ものイカナゴやニシンが海面にさざ波を起こし、ジグにタラが掛かっていないときにはこの魚たちが刺さっている。特別大物のタラが水面に現れた時には、二メートルを超えるネズミザメが現れてぼくの獲物を半分に噛み切ってしまう危険があったので、急いで取り込まなければならなかった。

じきにタラがいっぱいになってぼくのクーラーに入りきれなくなったので、追加の入れ物を注文した。船長が釣り終了を知らせるために警笛を三回鳴らした時には、全部で二ダースほどタラを確保していた。何年間もやってきたタラ釣りの中で最良の日だった。二匹だけを残して三枚に下ろしたが、残した二匹はそのまま二歳の息子に見せるのだ。将来ぼくの釣り仲間になりたいと思わせられるかもしれないからだ。港まで帰る長い道のりの間保管庫に入れておくためにクーラーを持ち上げながら、息子を抱えた時と比べてその重さを判断した。二〇〇六年に生まれた時、息子は五六センチで二二四〇グラムだったが、これはちょうどタラの法定捕獲可能サイズだ。この釣り旅の時期には息子は一四キログラムになっていて、クーラーの重さはその二倍に感じた。ぼくは当初の経済的目標を超えたのだ。全部で二四六ドル使ったが、タラのフィレ二七キログラムを手に入れるためにそれを使ったのだから、キロあたりのコストは九・一ドルになった。

オーガニックな産物よりももっと自然な野生のものが、トリ胸肉みたいに安いのだ。寝棚によじ登り少し休もうとした。今日は「そこそこの日」で、「以前みたいなことはなかった」という乗組員たちのぼやきが聞こえてきたけれど、腕の痛みと満タンのクーラーを思うこととでこの上なく幸せな、ほとんど目まいがするような豊かさを味わっていた。

「持ってけ、マーク・カーランスキー!」。居眠りをしながら言った。

魚は食料としてどのくらい必要で、海にはどのくらいいるのか。結局のところ、この二つの基本的な質問の重要性に比べれば、海洋の将来に関する他のあらゆる疑問は大した問題ではない。もし、この基本的な均衡ということがわからなければ、私たちが知っている海の生き物、あるいは少なくともいて欲しいと思う海の生き物が存続することは不可能である。

第一の疑問――魚はどのくらい必要か――について言うと、かなり大雑把な見積もりを出すことができる。現在のところ、全世界の野生魚の漁獲高は七七〇〇万トン――中国の全人口の重量に相当するが、これが毎年きまって海からすくい取られ、スライスされ、ソテーにされ、茹でられ、焼かれ、油で揚げられる。たいへんな量の魚である。半世紀前に私たちが海から獲っていた量の六倍だ。しかし、栄養学者のアドバイスに従えば、この量はさらにはるかに多くなるだろう。たとえば、イギリス保健省では少なくとも週二回は魚を食べるべきだとし、一度はサケのような脂肪の多い魚、一度はタラのような白身の魚を摂るように推奨している。そこで、もしすべての人間がイギリス政府がすべきだということをすると、年間一億トンの魚が必要になる――歴史上もっとも収奪している現在の漁獲量より二七〇〇万トン上回る量だ。

このことはしたがって第二の疑問――魚はどのくらいいるのか――に対して大きな圧力をかける。答えを見つけるのはかなりむずかしい。いま魚がどれだけいるのか、将来についてはもっと重要で、どのくらいの魚が存在しうるのか、正確にわかっている者は誰もいない。国連食糧農業機関（ＦＡ

O）の査定は、各国政府から集めたあらゆる漁業情報を編集した多くのデータベースの中の一つだが、そこには、全世界の魚種に関する最新の査定の結果、「世界の海洋漁業資源の全般的開発状況は、比較的安定する傾向にある……過去一〇年から一五年の間、乱開発して消耗した魚の割合には変化がない」と書かれている。

しかし、この安定性という査定は議論の的になっている。[53] FAOは調べた結果を照合し、検査しているが、努力を尽くしたにもかかわらず「漁業のデータはまるまる信頼できるわけではない」ことを認めている。FAOはまた「極度に集約的な漁獲が北半球から南半球へと広がっている」ことを記し、世界の漁業システムの全面的持続可能性に対する［乱獲の］影響に関して……一貫して警告を発している。

タラなどの白身の魚は、ファストフードやスーパーで売られている冷凍料理の素材となる「産業用魚類」として用いられているが、これほど大量の魚が急激な重圧を受けている収奪の場は他にはない。白身魚は、今日世界の漁獲高の五分の一を占めているが、これはアメリカに住む人間全員の重量と同じである。これらの魚はおもにタラ目に属する動物で、タラはこの目でもっともなじみのある魚の実例である。しかし、ハドック、メルルーサ、スケトウダラ〔いずれもタラ科の魚〕などが、次第に素材に多く混ぜ込まれるようになってきた。タラなどの白身魚は、北ヨーロッパの国々、とくにイギリスでは全国民の食用魚中いちばん多く消費されている魚だ。[54] イギリス人は白身魚を安いファストフードでも、高くて新鮮なフィレでも食べているが、白身魚はシーフード全体のほぼ三分の一を占める。

タラ目の魚の人気は一般にその形態に大いに助けられている。この目の魚たちは不精な生活をしており、冷たい水中でゆっくり動くのが好きだ。だから、肉には高速運動用の筋肉組織が最低限しか付いていないのがほとんどだ。ふつう、この組織は魚のフィレ肉に沿って走っている血合いの中に含まれている。魚の血合いが「魚らしい」風味の一因なので、タラはあまり魚っぽい味がしない。タラはまた脂肪を肉ではなく肝臓に貯蔵する傾向がある。肉に含まれる脂肪は冷凍や乾燥をした時に腐敗の速さを決定するものだから、タラなどのタラ目の魚は完璧な産業魚類なのだ。ありふれていて、口当たりがよく、簡単にどんな食品にもなりうる。乾燥タラにして一九世紀に南方のプランテーションにいる奴隷に食べさせるにせよ、フィッシュスティックにして現代の労働者の家族に食べさせるにせよ、タラ目の魚は——いずれにせよ健全な海洋生態系の中にいる——きわめて大量にいるので特別なものとはまったく思えない。真に万人向けの魚だ。

タラ目の魚が産業魚類として広く用いられているのは、南北両半球で手に入るということにもよる。一般に、寒冷な水域で進化した動物は、地球のどちらかの半球に閉じ込められる。いったん寒冷な環境に適応すると、温暖な赤道域の気候は致命的で、牢獄の壁の役割を果たし、一方の極からもう一方の極への通路を事実上封鎖するからだ。ペンギンが南半球だけに、ツノメドリが北半球だけにいるのはこういう理由からだ。

しかし、タラ目の魚の歴史は私たちが知っている状態の両半球の歴史よりも古いのだ。原タラ型魚は北海で化石として発見されたスフェノセファルス（*Sphenocephalus*）というものだと考えられている。

現在のタラ目の魚は絶滅したスフェノセファルス属から進化し[55]、南半球へと放散した。大陸が今よりまとまっていた時代で、酷寒の海流でできた橋を渡って冷水魚が赤道を越えることができたのだ。しかし、およそ四五〇〇万年前、始新世の時代にオーストラリアが南極から分離して強力な水流の渦ができて、残った新南極大陸のまわりの形を整えた。環南極海流とよばれるこの側路は、現代の世界の底辺を回り続けている。これが、南半球の膨大な数のタラ目の魚を北半球にいるその従兄弟たちと事実上分け隔てている。その南半球のタラ目の魚は、今、激しい収奪の波に飲み込まれ始めたばかりだが、今後はそれがもっと進むだろう。

ある種のタラ目の魚、一番いい例がタラなのだが、彼らははかり知れない年月をかけて、数を増やすチャンスがあればいかなる時も逃さない生き物へと次第に発達していき、今度はその数を利用して繁栄を永続させてきた。広い範囲を移動しない定着性の魚は、自分が生きるためのエネルギーをすぐ近くの環境から得るだけで満足しなければならない。太陽が一平方海里の海に送り込むエネルギーには限りがあり、そのエネルギーはある一定量だけのプランクトンのカロリーになり、そのカロリーはそれから食物連鎖を上っていく。だが、タラは遠方へそして広範囲に回遊し、かつ高度に雑食性である。人間が干渉する前には、タラたちは、自分たちが通過したさまざまな生態系のお陰できわめて多くの個体数を築くことができたのだ。

ある生態系の中で食料エネルギーが手に入るとなれば、多くの種の間で必ずそのエネルギーをめぐる競争が起こる。タラは、その圧倒的な数の優位さで北大西洋のエネルギー経路の多くを独占し、競争を回避した。タラにとてもよく似た例として、北西太平洋岸で他の植物を抑えて優位なダグラスモミ、スギ、セコイアの森がある。何千万本もの巨大なセコイアやダグラスモミが、北アメリカ大陸西部のサンフランシスコからブリティッシュコロンビアまで広がって、光をまったく通さない分厚い天井を作り、他の樹種が生えられないようにした。これと同じように、膨大な数のタラの魚群が、北アメリカおよびヨーロッパ周辺の大陸棚を覆う捕食天蓋ともいうべきものを張り渡したのだ。カナダのグランドバンクスではタラは体長約一五〇センチ、体重四〇キロ以上に達するのが普通だ。孵化したばかりで小さく弱い時期のタラを餌にしていたに違いないカニ、ロブスター、サバその他の生き物は、大口を開けて獲物を求めて徘徊する大きくて悪辣なタラの群れによって数を少なく押さえ込まれていた。タラはその時点の収穫産物を独占するのだ。

もちろん、大規模産業型漁業が始まると、今までとは違う生態系ができあがった。大陸棚を支配するようになった頂点の生物集団はタラ目の魚ではなく、霊長目のヒト科だったのだ。人類の興隆と魚類の没落との間に一〇〇パーセント科学的に証明できる相関関係があるわけではないが、この逆の現象に思いを巡らすのは無駄ではない。ノヴァスコシアのダルハシー大学でタラの個体数の過去の変遷を研究しているジェフ・ハッチングズによれば、カナダのもっとも有名な漁場にいたタラの総数はアメリカバッファローよりも多かったが、タラの数の減少はカナダ史上最大の脊椎動物の喪失で、その数は二〇億匹ほどである。「二〇億匹のタラといえば、人間の体重に直すとどれだけの喪失に相当すると思う?」。ハッチングズは声に出して自問した。「二七〇〇万人だ」。ハッチングズと話した後で、ぼくは二七〇〇万人ほどの人口を持つ国を捜してみた――いわば、魚獲りを使ったメタファーだ。皮肉なことに、カナダで失われたタラの生物量にきわめて近い人間の生物量を持っている国は、カナダなのだ。

極相にあった海の生態系で何が起こり、頂点にいる動物がいつ水中から引き上げられてシーフードに変わったのか。漁業がもたらす影響の大きさは、魚をどれだけ取り去ったかによる。ハッチングズは、個体数の七〇ないし八〇パーセントの魚を除去してもある程度は回復するということを見つけた。魚が二〇パーセントから三〇パーセント残っておれば、個体群は不安定で脆弱だが回復する可能性はかなり高い。同様に、その魚種のゲノム――つまり、そのひとまとめの魚群の遺伝的多様性の総和――が極端に減少するとは考えられない。変異を健全に保つだけの量の遺伝子をほぼ持っていて、それによって時が経てば個体数を回復できるということだ。

しかし、除去が九〇パーセント以上にまで上がると、回復の見込みは落ち込み、遺伝子自身が影響を受ける可能性が出てくる。従来のタラの個体数の九五パーセント以上が取り除かれたグランドバンクスが禁漁になってから一五年の間、タラの平均サイズの著しい小型化が見られている。一九六〇年代の、絶頂期の魚群がいた時期の平均は九キログラムあまりだったが、今や平均およそ一・四キログラムになっている――「幼魚サイズ」と言って市場関係者は鍋サイズのフィレを作るときの呼び名で呼んでいる。さらに、一九九二年にカナダ政府がグランドバンクスで全面禁漁を実施し、その後九〇年代後期には厳しい漁獲制限を行なったが、タラが増加したという兆候は見られていない。

以上が暗示することは、大きいタラを全部獲りつくすことで漁師がある意味で小さなタラを選抜したということだ。今では、タラの遺伝子全部の中の小さなタラの遺伝子の割合は、漁獲圧が加えられる以前よりも高くなっているだろう。グランドバンクスのタラだけを捕獲しないでおいたとしても、以前の遺伝的可能性を回復し、優先種になるのに必要な平均サイズを再び獲得するには何十年とかかるだろう。

グランドバンクスにおけるタラの破綻は、マーク・カーランスキーの『鱈』が出版されるまでの間はカナダの東海岸諸州のローカルな問題でしかなかった。カナダの一部の役人たちは絶望的な気分になり、カナダ国有刊行物や北欧のタラ消費国の新聞に時折記事を寄稿していたものだ。しかし、タラの危機がアメリカに広がると、この問題は世界的なメタファーとなった。豊富にあるという概念が目の前で消えてしまうのはショッキングなことだ。ことに、それがとても多くの労働者階級にとって大切な食料源である時には。

けれどもタラを見ると、絶滅の危機にある生物種が回復する時の従来のやり方には奇妙なねじれのあることがわかる。人間もタラも自分たちの繁栄を続けるためには、タラがきわめて大量にいることが必要だ。今日の全世界の消費率からすれば、タラのような魚が年間一八〇〇万トン必要だ。これはグランドバンクスの最盛期のタラの全量くらいに匹敵するが、これが毎年必要だ。この豊富さを維持するには思い切った手段を講じる必要があることが、一九九〇年代後期までにすでにわかっていた。タラ類がまだ健全で、マクドナルドのフィレオフィッシュ・サンドウィッチ[56]などのメニュー項目だった一九六二年と、ほとんどのタラが「破綻」してしまった（破綻というのは、一般的には以前に認められた個体数の九〇パーセント以上が消滅した状態と定義されている）と考えられた一九九四年とのあいだに、アメリカ、カナダおよびイギリスは、タラだけでなくあらゆる魚の完全な輸出国から完全な輸入国になった。

問題は、言ってみればオオカミのようなもはや捕獲圧が働いていない絶滅危惧種を扱うよりもはるかに複雑になってくる。どれだけオオカミがいるのが望ましいかということには議論があるだろうが、銃を手にして待ち構え、個体数が収穫可能数に達したら狙い撃ちする「オオカミ産業」などは存在しない。依然としてこの先細りになった系に人類が略奪を続けているという時に、大きな個体数という生態状態にどうやったら回復させられるのだろう。魚の優位性をもう一度確立しなければならないとしたら、どうすればよいのだろう。その魚は、単に二軍選手になったのではなく、以前の不完全な状態のものにまで遺伝的に降格させられたものなのだ。実に困難な仕事だ。だが、不可能ではない。

始めるに当たって以下のことに留意することが重要だ。世界中のタラの個体群は正式には一つの種であり交雑可能なのだが、別の個体群にはそれぞれ別の将来への見通しがある。それはどれだけ人間に収奪されたか、そして、どれだけうまく繁殖できるかによる。「グランドバンクスのタラが破綻したからタラは絶滅の危機にある」などとは言えないのは、「スーダンで食料が不足しているから人類は飢餓状態にある」と言えないのと同じである。同様に、世界中のタラすべてを救う「地球規模のタラ問題解決法」などないのだ。

しかしながら、人類は基本的なまちがいを犯している。自然のシステムの可能性について根本的に思い違いをしている。自然のシステムは、野生魚との関係を続けていく時に私たちがいかに素朴で無知であるかを指摘してくれる。この無知が科学的合理性という明るみのもとへ引き出されたもっとも重要な場所の一つが、ジョージズバンクだ。そこは二〇〇八年にぼくがタラを二ダース釣り上げた場所で、マーク・カーランスキーが一九九八年にタラの本を書き上げた場所だ。

現在、「乱獲」という言葉が紙上に載ることが多い。魚を追いかける仕事をしている人間は、確かにそういうことがあるとして学者連中がその概念を受け入れているのだという感じを持っている。しかし、海から取り去ってもよい魚の総量に明らかに制限があったとしても、比較的最近まで一般に乱獲とは何を指すのか、そして、とくに乱獲されている魚は何なのか明らかにして態度をはっきりさせた政府機関はどこにもなかった。科学者と政策立案者とがジョージズバンクのタラの問題を細かく吟味したのは、一九九〇年代だけだった。そこでは乱獲という概念が、結局、無知という力を相手に戦うリングへ上がったのだ。

ニューハンプシャー大学の生態学者アンディ・ローゼンバーグ教授がこの戦いのリングサイドに座った。教授は、学者の世界では「傍系」の位置から研究生活をスタートさせたのだが、ちょうどグランドバンクスの危機が明らかになっていた時期にノヴァスコシアで学位を取っていた。そこで学んだことから、アメリカの漁業経営システムに参画したいと強く思うようになった。アメリカのタラの危機が思い浮かんでいたのだ。合衆国の漁業は一連の地域漁業管理委員会（漁業関係者の用語ではFMCという）の統制下にある。協議会は法の規定によって水産業の代理人と資格をもった科学者との混成になっている。歴史的にみると、適切かどうかを判断するのは漁師で、科学者はだいたい漁師の主張をサポートする立場で貢献していた。しかし一九九四年、ちょうどニューイングランドのタラが根絶へ向かって急降下していた時期に、ローゼンバーグがニューイングランドのタラを監視するFMCの理事職を志願した（本人が驚いたことに希望が裁可された）時から、このゲームのルールが変わり始めた。

ローゼンバーグはぼくにこう語った。「一九八九年にタラが大繁殖したという事実は、一九九〇年代初頭までには確かにまちがいありませんでした。そして、多くの人にはそれがジョージズバンクのタラの最後の喘ぎに見えたんです。科学者側からのアドバイスでは、この魚の最後のすばらしい大繁殖には強力な管理方策を講じてやるチャンスがあるのはまちがいないから、それで漁業を安定させられるということでした」。しかし、方策はとられなかった。資源保護LNN基金という非営利機構が連邦政府に対して、魚種を保護する義務を終了しないように訴えるまでは。ローゼンバーグは当時を回顧する。「この時点で政府はびっくりするようなことをやってくれました。政府はこう言ったんです。〝おっしゃる通りです。責任を果たしていませんでした。私たちも科学的に考えた結果、ご意見に同意します〟とね」。

この問題を合理的に処理したのは、ビル・フォックスというアメリカ海洋漁業局の驚くほど進歩的な局長だった。フォックスは後に、漁業者側に立たないで科学の側に立ったといって漁業団体から非難を受けたものだ。しかし、フォックスの方策は、結局、魚の、そして漁師の状況をも好転させた。一九九三年、おそらく史上初めてだろうが、フォックスは水産業の経営者たちに対して、乱獲を定義させ、将来のための計画漁業においてその定義を継続して守ることを求めた。アンディ・ローゼンバーグが一九九四年にその地位を引き継いだ頃までには、新しく科学に基づいて運営する北東部FMCが、ジョージズバンクの乱獲を停止するには全面的禁漁しかないと結論づけていた。そして、一九九四年にその通りに行なわれた。海堆にある巨大な二つの海域、あらゆる漁場の中で最良の漁場とされていた海域が封鎖された。法令はその時点では暫定的なものと考えられ、今でも封鎖の解除を待っている者が大勢いる。

しかし考えてみよう。一九九四年にジョージズバンクで起こったことは、人と魚の歴史上まったく初めての出来事だった。合衆国は、世界でもっとも収奪した漁場の真ん中に、事実上の海洋保護区を創設したのだ。[57] これがとても広範な影響力を持つことになった。ニューイングランドにおけるタラの危機は、もっと大きな運動を触発することとなったのだ。その運動は、持続可能漁業法として知られる漁業法律制定という目標へ事態を導いた。

持続可能漁業法の制定以前には、海というものは本質的に豊饒な場所であるという仮定が言わずもがなのように存在していた。今日、海洋の漁獲可能量は九〇〇〇万トンとされているが、つい最近の一九七〇年代には潜在的には人類が年間四億五〇〇〇万トンのシーフードを収穫できるという学会からの提案があった――これは、当時の世界中の人類の総重量に等しい。漁業法制定に際してはこのことが反映された。マイケル・ウィーバーがその優れた著書『過剰から欠乏へ』の中で、持続可能漁業法の制定以前には、当該魚種には、営利漁業を維持するだけの量がないことを証明するよう、資源保護主義者が立証責任を課されたと述べている。この条例は、珍しく環境保護主義者とスポーツ釣り師とが結託して通過させたのだが、その勢力は議会の中に強固に食い込んでいた営利漁業者の圧力団体を上回り、立証責任は科学者ではなく漁業者に課されたのだった。問題はひっくり返されたのだ。一九九六年に持続可能漁業法が通過した後では、立証されない限り魚は本質的に欠乏していると見なされた。

だが、持続可能漁業法がなしたもっとも重要なことは、大規模漁業が始まって以来初めて、アメリカのいかなる魚介類に対しても乱獲の停止を要求したことである。このようなことは、今日に至るまでヨーロッパ共通漁業政策でもカナダ国家漁業政策でも行なっていない[58]。この法律が言っていることは、乱獲は根拠の確かな科学的概念だということだ。このことは今起こっているし、今までも起こってきており、これを止めるのは私たちの義務なのだ。実際、持続可能漁業法は、アメリカの水域にいる産業魚類の個々の魚種に対して、それぞれの目標と予定表を作って個体数の完全な回復を目指している。今や合衆国の法律によって、合衆国内の産業魚類の個体数を二〇一四年までに完全に回復させねばならないのだ。

持続可能漁業法は少なくとも魚にとっては状況を良い方へ変えている。この法律のおかげで管理官たちは、とくにタラ目において進展の可能性があると感じている。法律が通過した時点では、ジョージズバンクおよびメイン湾のタラの数は水産学者が「回復数」と考えるものの一二パーセントだった。もう一つのタラ目魚であるハドックはさらに具合が悪かった。この法のもたらした結果と尋常ならざる期限は印象的なものだった。この法は、回復目標が年間基準を満たさなければ、厳密な尺度を適用して漁場を完全に封鎖する権限を取締官に与えていた。この法が通過して一〇年後、メイン湾のタラは回復目標の五〇パーセントになり、その目標は二〇一四年に達成されそうだ。メイン湾ならびにジョージズバンクのハドックは、現在完全に回復したと考えられている。残念ながら、この一二月に私が釣りをしていたジョージズバンクのタラはこれに近い速さでは回復してはいない[59]。目標時限は二〇二六年に先延ばしされている。

しかし、回復目標に間に合わなかったり延期したりしているが、持続可能漁業法は水産企業側の巨大な圧力に対抗して、取締官にジョージズバンクの半分を漁業封鎖させ続けている。この封鎖のお陰で海堆の生態系は安定している。トロール船はもう傷みやすい岩礁で底引きを繰り返すことはない。産卵中のタラが、生活環でいちばん生理的に弱いこの時期に魚網から逃げ回る必要はもうない。したがって、たとえジョージズバンクのタラの回復の期限が二〇二六年に延長されても[60]、その年には息子が二〇歳になり、ぼくは釣り旅の面倒を見るというよりむしろ彼のお荷物になっているだろうが、回復は起こっているだろう。この魚種は遺伝的に消滅する閾値を下回ってはいない。魚が長期にわたって避難するための枠組はできているのだ。希望はまだある。

しかし魚に関しては、希望を持てるかどうかはいつも状況次第である。北アメリカにおけるタラの危機と持続可能漁業法通過があった頃、先鋭な因習打破主義者にして一流の海洋生物学者として知られるダニエル・ポーリーが、「変わりゆく基準値」[61]なる新語を作り出した。少し前にぼくがこの概念に出くわした時には、その深遠な意味とそれが現代のニュースで比較的軽視されていること、その両方に衝撃を受けた。水産科学という島のような領域に閉じ込められているが、この学説には生物学的現象と同様社会学的現象としても意味深長な含蓄がある。

変わりゆく基準値という着想はこうだ。どの世代にも、その生き物にとって本質的に「正常」なそれ特有の将来の見込みがあり、これがその基準値である。ある世代にはある繁栄の基準値があるが、次の世代のそれは縮小バージョンとなり、その次の世代ではさらに縮小され、これがどんどん続き、ついには将来の見込みはかわいそうなくらい低いものになる。ダニエル・ポーリーがこの世代ごとの記憶の喪失を科学的見解として発表するまでは、年老いた漁師の現実離れした漁獲量は、時を経て変形してしまったノスタルジアだとして無視されたことだろう。しかし、ポーリーが歴史的な漁獲量を数字で表わして、古く良き時代は本当にずいぶん良かったということを証明した。これは、老人のノスタルジアでも若者の共感不足でもない。これは、ほとんど意識的な忘却だ——人類は世代を経るごとに、地上のこの上なく偉大な天然の食料システムに馬鹿げた破壊を行なう真っ只中で、何とか言い訳を探しているのだ。

タラの調査を始めるまでのぼくの基準値はこうだ。タラというものは、基本的にははるか遠くからやってきて、最短でも陸地から二時間から四時間航行した大陸棚の斜面に大量にいる魚で、営利遠洋船団が追いかけまわすものであると。しかし、タラをもっと念入りに調べ始めると、自分の基準値が自然がもともと定めたものとはかなりずれていることに気がついた。

ジョージズバンクおよびその他の沖合いのタラは、最後の保養地にいる集団だということがわかった——保養地というのは、タラ操業の本部が付随するチェーン店もろとも撤去されたところだ。我らがタラ集団の将来は、豊富にいた時の様子を人類が思い出し、それを将来に適応できるかどうか次第である。

ポーリーの変わりゆく基準値でわかるように、人類が経験する豊富さという認識は相対的なものだ。ジョージズバンクで釣りをし、タラが少なくなったことを信じていなかった時でさえ、毎回ジグを海底まで落としていたからこそタラが釣り針に掛かったように思えた。現代の海洋保護主義者はこの視野の狭い認識に対抗し、直感的に豊富だと思えても実際には減っているのだと漁師に対して説得しなければならない。マーク・カーランスキーの著書『鱈』は、これを素人方式でやってのけた。タラが過去に豊富だったことを証明する一般読者層向けの基準を作ったのだ。科学はしかし、もっと厳格かつ精密に記憶を定量化することを求めるものだ——記憶の定量化とは、いわば現在ではなく過去の個体数の一斉調査だ。テッド・エイムズというメイン州の漁師が一九九九年に取りかかったのが、まさにこの一斉調査だ。

「仕事ができる人間と馬鹿とを見分けるにはどうすればいい?」と最近テッド・エイムズがぼくに尋ねた。ニューイングランド地方の話し方では、「パースン(人間)」という言葉が「プーシン」と聞こえる。

「仕事ができる人間は、失敗した時にはもう一回やってみるだろうけど、前とは違うやり方でやる。馬鹿は何度も何度も同じことを繰り返すんだ」

エイムズとぼくはタラの管理一般について話していたが、特にエイムズのふるさとの海域にかつて棲んでいたタラの管理について話し合っていた。その海域とは、メイン州ポートランドからブースベイ・ハーバーを過ぎてストーニングトンへ、さらに遥かカナダとの国境まで続く素晴らしい岩礁の海岸である。エイムズはタラの職業漁師で、父も祖父もタラ漁師だったが、このタラの「歴史」との特別なかかわりの故に彼は歴史的復興プロジェクトに乗り出したのだ。このプロジェクトは二〇〇五年のマッカーサー「天才」奨学金を獲得した。

「一九九五年のタラ壊滅以来、とっくに陸(おか)へ上がっていたんだ」とエイムズが話してくれた。メイン州で「陸へ上がる」と言うのは漁を諦めるという意味だ。「いっしょに仕事をしていた昔の漁師の息子たちが、俺に沿岸漁業復活計画の代表になってくれないかと頼んできたんだ。政府はタラの連邦管理計画を提供してくれただけで、沿岸の岩棚にはタラの産卵場所は昔から二〇〇海里〔三七〇キロメートル〕しかないと言ったもんさ。ここらにいる漁師は皆そうじゃないことを知っていた。そこで俺は歩き回って漁師たちに聞き込みをして、産卵可能なタラを獲った場所を教えてもらったんだ。全部で三四〇〇平方キロメートルがわかったけど、大抵のところは今まで知られていない産卵場所だったんだ」。

過去一〇〇年間かけて、漁業管理についてのほとんど疑問の余地のない真実が一つ明らかになってきた——漁業というものが始まる以前にどのくらいの魚が存在していたかを知っていなければならないということだ。そうすれば、漁業の存在下でどれだけの魚が存在しうるかを予測できるからである。もし、漁業経営者たちがこのような史実に基づくデータを持ち合わせれば、漁業が生態系に割り込んだことに対し、努めて修復しようという分別を持つことができる。そして、これこそ重要なことなのだが、これ以上個体数を減らすべきでないという危険な閾値に差し掛かった時にそれがわかるようになるのだ。

しかし、このモデルには基本的で途方もなく大きい欠陥がある。最初に魚を見つけ、勧告書を作成し、その勧告書に基づいて魚を獲る予定の船団にやり方の模範を示すのは、科学者だと想定されているのだ。漁業の歴史のどこを紐解いても、おそらくこんなことは一度もなかっただろう。現実世界では、獲物のことに精通しているハンターで最初に魚を見つけるのは漁師だ。そして、今まで生息数の見積もりなどされたことのない新たな魚群を漁師が見つけたなら、規制が施行される前に死に物狂いで獲れるだけ獲る。トロール漁が禁漁期に入るまでの間に基準値は消えてしまう。ボリス・ワームおよびランサム・マイヤーズという科学者たちが『ネイチャー』誌に載った漁業資源の豊富さについて述べた引用頻度の高い論文でまとめているように、「管理計画は普通、大規模漁業が始まった後で実行に移され、魚のバイオマスを低いレベルで安定させることしかできない」。もっと厳しい言い方をすれば、過去のことを見て正しい魚の数を回復しようとしているのではなく、欠乏状態が続くように管理しているということになるだろうか。[62]

かつては巨大スケールの漁業テクノロジーが出現する前の漁をやっていた、七〇歳、八〇歳、さらに九〇歳になる職業漁師たちにテッド・エイムズはインタビューを行なって、前とは違った、もっと完全な歴史的基準値を確立することでこの問題に取り組んだ。インタビューでは絶滅したタラの集団がいたことを確認しようとした。そして、このインタビューを通じて発見したことは、今はメイン湾魚群と呼ばれているその集団は、何ダースかの亜群になって実際に生き残っているということだった。ある時にはメイン州の沿岸のあちこち、時々陸から見えるところで産卵していたのだ。ぼくは、タラは沖合いの魚で、荒れた海を長いこと航海しなければ獲ることはできないとずっと思っていた。しかしエイムズが発見したところによれば、ニシンダマシの遡河を追って外海から河口へなだれ込むタラがいるのだ。

エイムズの研究は、この等式を完成するためのもう一つの重要な要素に光を当てた。タラを激減させたのは乱獲だけではない。タラの獲物となる魚の滅亡も看過できない役割を果たしたのだ。かつては、エールワイフ〔ニシン科の魚〕、ブルーバック〔ベニマス、ヒメマスなど〕、それにニシンダマシその他のニシン科の魚が、ニューイングランド沿岸に注ぐあらゆる河川にいた。ニシンはサケのように母川を捜し、淡水域にある砂利の川床まで一切妨げを受けることなく行き着いて産卵しなければならない。しかし一八世紀および一九世紀に、現地の繊維産業用の水車を回すためにアメリカ北西部全域で小規模ダムが作られた。このごろでは面積の小さいコネティカット州だけで五〇〇〇ものダム（正確な数は実際には誰も知らない）がある。水車はなくなり、ダムは実際的な役割を果たしていないが依然としてそこにあって、ニシンの群れをひどく衰えさせている。もう一つのニシン型の魚である大西洋メンヘイデンの乱獲も、タラ漁を窮地に追い込むのに一役かっているようだ。タラの一部は、まぎれもなく食料の不足という理由で以前の生息域へ帰ってこられない。タラの夥しさは、タラが広範囲にわたってさまざまな食料源を獲得できることと本質的に関連しているのだということがわかってきた。ニシンを取り去れば、タラの王国を支えるかなめの梁を取り去ることになる。タラの食料源は、必然的に沿岸から離れた岩礁にいる獲物となる。食料ははるか沖合いにのみ豊富にあり、それ故そこがタラの生き延びる最適地になったのだ。

エイムズは「タラは北西大西洋では多くの亜群からなる複雑な群れをなしているが、管理官たちはタラをとことん収奪する漁業によっておこる破綻状態や産卵要件の喪失を防止していないことが多かった」[63]と結論づけた。言い換えれば、総体としての魚資源を回復するという目標を設定するより前に、沖合いにいるタラの大群と沿岸にいる小さな亜群との結びつきが妨げられていることを認めなければならないということだ。

こういった発見を考慮してエイムズは、もし、メイン湾のタラ資源が本当に回復し、豊富にいると考えられるのなら、タラたちは、かつて群れを養えなくなり自分たちが見捨てた海底に、もう一度棲み着いているに違いない、と自信をもって主張している。ぼくが前にインタビューした漁業経営者たちが、メイン湾のタラの五〇パーセントは回復していると思っていたと言うと、エイムズは笑ってこう言った。「北部海域じゃ、三〇〇〇人あまりいる専業漁師の多くが一年のうちのいくらかはタラなんかの底棲魚を獲りに出かけたものさ。今じゃ現役の免許持ちはたった一人だ。そいつがペノブスコット湾から海岸を二四〇キロメートルほど行ったカナダまでの間では最後の底引き漁師だよ。漁が五〇パーセント回復したなんて思えるかい」。

とはいうものの、エイムズは確実とは言えないながら回復が起こっている手がかりとなる生物学的兆しがあることを信じている。これが新たな対応手段を必要とする理由だ。事実、タラは昔棲んでいた海底へゆっくり戻ってきている。以前にはまったくいなかったところに現れたものもいくらかいるのだ。エイムズは、適切に扱ってやれば一〇年以内に先祖が棲んでいた海底にもう一度棲みつくだろうと信じている。おそらく彼の祖父が豊富だと認めていたレベルまでには回復しないだろうが、少なくともエイムズの言う「ものすごく大量のタラ」[64]は期待できることだろう。

持続可能漁業法を信条として再建の目標を立てる前には、もっと大きな歴史的全体像を思い描かねばならず、おそらくタラの視点からものごとを見ることさえ必要だろう。もし君がタラだったら、昔あった豊かさなどというちっぽけな砦を維持するのではなく、自分の王国を完全に元の姿に戻すことを夢見ることだろう。北半球のあらゆる温帯域にある陸地ぎわから大陸棚まで広がる王国だ。

では、どうやってその王国を元の姿に戻すか。絶対に現在のやり方ではだめだとエイムズは主張する。ニューイングランドの遠洋漁業委員会は、悪気はないのだが、表面的になじみのある漁場についてだけに恣意的で慎重さを欠いた決定を下していることが明らかなのだ。現行の「再建」プランは、大きな水産会社が免許を統合させて沖合いのタラ漁をやりやすくするだけのものだと、エイムズは信じている。これは、過去三五年間にわたって何度も何度も繰り返されたことと同じ例で、いつだって当然のことだが次から次へと破綻をもたらしてきたのだ。そうではなくエイムズが考えているのは、すべてを解決する鍵は、自らの生計の手段として漁業に依存している漁師たち自身に漁について発言させるということだ。その海域と自らが獲る魚とに人生のすべてを注いでいる小規模で、多様な、職人としての漁師たちに声を与えることだ。なぜなら、そこに魚がいなくなればその人たちが失業するからだ。

「これになぞらえられるのが、アメリカで始めて政府の組織を作った時にやったことだ。連邦、州および郡の政府の組織が別々のレベルの利害を述べたが、建設的な方法で互いに話し合った」とエイムズが言う。以下は一つのモデルだが、それはメイン州のいま一つの象徴的動物、ロブスターでうまく展開したものだ。メイン州には七〇〇〇人近くのロブスター漁師がいて、地域単位に分けられているが、彼らには、四〇〇〇平方キロメートルの海域を管理するための深い知識があり、また、そのために州に勧告をする責任がある。現地の住人で、船を所有していて、長年にわたって資源保全に参加しているということが証明されない限り、漁師はその海域で仕事をすることが認められない。そして今、ロブスター獲りはブームなのだ。それがあまりに多いので、『ニューヨークタイムズ』紙は二〇〇八年に、シーフード市場は「ロブスター供給過剰[65]」になっており、価格が一キロあたり九ドルも下がっていると報じた。

タラに同じような方法をうまく当てはめてやれば、人間に管理された同じタイプの回復がゆっくりと形をなしてくるだろうとエイムズは信じている。エイムズはまた、新規の超局地的漁船団を召集するだけでは不十分だと指摘している。エイムズが想定しているのは、魚獲りと同じく生態系にも精通した新しいタイプの漁師なのだ。エイムズは興奮して大声でこう言った。「水産資源経営の最大の弱点は、漁師も経営者も、沿岸生態系のような複雑なものを扱うために必要な知識を持っていないことだと思う。両方がいっしょに仕事をしなきゃあ。魚を獲る権利は、スーツケースの中に船を買う金を持っているかどうかで決めるべきじゃない——漁を再生可能にするために、管理者や科学者と共同して仕事をする知識とやる気があるかどうかで、決めるべきなんだ。漁獲量に対する筋の通った制限を受け入れる気持ちがあるかないかで魚を獲る権利を貰えたり取り上げられたりするべきだ。もし、出会った魚を保護するための基礎的な漁業生態学をしっかり勉強しなければ、誰も操舵室に入っちゃいかんと水産庁が言ってくれたら、最高だろうな。これは効果があると思うよ。小規模な管理部署と筋の通った漁獲制限についての知識があれば、この状況を変えることができるんだ」。

エイムズが以上すべてを説明するのを聞いて、彼が想像しているものは、人間と動物とのもっともふさわしい関係を歴史を通して明らかにしてきた何かであることがわかった。領域を別々の区域に分けて、周辺の動物についてどこで繁殖し、どうやって子供を育て、どの位の速さで成長するかについて詳しく知っている漁師たちにそれぞれの区域を担当させることを彼は提案していた。海洋というシステムでは、区域の大きさはタラの亜群一つが占める生態学上の棲息域（歴史的に見ておよそ一万二〇〇〇平方キロメートル）がいいだろうし、漁師たちは管理者といっしょに作業して、より多くの魚を獲るためではなく、生態系の支えによって回復できるだけの魚を獲るための漁具を用いるだろう。漁師が自分の区域で仕事を止めるのは、漁がすっかりだめになってしまってからではなく、それよりずっとずっと早めの、該当する魚種の生活環に傷つきやすく危機的な時期が到来したことを示す明らかな生物学的兆候が認められた時である。産卵の直前に卵や精子で腹がはち切れそうな成魚が現れれば、それは漁場を休ませてやる時期を示す証しの一つだ。別の証しは、幼魚が海底に殺到してくることだ――未熟で傷つきやすく小さすぎて売り物にならないが、同時に将来市場向きの魚になる基盤そのものだ。要約すれば、魚は水中にいる方が死んで氷に載っているよりはるかに価値があるということだ。

エイムズの話を聞いて、彼が提案していたのは、世界最後の狩猟採集者である漁師が羊飼いになったということだと気がついた。ただ一つ違うのは、こちらの羊飼いは科学者や管理者といっしょに仕事をし、選出した評議委員会を通して漁業からもっとも多くを得るために現代のテクノロジーがいかに役に立つかを理解していることだ。

漁師は羊飼いだ。この考えは気に入った。理にかなって、実質的で、分別ある言葉のようだ。この言葉は、小規模営業の漁師に漁と港の仕事を続けさせる手段であるように思える。ふつう漁師は魚の行動についてとても詳しい人たちだから、ちょっとだけ畜産学の方向へ背中を押してあげれば、乱獲の方程式に目を向けてくれるだろう。さらにぼくには、漁師が水中に錨を下ろし続けることの大切さがわかるのだ。もし、海の所有権を主張する人が誰もいなければ、人類は資源乱開発への道をとってしまう。教育を受けた思慮深い漁師は、ある種の守護者になるだろう。地域の生態を大切に育て、その重要性がわかっている人、オイルやガスの探査あるいは採鉱または何であれ、近い将来に私たちの海辺を開発しようという計画に対して論争を継続する人として。

漁師は管財人であるという概念が、市場において細々ながら徐々に定着し始めている。一九九一年に設立されたケープコッド営業釣り漁師協会が小規模営業漁師のグループと合意したが、この小規模営業漁師たちはジョージズバンクの禁漁区外でタラその他の底棲魚を釣るのにローインパクトな針と糸でできた漁具を使っている。ブルターニュ岬リジュヌー協会も、フランス海岸沖に残っている野生のヨーロッパ・シーバスに同様のことを行なっている。二〇〇八年にこの協会は、二月一五日から三月一五日までシーバスの自主的禁漁を制定した。この時期は、もっとも傷つきやすい産卵期なのだ。

しかし、魚群の管理は中間段階であって、もし、本当に効率的に生産しようとするなら、そこからさらに一歩進めて、サケやシーバスでやったように完全な養殖に踏み切る、つまり、多様なものが取り込まれている旧来の自然環境からタラを引き上げ、人間が管理する単種養殖という完全に制御された飼育へ方向転換すべきだと唱える人もいる。このことを調べ始めた時、ぼくはさらに別の実例を発見したが、それはマーク・カーランスキーの著書『鱈』にとても強く共感したものだった。北海のへんぴな土地で、カーランスキーの一冊の本が、カロル・ルゼプコフスキーという、およそスコットランド人らしからぬ名を持つスコットランド人のものになった。

もし、タラが再び豊富になりそうな場所を捜すつもりなら、シェットランド諸島は見た目だけでも注意を引くことだろう。スコットランドとノルウェーの間に取り残されたちっぽけな列島であるシェットランド諸島は、いちばんしっかりと守られているイギリスの秘密だと、土地の人は見ている。どの集落でも人口は少ないが、その集落は一九八〇年代の喜劇『ローカル・ヒーロー』から引き移したようで、いまだに「小作人」が土でできた小屋に住んでおり、白夜のほのかな明かりの下には木の生えていない荒野が広がっている。比較的人口の多い中心地ラーウィックでさえ、流れに美しく波打つセキショウウモが生えている澄み切った青緑色の川が自慢だ。

シェットランド諸島は一人当たりの公共投資額がイギリスでもっとも高いところだ。一九七〇年代に海岸近くの海底でオイルとガスが発見されると、おそろしく統制のとれた町議会がブリティッシュペトロリアム社に対して、オイル利益から異常に大きい分け前を地域に支払うよう強く要求した。この島の抵抗の歴史から見れば、地元が交渉を勝ち抜いた事実は驚くに当たらない。

シェットランド人は不屈の精神や独立心で有名である。島々がヴァイキングの二人の貴族に発見された時にまで遡ると、それを物語る典型的な話がある。伝説によると、北方の貴族たちが賭けをした——島の陸地に先に触れた方が所有権を主張できると——。陸地に近づいて自分のボートが遅れをとっているとわかった後方の貴族はベルトから斧を取り出し、自分の手を切り落として、もう一人が陸地に触れる前にそれを渚に向かって投げた。言うまでもないが、片手の男が勝ちをしめた。

今日では、シェットランド人は、ユニオンジャックを掲げるのと同じぐらいノルウェーの旗を掲げる(66)。正式にはスコットランドの一部ではあるが、人々は歴史上イギリスの力による圧政に耐えてきており、シェットランド人はよくスコットランド人のことを島へやってきて自分たちを征服した「侵入者」だといって不満を言う。ちょうど後からやって来てスコットランド人を征服したイングランド人がそうであるように。

カロル・ルゼプコフスキーはもともとはシェットランド人ではない。ヒトラーから逃れてきた移住者の子供で、エジンバラで育ち、父が経営するポーランド系のデリカテッセンで働いていた。ラーウィックの町外れにあるジョンソン・シーファームの本社として使われている素敵な赤い納屋にルゼプコフスキーを訪ねた時、彼は「けっこうなデリカテッセンだったよ。ピクルス用のキュウリが入った大きな樽があったんだ。いい塩梅に塩づけしてね」と言った。一九八〇年代終わりにヨーロッパの共産党政権が終焉を迎えると、ルゼプコフスキーは一九九〇年代初めに東欧および中欧へ行って輸出入業を始め、「中古衣料からオイルパイプラインまで何でも」扱った。仕事はすさまじい成功を収め、彼はかなりの利益を得た後カリブ海域へ移ったが、そこで半分引退生活を送りながらスキューバダイビングを教えていた。

ルゼプコフスキーは非常に活発な人物で、カリブの島でぶらぶらしているのは性に合わなかった。ビーチチェアに掛けていたある日、誰かがくれた一冊の本を開いたが、その本のせいで彼は引退生活から完全に飛び出した。マーク・カーランスキーの『鱈』だった。「今日の野生のタラにどんな問題点があるか、そしてタラがいかに少ないかについて、本当に私が関心を持ち出したのは、この本を読んだ時が始めてだったよ」。

ルゼプコフスキーはスコットランドへ帰ってシェットランドに定住し、頭の中に居座っているタラのことを考えた。そして二〇〇〇年代初頭、サケ養殖事業に管理人を募集しているジョンソン・シーファームズ社の新聞広告に応募した。養殖には何の経験もなかったが、この事業をタラに転換する考えを持っていた。というのは、タラには大衆の関心をつかむチャンスがあると見ていたからだ。「タラは養殖用の新たな魚種だ。大衆は、野生タラ捕獲の問題点に十分気づいている。だから、私たちの製品についての情報を実際に大衆に教えるのはむずかしいことじゃない。お陰で私たちの製品がずっと人目を引くことになったよ」。

ルゼプコフスキーはジョンソン・シーファーム社を、絶滅の危機に瀕した野生種を養殖バージョンに確実に置き換えるいわば本当の実験へと向かわせ始めた。そして、そのタラをできる限り自然に見せるために、サケ養殖産業で批判の対象となったものをすべて抜き出して自分が行なう手順から一掃した。ノルウェー人たちは何百万ドルも投資して、自分たちがサケ用に開発した繁殖血統を作るモデルをタラに応用しようとしたが、ルゼプコフスキーは選抜育種法をいっさい拒否した。「特に新しい種を使って新しい事業を始めようという時に、スーパータラを作ろうなんて向こう見ずなことを始めるのは賢いやり方だとは思わないね。なぜかって？　ともかくタラは、すでにスーパーなんだよ。それをスーパータラにする必要なんてないんだよ」。

加えて、選抜育種を避けるために、ルゼプコフスキーはスコットランド土壌協会が策定したオーガニック基準に依拠してタラを育てることにした。この基準には動物愛護法がたくさん組み込まれていて、イギリス動物愛護協会が一九九二年に発表した「五つの自由」をタラが享受できるよう求めている[67]。それは、過密からの自由、野生時代に過ごしたであろう生活に限りなく近い生活をする自由、それに恐怖、肉体的および精神的苦痛からの自由である。競争相手の中には、タラが網かごを噛んで逃げ出すのを防ぐために嫌な味の塗料を網に塗った者がいたが、ルゼプコフスキーはタラに噛みつき用のおもちゃを与えたのだ。

しかし、このような厳格な基準を適用しても、ジョンソン社の社員は自分たちが野生のシステムを再現するのはとてもむずかしい仕事だと感じていた。自然界では、タラは北半球高緯度地域で年中起こる太陽光の劇的な変化に合わせて自分たちの行動を調節している。地中海でシーバスを産卵にかき立てるのが一月の暗い「ハルキュオネの日々」なら、北海では、タラの脳にある光感受性の器官が生殖腺刺激ホルモンを放出するのは、六月遅くの夏至のシンマー・ディム（シェットランドの方言で白夜のこと）の頃だ。このホルモンはタラの成長を止め、そのかわり卵（はららご〔産卵前の卵〕）と精子（白子）の成長へとエネルギーを向ける。はららごと白子とは、秋を通して太陽が完全に消えてしまう真冬にかけて成熟してゆく。そして一月、かすかな春の光が初めて北大西洋の深みを刺し貫いた時、タラは集まってボール状のものになるが、とてもぎっしりと群がっているので、もし見つければ、トロール船一艘が二、三回底を曳くだけで群れをまるごとすくい上げることができる。まもなくタラは群がりあってつがいの相手を選びながら産卵柱を作り始めるが、これは時には一〇〇メートルの高さにもなる。

この野生のタラの乱交パーティは、ヨーロッパ人があてにすることになった年中行事である(68)。今日では、ヨーロッパのほとんどの地域で「スクレイ・トルスク」すなわち「放浪のタラ」となって産卵のための移動をしている三ヵ月の間にタラ全体の三分の二が食べられている。これは、ベレンツ海からノルウェーのフィヨルドやスコットランドの入り江まで泳いでくる、ヨーロッパの本当に健全な野生タラの最後の種族なのだ。この壮大な産卵移動が、タラ養殖を目論んでいる起業家に大きな問題を突きつけている。というのは、もしあなたがタラの養殖家だとしたら、野生のタラが少ない時に自分のタラを調達する方法を見つけ出さなければならない。そして、そうするためには、トリックを使って一年中タラに産卵させて何月になっても市場用のサイズに達したタラの群れがいるようにしなければならない。ジョンソン・シーファームズ社では、白夜の時期を人工的に変えることでこのトリックをやりとげた。

「あっちにいる魚が過去のもので、こっちのが将来のものです」とジョンソン社の幼魚管理に携わっている、輪っかのイヤリングをつけた感じのいい若者がぼくに言った。ジョンソン社の繁殖区ではタラを一二個の別々の水槽に分けていて、各水槽は別々の月の日光と光周期を模倣している。タラは、その日に浴びた日光の総量に応じて産卵を調節しているので、照明時間をずらすことで毎月少なくとも一グループに産卵させることができる。このように、野生のタラが一年のうち二、三ヵ月しか獲れないのに対して、おそらく養殖タラは、野生タラが獲れない月にもいつでも入手できるのだろう。

捕囚状態でタラが産卵すれば、ヨーロッパ・シーバスの養殖で開発された給餌や幼魚飼育のテクニックがまったく同じやり方で適用される。栄養価を高めたワムシを孵化したての幼魚に食べさせ、次の大きさのものには栄養価を高めたアルテミアを、そして最後には、魚がもっと大きな出荷可能体重魚になるまで魚肉でできたペレット飼料を食べさせる。しかし、ジョンソン社では、標準的なすりつぶし魚肉の代わりにスコットランド土壌協会が承認した「オーガニック」魚肉を使っている。オーガニックとしての資格を得るには、魚肉は「切れっぱし」——すなわち営利用に捕獲された魚のひれ、骨それに三枚に下ろした魚の棄てられた部分——を材料にしたものでなければならない。こういう部分はどっちにしても棄てるのだから、これらを魚肉の延長線上にあるものとして、もともと自然界から獲った魚を有効利用することでリサイクルしようという考えをもとにしている。しかし、たとえオーガニックな肉が実際にリサイクルされた魚だったとしても、従来の魚用飼料よりもかなり高価で、時には二倍もする。

ジョンソン社では動物愛護および政策的に正しい飼料に全面的に配慮しているので製品の価格は相当なものとなる。私が訪れた頃、ジョンソン社では価格を適正にするために大規模に増産している最中だった。この会社は二〇〇六年に格納庫サイズの飼育設備を建設し、八〇〇〇トンの魚の生産を見越していた――これは、現在マサチューセッツ州ジョージズバンクで合法的に捕獲されている野生魚の漁獲高より多い。時間と金と資源との莫大な投資を回収するために、ジョンソン社のタラは野生捕獲魚のほぼ二倍の価格で販売することにした。しかし、ルゼプコフスキーは経済的目標としてではなく環境の目標として以上の例を挙げたのだ。ぼくがシェットランドを去る時に彼は短くこう言った。「養殖には、環境にまったく悪影響を与えないで素晴らしい実践ができる可能性があるんだ。理性的な考えを持ちさえすれば、環境に害を与えないやり方で実際に大量生産できるんだ」。

片方の耳で野生タラ漁師の声を聞き、もう一方でタラ養殖業者の声を聞くと、控えめに言っても不協和音になる。タラにとってどっちが正しい道なのだろう。羊飼い漁師といっしょに辛抱強く注意深く回復に導けば、タラの生存力を次第に以前の状態に戻し、また、市場へ戻すことができるのだろうか。それとも、このようなやり方は理想主義的で、非現実的な探求なのだろうか。世界中のタラ資源に相も変わらず残っているとマーク・カーランスキーが言った破壊の循環は、漁獲が続く限りひたすら繰り返すのだろうか。白身魚に対する世界の需要が毎年毎年何百万トンも増え続けるのは、ただ誘惑が多すぎるからだけなのだろうか。漁師という職業を全面的に放棄して、訓練されたオーガニックな手法を使って栽培した製品を市場へもたらす方がいいのか。このやり方は、予想可能で持続可能という点で一つ上の段階にあるだろうから。

たとえ、タラを飼い馴らすというどんな強い主張があろうとも、ぼくは野生魚に対する本能的執着と養殖バージョンに対する一種の消極的反感を感じる。いつか分類学者がガドゥス・ドメスティクス（***Gadus domesticus***）〔屋内あるいは国内産タラの意〕と呼ぶかもしれないものに居心地の悪さを覚えていて、それをどう表わしていいか戸惑っていた。外部からの意見が欲しいと思った。ぼくとテーブルを共にしてくれる誰かが、由来の違う魚の味見をしてプラス・マイナスの評点をつけるのだ。こういうわけで、ぼくはある実験をすることにした。ルゼプコフスキーにメールをしてシェットランドから養殖タラを二匹送ってくれるよう頼んだ。同時に、ホールフード社に「持続可能な方法で捕らえた」野生タラのフィレを何枚か注文した。また、ノルウェーの非オーガニックタラ養殖事業に、対照群のためのサンプルを依頼した。それから若干不安を覚えながら、マーク・カーランスキーに電話をかけてランチに招待した。

マーク・カーランスキーは人からよく意見を求められる。シーフード領域では、海に面した町やシーフードレストランで魚の味見をするよう頼まれるが、一方、出版界では作家や編集者がカーランスキーにタイトルが単語一つでできた本の宣伝をさせようと迫っている。それらの本は、『鱈』の二番煎じを狙って次々に出版されたものだ。ランチ用のタラのサンプルを急いで準備していると、カーランスキーが言った。「他の作家の援助をするのは嫌じゃない。でも、そういう本を全部読むのはまったく御免ですね。ハトの本を受け取ったばかりです。でも、ハトの本を読もうとは思いません。ラットの本を推薦したこともあります。こういう本が何冊出てくるかわかりますか。『モーブ（藤色）』という本があります。世界を変えた色だという。それから……わかるでしょう。切りがないんです」。

しかし、こういうたくさんの作家たちと違って、カーランスキーは『鱈』のテーマを親から受け継いでいる。彼は、魚の本を書くずっと前に生活のために魚を獲っていたのだ。実際、大学の学資はマサチューセッツのグロースターでやっていたトロール会社に負うところが大きい。高校時代と大学の夏休みに、その会社に雇われて来る日も来る日もジョージズバンク沖でタラを獲っていたのだ。また、シーフードを食べたがらない職業漁師とは違って、カーランスキーの家では毎週決まってタラを食べていた。それほど食べていたので、食卓ではタラのことをタラとは呼ばなかった。カーランスキーは言う。「タラのことを〝魚〟と呼んでいたのです。晩飯に何を作ってるのと母に聞くと、〝魚だよ〟って答えたものです」。

ぼくはカーランスキーに、シェットランド生まれの養殖タラを見せた（このために丸ごと一匹残しておいたのだ）。カーランスキーはぼくのクーラーを開けて手を伸ばし、エラのところで魚をつかんだ。顎の下のヒゲ——味蕾に富んだ皮膚の垂れたものを指でいじった。これは、タラや他のタラ目の魚が泳ぎながら海底の味を感じる口外の舌として使っているものだ。カーランスキーはいくらか疑わしそうにタラを見つめながら、ヒゲを引っ張って目を覗いた。

「何をしているのですか」と聞いた。

「本物のタラらしいかどうか見ているだけですよ」

カーランスキーがタラをいじっている間、ぼくはそこを離れて焼き終わった魚を盛り付けた。どれが何かを覚えていられるように皿をテーブルの上に弓形に並べ、カーランスキーを食卓に呼んだ。カーランスキーは魚の身をほぐし、高級ワインを嗅ぐように匂いを嗅いだ。それからフォークを下ろして評価を下した。

「一番［野生魚］はほぐれやすい良い身です。教科書みたいに完全なフレークです。結構なんですが味がありません。二番目［ノルウェーの普通の養殖魚］のはずいぶん強い香りがします。身のフレークは良くない。若干金属みたいな味がしますけど不快なものじゃないです。三番［カロル・ルゼプコフスキーが育てたシェットランドのオーガニック養殖による魚］には、とても強烈で不快な味がします。何の味かよくわかりません。フレークはまずまずでしょう。一番ほどじゃありませんけど」

どれが何かを明かす前に、優勝者を決めてくれるよう頼んだ。「口当たりなら一番で、味なら二番ですね」。私は一つだけ選ぶように頼んだ。カーランスキーは最後に「二番でしょうね」と言った。

それから両手をあげて冗談を言った。「四番の魚にしよう」。

しまいにどれが何かを明かすと、カーランスキーは一番の野生魚の品質に注目した。

「一番は、いかにもタラらしいものです。味のないことにちょっと驚きました。でも、たぶんタラにはそういうことも時にはあるのです」

味について考えれば考えるほどカーランスキーの関心は口当たりの方に向かっていった。

「タラの養殖について誰かと話をしたとしましょう。みんなが言ってるのは口当たりのことで、味のことではないのです。養殖魚では口当たりのことが無視されていることを知って、とても面白く思います。あと知恵ですが、もちろんこれは筋肉の問題でしょう。養殖タラはタラとしての生活を生きていないのです」

カーランスキーの味覚テストでは、その得点記録に加えて、カロル・ルゼプコフスキーのタラ養殖事業を訪ねた時に感じたある種の不安を指摘された。ルゼプコフスキーの語る強欲な乱獲、捕獲割当て、オーガニックな方法の大切さなどを聞いて、彼は明確な目的を持っているが、持続可能なビジネスモデルを作る必要性から、その目的が曲がってしまっていることに気づかざるを得なかった。私が、養殖および野生の魚について経験したことすべてを思い返し、自分が見つけた厄介な問題が何であるかをわかり始めたのは、カーランスキーにお別れの挨拶をした後になってからだった。

数の減少している魚はすべて、その希少性に独特の効果が期待できる――それが、ある種の販売促進手段になりうるのだ。たとえ、タラがカーランスキーの母親のようにただ「魚」と呼ぶべきものであったとしても、ルゼプコフスキーはタラに問題が起きていることを大衆が知っているという事実を、単に昔からお馴染みの「魚」ではなく何か特殊で別の魚、「大文字のＣＯＤ（タラ）」に変えてこの生き物のステイタスを上げる手段として見たのだ。タラが果たした歴史的、生物学的および経済的役割を考えれば、私にはこれがこの生き物にとってふさわしい役割だという確信を持てなかった。タラはまさに疑いもなくキングではない。ハレの日の魚ではない。普段の魚なのだ。そして、自然界の中にきわめて豊富ではなくなった時にはその問題を突き止め解決策を立てるため何がしかのことをしなければならないのであって、ただ単に養殖した魚を代替品にすればよいというものではない。

たとえ、ルゼプコフスキーがもっと持続可能なモデルを胸中に抱いていたとしても、結局は養殖したタラはジョージズバンクの野生のタラよりひ弱なことは明らかだ。私がシェットランドを訪れた次の年に、ジョンソン・シーファーム社のタラは「ノーキャッチ〔捕獲物ではない〕」という名をつけて改めてブランド化され、一連の奇怪な宣伝が行われた。ウェブサイトでは特に奇怪だった——ルゼプコフスキーと同僚たちの顔が画面の上に現れ、奇妙な、モンティ・パイソン式の動きをしている。さっそうと現れた船が、タラの群れをつかんで少しだけを残すという動きの早いアニメで乱獲を減らして偉そうにしている。タラ用の咬みつきおもちゃが派手な色で現れ、クリックする度に大量のアニメ・タラが水面から飛び出す。

しかし、ジョンソン社のひねって作られたノーキャッチ・タラの誇大広告全部をもってしても、タラの商業的養殖にともなう重大な問題を克服することはできなかった。タラにはおそろしく巨大な口に見合った骨だらけで特大の頭がある。頭と口は、非常に多くの捕食者がいてもさらにそれよりも獲物が多いという状態にあわせてデザインされている。タラは、ロブスターからニシンまでいつでも吸い込めるように長いあいだ口を大きく開けたままエネルギーをあまり使わずゆっくり泳ぐようにこの形に進化した。だが、西洋の一般的消費者はこの頭をなんとかしようとは思っていない。こうして、タラ養殖事業では何千トンもの増え続ける誰も欲しがらないタラの頭に対し、無駄な巨額の投資を行なっている。このことと、成熟するまでの養殖期間が三年間と極端に長いこと——サケやシーバスに比べると二倍弱だ——とがあいまって、養殖はさらに困難なものになっている。タラに関しては、養殖の投資額にしっかり見合うだけの魚肉を手に入れられることは絶対にない。

最後になるが——そしてこれは、ヨーロッパ・シーバスやサケのような大型で捕食性のどんな魚類を飼い馴らすことにも反対しているピュー慈善財団やモンテレー湾水族館のような自然保護機関による議論だが——タラを養殖すれば、最終的に海洋タンパクの総量を減らすことになるのだ。ノーキャッチには動物飼料を作る過程で出た副産物を与えているのだろうが、この廃棄される部位はバラマンディのようなもっと成長の早い効率の良い生き物に効果的に使ってもよいだろう。肉食性で食欲の激しい養殖サケをこの世から取り除くには遅すぎるだろう（サケ産業はあまりに巨大でゆるぎないので、単にやめさせればよいというわけにはいかない）。しかし、だからといって肉食性で食欲の激しい魚をもう一種どうあっても飼育下におくべきだということにはならない。海洋由来タンパクがどんどん少なくなっている状況では、ある種の魚をみんなが知っていて好きだというだけで、その種を弄ぶということは、もはや絶対に正当化されはしない。投入量と生産量とは同じウエイトで考える必要があるのだ。

ノーキャッチ関連事業は二〇〇八年に下り坂に向かい始めた[69]。巨大な資本（ほとんどはシェットランド・コミュニティにあぶれていたオイルダラー由来のものだ）の投下が引き締められ、増えすぎたタラの幼魚でいっぱいになった格納庫の維持に資金が必要になった。

たいていの養殖事業、とくに新たな種を試してみようとするものは、まず、その事業に賭けた掛け金を全部なくしてしまうのが普通だ。事業者によっては、その後ゆっくりとわずかな収入を得始める。ジョンソン社のタラ養殖場は投資額を回収できなかった。二〇〇八年始めの冬には会社は破産管財人の管理下に入った。しばらくは別の経営者の下でなんとか事業を続けるという望みがあった。しかし、何千万ポンドもの負債という重しを抱えていてはそれも失敗に終わった。まもなく会社は解体され、タラは殺して原価で売られた。ノーキャッチの残りの資産は商売敵たちが分け合ったが、大部分はノルウェーへ持っていかれた。そこでは、市場を目指してタラ養殖がさらに産業化されていた。

ノルウェー人は養殖タラで成功を収めているようだ。毎年生産量は増加し、ノルウェーでは野生種と養殖バージョンとが同じ価格にまでなった。しかし、ノルウェーのタラがたとえ安くても（たとえばサーロインとノーキャッチのフィレミニョンの値段を比べて）、世間が欲しがっているのは数桁安いもの――ウシ首肉のひき肉に相当するシーフードだ。世間はカーランスキーの母親の「魚」を求めているのであって、「大文字のＣＯＤ」ではないし、人々は自分たちが信じる「魚」の値段で「魚」を買いたいのだ。そして、そのためには何か全然別のものに期待しなければならないことに大衆は気がついた。

マーク・カーランスキーがかくも称賛したタラの古典的「フレーク」は、「タラの生活を生き」たもので、魚好きが親しんでいる「口当たり」を持っているが、これに代わるもの、しかも冷凍してどこへでも搬送できるものを見つけるのは容易ではない。まともなフレークであることはもちろんだが、もっと大切なことは、大量にあってみんなに行き渡らなければならないということだ。養殖タラではこの両方の要求に対応できず、野生タラが今や持続可能漁業法によって閉じ込められ、ジョージズバンクやグランドバンクスが壊滅状態では、水産業界はまったく別の魚種を見つけざるを得ないだろう。しかし、どの魚種に光を当てようと、巨大スーパーマーケット・チェーンは次から次へと問題の対処に追われることになるだろう。

現代のスーパーマーケットには、供給者が生産するものと顧客が消費するものとの間に均衡状態が見られる、という基本的な生態学的構造がある。陸産の食品は大部分がその均衡状態に当てはまる。肉やパンを注文しても、その商品のための牛や豚などの哺乳類や、麦のような単子葉植物は、注文が来た時に完全に対応できるように何ヵ月も前もって十分な数を備えてあるので、何の心配もない。絶対必要な投入物（餌、肥料、水、土地）はわかっており、リスク（病気、旱魃、暑熱、寒冷）は次第に予測と解決ができるものになっていて、生産高（可食牛肉一キログラムの生産に必要な飼料の重量）は小数点まで測定できる。

ところがタラをはじめ、野生魚ではこうはいかない。産業界の食品部門が、自然というシステムの気まぐれに直面せざるを得なくなる。激しすぎる渦潮から餌となるニシンの群れが起こすさざ波まで要因はいくつあるかわからないが、野生の魚が少なくとも一時的には予想もつかない状態になる。だから、世界的野生白身魚の市場には、事実上二つのシステムが平行して存在する。一つは、人間側に焦点をあわせて必要性を基にしたシステムで、需要は安定している。もう一つは、これとは違ってまったく共通点のない海のシステムで、制御不能な変数があまりにも多いために毎年変わるものだ。

この状況下で産業界が賢明な立場を見出すには、世界のどこかにいる、絶えず取り続けても縮小しないほどの豊富な個体群を持つ魚が必要だが、縮小はすでにグランドバンクスとジョージズバンクで起こってしまっている。一九九〇年代終盤にタラの代わりを探していた大規模小売業者たちは、タラ漁を荒廃させた時と同じ経緯を繰り返すなという環境団体からの圧力に直面することが多くなっていた。代わりの魚種としては、少なくとも客観的根拠に基づいて持続可能性が見られるものを選定しなければならない。この要求は、世界最大のシーフード貿易業者であるイギリス・オランダ両国共同企業であるユニリーバー社に対して特に強い。

ユニリーバー社は、イギリスの石鹸製造会社であるリーバー兄弟社がオランダのマーガリン製造会社のユニー社と一九三〇年に合併して生まれた。長い年月を経てユニリーバー社は小売業者から出発してブランドを確立するまでになり、一九九五年にはアメリカでもっとも有名なシーフードブランドだと思われるゴートンズ・オブ・グロースターを買収した。しかし、買収はジョージズバンクのタラの禁漁直後に行なわれ、ユニリーバー社は海洋保護運動が台頭しつつある、いわばスズメバチの巣の中にいることにすぐに気づかされた。合衆国およびヨーロッパの漁業危機に対応して、グリーンピースはユニリーバー社に対してシーフード商品のボイコットという脅迫キャンペーンを組織し始めた。

しかし、ユニリーバー社は現代の環境保護運動の歴史で最大の逆転劇の一つをやってのけた。[70] 非営利世界へ市場原理を適用したのだ。別の世界規模の環境慈善団体である世界野生生物基金（ＷＷＦ）に協力を求め、海洋管理協議会（ＭＳＣ）という新しい非営利団体を共同で作ったのだ。この団体は、世界中の持続可能な魚資源を発見してそれを獲る基準を設置する任務に専念するというものである。

ＭＳＣは、初めは小規模漁業の認定をするだけにとどめていた。それは、小規模漁業コミュニティとそれが捕える魚資源にとっては実際とてもよいことで、前向きなことだった。しかし、ユニリーバー社のような巨大小売業者には、はるかに数の多い白身魚が必要だった。大量に捕獲できるけれども同時に持続可能という資格がある「産業用」魚類である。こうして彼らは、ニュージーランドとホキという魚へ向かわざるを得なくなり、この魚の名誉を汚すことになった。

ホキというのはタラ目の魚の一つで、何千万年も前に起こったタラ目魚類の大規模な放散のあと、南半球に行き着いた魚の子孫である。タラくらいの大きさで、皮膚は銀色、肉は白身の魚で、かつてジョージズバンクにいたタラのように大量にいた。ニュージーランドの漁師が深海漁獲技術を開発するまではあまり手をつけられることはなかった。これは、まさに市場関係者が探していた持続可能な魚だと思えた。

しかし、二〇〇一年の開始直後からホキの持続可能性認可の手続きは激しい集中砲火を浴びている。MSCが直接に漁業を認可しないで、希望する水産会社が第三者認可法人と認可契約を結ぶのだ。ホキの場合、認可を申請した相手は、ホキ漁業管理委員会の名のもとに結びついた水産会社の連合体だった。委員会は認可業務を、オランダ系の「SGS生産物および生産法認可会社（SGS）」というコンサルタント会社へ下請けに出した。MSCの手法では、第三者の認可者が三つの主要なカテゴリーのもとに別々の基準で魚を評価する。目標魚種の持続可能性、環境に及ぼす漁業の強い影響（海鳥、海洋性哺乳類および他の魚類の偶発的付随捕獲、ならびに海洋環境に対する漁業技術の強い影響などを含む）、それともう一つ、水産会社がいかにきちんと監視および管理を実施しているかである。水産会社が認可を得るには、この三つの重要な点それぞれでMSC認可スコアを一〇〇点中八〇点の合計点を取らなければならない。ホキについての証言者たちによれば、この手順が行なわれているとは思えなかったという。

王立森林鳥類保護協会という、評価の高いニュージーランドの自然保護組織の弁護担当部長、ケヴィン・ハックウェルは次のように言った。「私たちは認可手順にたずさわっていますが、その水産会社に認可などすべきじゃないと思いました。認可法人からもらってきた点数に異議を唱えたのです。これが、MSCの認可手順に対して起こった初めての抗議でした。その時点で漁業の査定がMSC基準に合致しておらず、従って、認可すべきではないということに異議審査会が同意したのに、異議が聞かれた頃には認可させるに十分なほど事態が変わってしまったと考えられ、私たちは敗訴したのです。この決定がMSCが述べた手順に合っていないことに私たちは大いに不満をもっていました。認可が間違っているという私たちの主張は支持されましたが、それにもかかわらず、水産会社は認可されたのです。あの手順は茶番でした」。世界野生生物基金（WWF）の会長で、WWFニュージーランドの主任理事であるジョー・ブリーズが内部e-メールでこの心情に共鳴している。「この段階では、この認可手順もその結果も支持できないことは明らかだ。もし、メディアに質問を受けたら、この手順とおそらくその結果とに対して私たちは公式に非難せざるを得ないだろう」と書いている。

その後しばらくして、ホキはMSCの認可を受けた。ハックウェルは続ける。「一貫して私たちは捕獲許容量が多すぎると言ってきました。そして、絶対にまちがいなくそれは正しかったのです」。水産会社は資源を破綻させ、年間漁獲割り当ては、MSC認可時の二五万トンからわずか二、三年後には九万トンに落ち込んだ。ホキの認可は取り消された。

二〇〇五年にホキ水産会社は再認可の手順をとり始めた。そしてまたもや森林鳥類保護協会はこの手順のトラブルに直面した。ハックウェルによれば、第一ラウンドではホキはMSC基準の三つの主要項目のうち二つでちょうど八〇点という合格点を認可法人から獲得した。「しかし」とハックウェルは続ける。「森林鳥類保護協会およびWWFニュージーランド支部による詳細な答申を受けると、指標のいくつかで点数が減ったんです。この点数低下で会社は八〇点の合格点を下回りました。でも、認可法人はいくつか他の基準の点数を引き上げたんです。その基準というのは、前もって説明されたテーマではありませんでした。こんな点数を増やす理由はないし、偶然にもこの増加点数は会社に闘値を通過させるのに必要なちょうど千分の二点だったんです。森林鳥類保護協会もWWFニュージーランドも再認可に対して異議を唱え、二〇〇一年の異議申し立てのむし返しがおこり、異議審査会は会社が再認可されるべきではないと認めたのですが、それにもかかわらずこの結果に対して前回と同じ裁定が繰り返されたのです」。ホキ水産は持続可能だとされ、その認可は今日まで続いている。

世界の向こう側――北半球――へ行ってみると、そこでもMSCに認可された別のタラ目の魚種が環境保護組織、とりわけグリーンピースの非難を引き起こしていた。スケトウダラという魚は、今日世界最大の野生白身魚の供給源である。二〇〇九年にはこの魚がおよそ九〇万トン、市場に出された。もし、あなたがフィッシュスティックやフィレオフィッシュやカリフォルニアロールあるいは何か加工白身魚を食べたとしたら、スケトウダラを食べたのだ。それに、ヨーロッパでは、スケトウダラは急速冷凍まるごとフィレとして売り上げを伸ばしている。その商品分野は、かつてはタラがほとんど専有していたところだ。水産会社は二〇〇五年に初めてMSCに認可された。

しかし、膨大な数のスケトウダラといえども時には脆さを見せる。今年、資源評価委員会が漁獲高を半減するよう推奨し、以前のホキ漁業のように、スケトウダラ漁業はMSCによる再認可の時期を迎えた。洋上加工業協会がスケトウダラについて、自然のシステムには自然の変動があるものだと主張した。そういうことは確かにあるだろう。健全なタラ目魚類の個体群でさえ、個体群密度の変動は年によっては五〇パーセントも変動する。洋上加工業協会の広報担当部長ジム・ギルモアに、産業界の持続可能性についての資格が怪しげだということをグリーンピースが見つけたと言うと、ギルモアはこう言った。「スケトウ個体群の大きさには、人間による捕獲よりも環境条件、とくに水温が大きな影響を与えているることをグリーンピースは認めないんです。その上、スケトウの他の死亡原因にも気づいていません。二〇〇九年のスケトウの資源評価公文書には、私のお気に入りの〝驚きの実態〟があるのですが、スケトウの成魚は、なんと、二五〇〇万トン以上の子供のスケトウを食べていると見積もられているのです。これは、二〇〇九年の漁獲高の三倍以上に相当します」。さらにギルモアは、ニューイングランドと違ってアラスカには操業船の数を制限する長い歴史があり、広大な海域を昔から禁漁にしていると主張する。

以上はみな事実で、アラスカのスケトウダラ漁業共同体はＭＳＣが認めた持続可能漁業という評価に実際値するかもしれない。しかし、巨大シーフード業者の主張を聞くときには、いつだって漁業の中で作動しているもう一つの「生態系」——国際的スーパーマーケットのそれを忘れないことが大切だ。自然がいかに制限を命じても、魚を恒常的に供給して役割を果たし続けなければならないという生態系だ。一九九〇年代のタラの破綻を見届けた人々は、スケトウダラ漁業共同体に過去の出来事の繰り返しをたくさん見ている。テッド・エイムズはメイン州のタラ漁師出身で、小規模の職人的羊飼い型漁師の唱道者だが、アラスカのスケトウダラ漁に関する主要な認可を全部保持している巨大企業の行動についてどう考えているのかと問うと、嬉しそうに笑いながらこう言った。「フルトン・グロスという昔なじみがこの手のことを実にうまいこと言って総括したんだ。〝ブタと餌入れの間に入っちゃだめだ。奴はいつだって君を踏みつけて行くから〟とね」

ユニリーバーに対する反対グループの元祖、グリーンピースは、スケトウダラおよびホキについての反対運動を続けており、今すでに半分ほどに減らされた漁獲許容量をさらに減らすべきだと言っている。しかし、ニューイングランドのタラ漁で見たように、少数の有力な支配者に向けてパワーを集中すると、業界をマッチョな敵にしてしまう。今日、トライデント・シーフード社とアイシクル・シーフード社の二社だけが事実上ベーリング海の全スケトウダラ沿岸加工の総量を計上していて、二〇年かけて合併した末に全漁船をたった五社が所有することになった。モンテレー湾水族館海産物監視局は、持続可能海産物にもっとも影響力を及ぼす思われる機関だが、そこの上級科学部長であるジェフ・シェスターがぼくにこう言った。「スケトウダラ漁業共同体は巨大なばくち打ちなんです。彼らは莫大な掛け金を持っているので、生態系を保護するための規制を免除されるよう政治的影響力を使えます。規制を守ると損失が大きいのです」。二〇〇六年にスケトウダラ漁業共同体は「魚類の不可欠棲息地」の禁漁措置を免除された。この措置は、海底棲息地を保護するために設けられたものだった。スケトウダラ漁業共同体は、これはあくまでも「中層トロール」漁法で、海底のはるか上層で魚を獲るのだから海底の傷つきやすい生態系にはダメージを与えることはないのだと発表した。しかし、シェスターはこの主張に同意しない。「アメリカ海洋漁業局の判断によれば、［スケトウダラ漁業共同体は］操業時間の四四パーセントを海底で使っており、他の海底トローリング全部を合わせたよりも強い影響をベーリング海の海底に及ぼしています。スケトウダラ資源が三〇年間で最低レベルになった時期である二〇〇九年一二月に開かれた北太平洋漁業監理委員会は、違法すれすれまで漁獲高を認める決定をしたのです」。

すると、大規模水産業界によるスケトウダラの漁を、すでに乱獲してしまったタラの代替物と呼んでもいいのだろうか。そうとも言えるし、そうでないとも言える。スケトウダラは繁殖するのが速く、地域によってはふんだんにいる。だが、年間九〇万トンの漁獲は生態系から毎年たいへんな数の野生生物を取り去ることだ。モンテレー湾水族館は、スケトウダラを世界シーフード格付け表の「最上級」から「優良選択肢」へと格下げした。モンテレー湾水族館のシェスターは続ける。「消費者や業界には、スケトウダラを持続可能な選択対象としてこれからもお薦めしていきますよ」。そして、世界中の白身魚の他の漁場と比べると、スケトウダラ漁は管理がうまくいっている漁業なのだ。しかし、シェスターの根本的な懸念には注目すべきだ。グリーンピースは、積極的にスケトウダラの漁獲高をもっと思い切って下げさせようとしている。食料調達者は誰もグリーンピースのキャンペーンにも生態系の破壊にもかかわりたくないので、食品産業界では次に手をつけることが小声でささやかれ始めた。今日では、大手レストラン・チェーンやスーパーマーケットがスケトウダラやホキといったタラ目魚類の向こうに未来を思い描き始めた――漁と養殖両方の草創の地、淡水へ引き返すのだ。

マーク・カーランスキーと味覚テストをして程なく、ぼくはベトナム南部のカントー市にあるボー・サン・コーン氏の会社へ行った。五月の酷暑の日に、コーン氏はぼくをビアンフィシコという養殖会社が所有するまばゆいばかりの新設の公園へ連れていった。小ぎれいに手入れをされた公園には刈り込まれたヤシの木やいろいろな低木、その間には小さな深紅色のマツバボタンが楽しそうに咲いていた。そこを通り過ぎながら、アイロンの効いた白シャツと黒いスラックスを身につけた小柄できびきびしたコーン氏は手を伸ばしてまわりの景色を鑑賞するよう促してくれた。

「私どもの自慢の眺めですよ」と言った。

ぼくたちは高速船に乗って、東南アジア最大の川、メコン川をあっという間に渡った。二人は川岸から二、三メートル入ったところにある正確に真四角な池へ歩み寄った。葦で作った帽子の男にコーン氏が合図を送ると、男は黄色い一〇セント硬貨大のペレットをボートの船尾からシャベルで撒き始めた。水面にさざ波が少し現れた。あちこちに水のはね上がりがあった。それから、あたかも池全体が動いてその小舟を飲み込むかのように、水が噴出してほえ叫ぶ泡となって小舟の男をびしょ濡れにし、岸辺から二〇メートル離れているぼくたちにまでしぶきをかけた。気を取り直して水中を覗くと、まるでM・C・エッシャーのリトグラフが現実になったようだった。水は体長六〇センチの魚で沸騰していた。背中は灰色、腹は白、顔つきは「スターウォーズ」の続編に出てくる敏感なくせにのろまな脇役を思わせる。あらゆる向きにくっつき合い、重なり合い、くねっている。コーン氏が経営するビアンフィシコ社のパンフレットを参考にこの魚の評価をしながら、「パンガシウスこそわれらが自然！」という社のモットーに少なからぬ皮肉を覚えた。しかし、コーン氏は皮肉など言う人ではなく、給餌の狂乱が引き起こす咆哮のような音を聞いて満面に笑みを浮かべている。それは、文字通り利益を生み出す金の響きだった。

コーン氏の池にいる魚は、国際的には属名のパンガシウス（*Pangasius*）〔ナマズ目の淡水魚〕として、当地では「トラ」として通用している。[71]ベトナムの飼育業者や政府の役人のデータを信用すれば、トラは地上でもっとも生産的な食用魚ということになるだろう。好調な年にはタラが四〇〇〇平方メートルの網囲いから四・五トンの収穫量を出すのに対し、ベトナムでは同じ面積からトラを二三〇トン収穫する。驚くべき繁殖力という素質のお陰で、この魚は世界で四番目によく知られた養殖製品となった。年間生産量は、一九九七年の約二万トンから軽く一〇〇万トン以上へと伸び、大部分はヨーロッパへ輸出されている。生産は今も伸び続け、どこに上限があるのか誰にもわからない。

とは言うものの、一九九〇年代終盤に起こったタラ危機のピーク時から時を経ずしてヨーロッパの市場へトラが初めて参入した時には、少なからぬ疑惑が持たれた。疑惑の多くは、発見のされ方と最初に養殖された理由についての噂から来ている。これを説明するには、メコンを渡っている時に通訳が話してくれたジョークを紹介するのが一番だろう。

質問「養殖魚と野生魚をどうやって見分ける？」

答え「養殖魚は寄り目なんだ。野外便所の穴からじろじろ見上げているから」

パンガシウス属は、多くの養殖淡水魚と同様、人間との関係を遡れば本当に簡易便所にまで行きつくだろう。トラは数百年前に「ラトリン〔野営地の臨時便所〕池」に引き入れられた――これはメコン川に隣接した淀んだ水の池で、農民たちが管理していたものだ。この池のパンガシウスが食べていたものは……えーと、これを「腐敗中の有機物」と呼ぼう。この魚には、人間の排泄物の処理のほかにもう一つ利点があって、魚が十分大きくなったら水上マーケットで売ることができたのだ。マーケットは、はるかカンボジアとの国境までメコン川の岸辺に並んでいた。

これこそが、東南アジアが長年にわたって戦火に見舞われ、孤立し、生存に必要な最低限度の食料生産に依存してきた状況なのだ。しかし一九七〇年代の初め、カンボジアのトンレサップ湖の湖面で生活しているベトナム系の人々が、住居兼用の舟の下に下げたカゴを使って集約的な養殖を始めた。最初はいろいろな魚で試してみたが、消去を重ねてパンガシウスへと辿りついた。

カントー大学の養殖・漁業単科大学の学長グエン・タン・フォン博士は、「養殖家が始めて養殖用のサンプルを集めた時には、無作為に若魚を集めたことでしょう。自分の壷に入れた魚の種類さえ知らなかったでしょう。でも、壷の中の酸素が尽きた時には幼魚は全部死んでいました。パンガシウス以外はね」と話してくれた。

壷試験で生き残ったパンガシウスには二つの種がいた。パンガシウス・ボコウルティ（*Pangasius bocourti*）これは地元ではバサと呼ばれている（三つのボールという意味だが、それは、身を縦に切ると脊柱のまわりに脂肪の球が三つ均等に分布しているからである）。もう一つは、パンガシウス・ハイポフサルマス（*Pangasius hypophthalmus*）、すなわちトラである。はじめは、選択すべき魚はバサであるかのように思われた。バサはさまざまな調理法に合っていたし、トラよりも脂肪含有量が高かった。東南アジアでは、脂肪の多いものは脂肪の少ないものやフレーク状のものよりも常に価値があるのだ。

しかし、二国間の戦争が収まってカンボジアからベトナムへ帰り始めたベトナム系の人々は、養殖技術の効率化に着手した。一九九〇年代までには、ベトナムではトラの方が条件が良いことに気が付いた。カンボジアの湖沼環境とは違って、ベトナムのメコン川流域では毎年激しい氾濫がある。氾濫シーズンにはメコン川の流れ全体が場所を変えてしまい、川の主流のそばに取り残された池ができる。そして、こういった池はメコン川の本流よりも魚を育てる条件がうまく調整できることがわかった。池での養殖には疾病問題がないが、川の本流ではpHの変動で時々魚が死ぬことがあった。しかし、より望ましい方のバサが成長するには水の流れが必要で、池ではうまく育たなかった。対照的に、トラは止水でうまく育つようだった。また、一つの池に魚が多すぎるとバサは死んでしまうが、トラは混み合った水中でもまったく平気だった。個体密度の高い環境で水中酸素濃度が低下した時にトラが特別にすることは時々水面に上がってきてエイリアンのような口を水から突き出すことだ。

トラは空気呼吸できることがわかったのだ。


野生の海洋性タラ目の魚の代わりに養殖淡水魚を使うというアイディアは、シーフード販売業者が以前から考えていたことだった。そして、かなり多くの料理にタラを使っているヨーロッパでは、料理の隙間にちょっとだけ違う魚を滑り込ませることは可能だった。トラをソテーしたりオーブンで焼いたりすると、それほど食通ではない客にはタラのように見えるか、少なくともカーランスキーの母親が言う「魚」に見える。しかし、衣をつけて油で揚げるアメリカの古典的調理をすると、トラにはタラにあった口当たりが欠けていることがわかる。タラに比べて身はやや油っこく、いくぶんしっかりしていて、タラよりもバスに似ている。実際、シーフード輸出入の際に混乱した場では、ときたまベトナム産のトラに別のベトナム産ナマズであるバサのラベルがつけられ、調理場で本来バスが使われるべき場所に入り込むことがある。ギリシャでは、シーバス養殖家のタナシス・フレンツォスがある晩、もしかするとベトナム人はギリシャのシーバス産業の息の根を止めてしまうのではないかと嘆いたものだ。「みんなはベトナム産の魚を入れた箱に〝basa（バサ）〟と書くつもりだけれど、誰かが最後のaをsに書き換えたら〝bass（バス）〟になってしまう」。

しかし、世の中でトラだけが超大量生産淡水魚というわけではない。口当たりでも品質でもタラに匹敵する産業魚類になりうる魚として、特に登場した魚がいる。トラをふんだんに養殖できるカギは、超高密度で飼っておけることだが、ティラピアという別の魚は、繁殖戦略により個体数で勝負する舞台で名を上げた[72]。

何百万という小さな卵をあちこちへ撒き散らすタラやスケトウダラ（水産科学の用語では「種まき型産卵魚」という）と違って、ティラピアはカワスズメ科の魚で、この科の魚は「口内産卵魚」であることが多い。タラよりも産卵数は少ないが、一般に受精すると卵を口の中へ集め、弱々しい初期仔魚段階が過ぎるまで、そこで守ってやる。その結果、平均するとティラピアはタラよりも最終的に成魚に育つものが多くなり、とても速く大量に数を増やすことができる。これは、二一世紀の人間優勢世界では、タラその他のタラ目魚類が採用している行き当たりばったりの「自然信頼」式のやり方よりもはるかに適した繁殖戦略だ。

ティラピアはトラと同様、二〇世紀後半に個体数が豊富になってきたが、やはりトラと同様、最初の展開は発展途上国で行なわれた。たいていのティラピアはナイル川育ちだが、第二次大戦中は日本軍がインドネシアを封鎖していた時期に初めてアフリカを出て広がった。当時、インドネシアの養殖家はもっぱらミルクフィッシュという魚を飼っていたが、ミルクフィッシュの幼魚は封鎖のために敵軍戦線の後方に残され、手に入らずじまいだった。アメリカ軍がはぐれたティラピアを少しばかり手に入れてインドネシア人にやることができたが、まもなくインドネシア人は、ティラピアがミルクフィッシュの二倍の速さで育つことを見つけた。

戦争が終わって平和部隊が生まれ、アメリカ合衆国国際開発庁が、植民地から独立国になった世界中の国々に向けて飢餓救済計画を実施した時に、ティラピアは世界のタンパク不足に対する解決策だと見られた。この魚はまったく人間の助けを借りることなく、またきわめてふんだんに増殖するだけでなく、厳密な意味でいかなる飼料をもまったく必要としなかった。ティラピアは、自然界ではトラと同じく濾過摂食魚で、もっぱら人間の排泄物の成分、藻類、および顕微鏡サイズのプランクトンといったものを食べて生きていける。だからティラピアを飼えば、土地以外にはわずかな淀んだ泥水が財産という貧しい養殖家でも、あまり頑張らずに突然食事にタンパク質を加えるチャンスがあった。

初期の平和部隊のボランティアたちは文句なしにティラピアのファンになった。平和部隊を離れて利益追求の世界に戻ると、この魚を稼ぎ手にすることを考えた。[73] マイク・ピッチエッティという元平和部隊隊員のティラピア事業家は私に言った。「奇跡の魚みたいだったよ。この魚で大きな事業を起こせると思ったんだ。でも結局、長い長い時間がかかったよ」。

一九九〇年代までは、トラもティラピアも「発展途上」魚で、第三世界のメニュー品目がヨーロッパやアメリカでは市場に大きな影響を与えることはまったくなかった。その理由の一つは、第一世界の国々でこの魚が固有のブランドを持っていなかったことだ（ある養殖家が言うには、初めて「ティラピア」ということばを聞いた時、胃病のことだと思ったと）。しかし、これとは別に淡水養殖家なら誰でも悩まされる大問題があった。「異臭」という現象だ。異臭は、淀んだ淡水中で藍藻が異常発生してジオシムという化合物が放出されて起こる。これは、ギリシャ語のジオ（*geo*）つまり「土」に由来する言葉だ。このような藍藻が異常発生した淡水に棲んでいる魚は、一時的にジオシムの味がする。これは無害だが土の味がして、晩餐はたいてい不快で泥臭いものになる。本当のところ、消費者の多くが今でも養殖魚に二の足を踏む大きな理由の一つが異臭なのだ。[74] どんな魚でも異臭に見舞われ得るのだが、淡水魚の方がやられやすい。この問題を解決することが、広く受け入れられる製品を作るカギとなることがわかる。

一九九〇年代にティラピアもトラも革命を実現して、第三世界から第一世界の食卓に供されるものへと変わった。一九九四年には、ティラピアがその途方もない繁殖力でラテンアメリカにまで広がっていた。この魚がコカイン取引に関わった例が二、三ある。コロンビアのコカの葉を栽培している南米インディオが、ティラピア養殖にも手を出すようになった。地域を支配する麻薬貴族にとって、コカという産物は何にもまして重要なものだが、ティラピア養殖もまた自分たちの目的を叶えてくれた。何百万ドルというロンダリングを要する余剰現金を持った麻薬貴族たちは、ティラピアが養殖家の生計の助けになるとともに、自分たちの麻薬のあがりを洗浄してくれる見込みがあると見たのだ。名前は明かさないでくれとわかりきった理由で頼まれたのだが、ある養殖家がこう言った。「ティラピアのフィレ満載の箱にコカインの入ったジェルパックを入れたとしたら、麻薬犬は見つけられると思うかい。ダメさ」。

ラテンアメリカのティラピア養殖家とベトナムのトラ養殖家、双方が十分わかっていることは、藻類の異常発生のないきれいな流水の供給を絶えず確保できるよう運営し、また、魚を排泄物や藻類を食べさせて生かすのではなく、トウモロコシと大豆の飼料を与えれば製品に異臭を生じさせないでおけるということだ。一九九〇年代の終わりには、ティラピアとトラから泥のような味が消え、何か変な味はまったくなくなった。

ピッチエッティが言った。「ティラピアが好かれるところは、魚っぽい味がしないところなんだ。魚らしくない魚とよく言われるんだよ」。タラに起こったことを考えてみれば、この魚は結局世界が探していたものかもしれない。二〇年の間に、ティラピアの年間生産量は九〇万トンから二七〇万トンへと三倍になり、さらに翌年だけで一〇パーセントの増加が期待されている。この魚は人間の助けなしに大変な数に増え、味に癖がなく、さまざまな料理に使え、かつ財布にやさしい製品である。実際、以上の特性（あるいは特性のないこと）のおかげで、ティラピアのランクは安価な食品の中では最高位になったのだ。ティラピア養殖会社であるＨＱ持続可能海洋産業社は、ティラピアが「スケトウダラのような味」になる特許出願中のマリネを開発すると、世界最大のファストフード・チェーンの一つと交渉をまとめるのに成功した。ＨＱ社のそのきわめて強力な製品は、おもに中国で生産されたものだ。ここでそのチェーンの名前を明かすわけにはいかないが、私たちみんながそう遠くない将来にティラピア・サンドイッチというファストフードを買って食べることになるだろうと言うだけで十分だ。

養殖問題意見交換会というのは、世界野生生物基金が召集した八つの作業部会からなっていて、魚類養殖産業の基準を作ることを目標としている。ぼくは、二〇〇八年にワシントンＤＣで開かれたティラピア意見交換会を傍聴した。ティラピア養殖業者、非営利機関、さまざまな専門の科学者、それにぼくのような傍聴人などが集まっていたが、審議が始まってすぐにある動議が提出された。それは、ティラピア産業に携わっている者はこれからは「すでに生態系ができあがっている世界中の場所へティラピアが広がってゆくのを阻止するよう努める」べきだということだった。含み笑いが議場に広がった。「手遅れだよ！」と笑いながらペンシルベニアから来た養殖家が言った。「もう起こってるんだ」と別の声。

人類がタラという魚の数を増やす方法を必死になって探していたり、また、タラの減少が巡り巡って、ティラピアという別の魚に対し、繁殖から拡散まですることはなんでも試し、しかも、度を越した速さでやっているということは、今日のシーフード界における大いなる皮肉だ。ティラピアは、地上のあらゆる地域でその生態的限度を逸脱しており、またきわめて侵略的な種だと考えられている。この魚はおもに淡水域に生息するが、世界中の淡水域は次第にこの魚に支配され始めている。また、ティラピアはほかの淡水魚よりも高塩濃度に耐性があり、したがって、河口近くの汽水域によく見られる。

今、ティラピアという生物学的魔神を壷の中へ戻そうという取り組みが熱心に行なわれている。オーストラリアでは一六〇〇万ドルかけてティラピアをこの島大陸から追い出す活動を始めている。中国系移民は、魚料理の食卓につく前に生きた魚を一匹水に放つと幸運がやってくると考えている。ティラピアはとても頑強で、酸素もほんの少ししか必要としないので、この伝統文化に乗じるのに都合がいいという点ではまさに完璧である。ティラピアは、アジアの市場から生きたままアメリカ、ヨーロッパ、オセアニアなどへ配送されることが多く、到着すれば、中国系移民たちが現地の湖や川にその一、二匹を放してやるのは珍しいことではない。こうなれば、連中はぎょっとするほどの速さで増殖して、生物学的最大許容個体数に達するのは時間の問題でしかない。

アメリカとヨーロッパでは、ティラピアの生息域は気候帯の制限を受けている。ティラピアは摂氏一〇度以下の水温が一ヵ月以上続くと死んでしまう。だから、夏の間に意図的にアメリカ最南部諸州〔ジョージア、アラバマ、ミシシッピ、ルイジアナの各州〕より北で育てても冬になれば死んでしまうのだ。しかし近年、冬は次第に穏やかかつ短くなってきており、温暖な年が続いたせいでティラピアは北方へ向かってわずかながら進んでいる。

一方、海では気候の変化が全タラ目の魚を移動させている。海流と気象のパターンが全体としてゆっくり変化しており、クセのない白身魚に対する需要を満たす際にかつて当てにしていたタラ目の魚が、私たちの前から去ってしまった。スケトウダラの巨大な魚群は、持続可能なやり方で漁獲されようがそうでなかろうが、現実的な変化を蒙りつつあり、魚群はアメリカの領海から出て、規制のはなはだお粗末なロシアの沿岸へ向かって漂流している気配がある。(75)

そこで、私たちはあらゆる「白身魚」全部の変化が生じている岐路に立っていることに気がつく――そこには、世界中に混乱を撒き散らしているアフリカのティラピア、ありとあらゆる種類の魚を扱う巨大な市場にねじ込まれるベトナムのトラ、「優秀な」産業魚類として紹介されたけれども驚いたことに衰えてしまったアラスカのスケトウダラとニュージーランドのホキがいる。そして、もちろんニューイングランド、カナダ、およびヨーロッパのタラの虚弱な血統が存在し、これらは触鬚（しょくしゅ）〔顎に生えたヒゲ〕の先端でどうにか生存にしがみついているのだ。

もし、上記のたくさんの候補の中から白身魚需要に対して主力となるものを一つ選ぶとしたら、どれがいいだろうか。全部利用して、分析なんか気にしないで「フレーク状白身」と書かれた筒に押し込み、うまくいってくれと祈るのか。

これらの魚が代表しているいろいろな目、科、属ならびに生態系を見渡すと、シャーマニズムのように見えるというリスクを承知の上で言うが、これらの魚と、私たちがこれらをどう使うべきかということについて、自然が何か大切なものを教えてくれているように思える。自然が言わんとするのは、タラ、そしてじきにそうなるだろうがスケトウダラやホキなどの海洋性の野生魚には脆さがあって、これらの魚肉を大規模に使用するのには問題があるということだろう。「大規模漁業」という概念こそが本当に再検討されるべきかもしれない。たぶん、世界の人口が今の五分の一だった時代には、漁具は小さくてそれほど厚かましくはなく、川や入り江の生態系はニシンのような食用魚をいっぱい恵んでくれたことだろう。野生のタラやスケトウダラ、ホキの個体数が絶えず変動している気まぐれな海に多国籍企業が居座るようになったのは、おそらくその後だ。

しかし、現代の需要はとても大きくて、いかなる自然システムもみんな世界中の人類の食欲を満たすために、重い負担を負わされようとしている。会社の利益をあげなければならなくなれば、客観的科学というものが脆いのは歴史が示しており、その結果、潜在的に持っていた対立関係が自然のシステムの中で剥き出しになることになる。野生魚の漁では、利潤という動機が強くなりすぎると、たとえきわめて健全な科学的事業計画であろうと、要求の重圧に屈服しがちなものだ。そうなれば、科学的根拠など用をなさない。むりやり屈服させられれば、魚の個体数は必然的に減少の悪循環に入り、かけがえのない食料システムに対して遺伝的衰退と取り返しのつかない損害とを引き起こすことになる。漁によってある魚種が絶滅するおそれがわずかでもあれば、大規模漁業を長期にわたって継続するという人類の希望とは相容れないことになる。

同時に、私たちがすでに役に立つ産業魚類を発見しているかもしれないということを、自然はトラやティラピアの形をとって私たちに語っているとも考えられる。この魚たちは、私たちが住んでいる環境のすぐそばに棲むことができる。成長は速い。大いに適応能力がある。なんで、タラみたいな魚を飼い馴らそうとして気に病んでいるのだ。タラは成長は遅く、能率が悪く、そして私たちの用意したかいば桶にはとうとう慣れなかった。時間と金の浪費だ。

もし、産業魚類を一つ手に入れなければならないとしたら、産業工程にうまく合って自然界に与える影響が最小限の魚種を使おう。トラもティラピアも淡水性で、海水魚と相互作用はなく、また、おもに植物性飼料を食べる。スケトウダラ漁業のジム・ギルモアが抗議しているように、ティラピアとトラの飼料となる大豆を育てるために雨林の木がどんどん伐採されているのは事実だ。しかし、他のどんな動物タンパクよりも、ティラピアとトラは極度に速く、そして極度に効率よく飼料を肉に変換するのだ。トラやティラピアが食べなくても、その同じ大豆を結局は食べてしまうニワトリやブタに比べると、はるかに効率がよい。

最後にもう一つ、自然が私たちに語っていることがあるが、それは、野生のタラの白くほぐれやすいフレークという形で語ってくれる――マーク・カーランスキーが言ったように「タラの生活を生きた」タラの肉だ。タラの漁師になるべきであって、タラの養殖家になるべきではないのだ。そして、タラの漁師になるのなら、タラが大きな打撃を受けない時期に漁をしなければならない。タラ個体数の動態を知るためには長期にわたる安定した関係を構築するよう、タラと共に骨を折る必要がある。

人間は、本質的に他の生き物を支配したいという衝動を持っているものらしい。もし、何か生き物を支配しなければならないとしたら、タラの場合は、単純な閉鎖系の大規模養殖で支配するのではなく、私たちの知性を示す究極の証しとなるものを捜すべきだろう――生態系に完全に精通し、理解する知性だ。どのくらいの広さの漁場を海洋保護区域として休ませておかなければならないか、私たちは徐々にわかってきており、そのことを念頭に入れて漁の熟達者となるのである。保護区域は、毎年漁獲という形で利子を稼げる一種の銀行預金の元金のような働きをしてくれるのだ。

タラが食べているニシンダマシなどの生活環を復活させる方法を考えよう。タラがどうやって繁殖して時と共に個体数がどのように変化したか、最後の一匹まで調べよう。こういう熟達者は、超ローカルな漁船に乗って漁を知り尽くした小規模漁業者で、彼らはできる限り厳密に別々の個体群から魚を獲っている。このような漁船には、労力に対する埋め合わせとして今でも補助金が出ているが、漁師たちが受け取る補助金はどれも「勤務に対する報酬」と理解すべきだ。彼らは魚を獲るだけでなく財産管理もしていて、もし財産管理の役目を怠ると、自らの漁業権を失うことになるからだ。この仕組みならば魚と漁師が依存しあう漁業を復興できるだろう。ちょうど家畜の群れとヒツジ飼いとが生きるために互いを必要とするように。

このような知識を持った漁師が獲った魚には、入会権によって得た財産を越えた価値がある。ナイトの爵位を与える価値がある。こうした魚はそのまま食べるべきで、機械で加工したりフィッシュスティックなんかに作り変えたりすべきではない。安値をつけるべきではない。台所ではていねいに扱い、ほのかな芳香と真珠色をしたフレークをテーブルの真ん中に置き、たとえ味が少しばかりさえなくても褒め称えるべきなのだ。こういう種類のタラを「COD」と呼べたら嬉しいだろう。全部大文字の。

第4章

マグロ

最後の一切れ

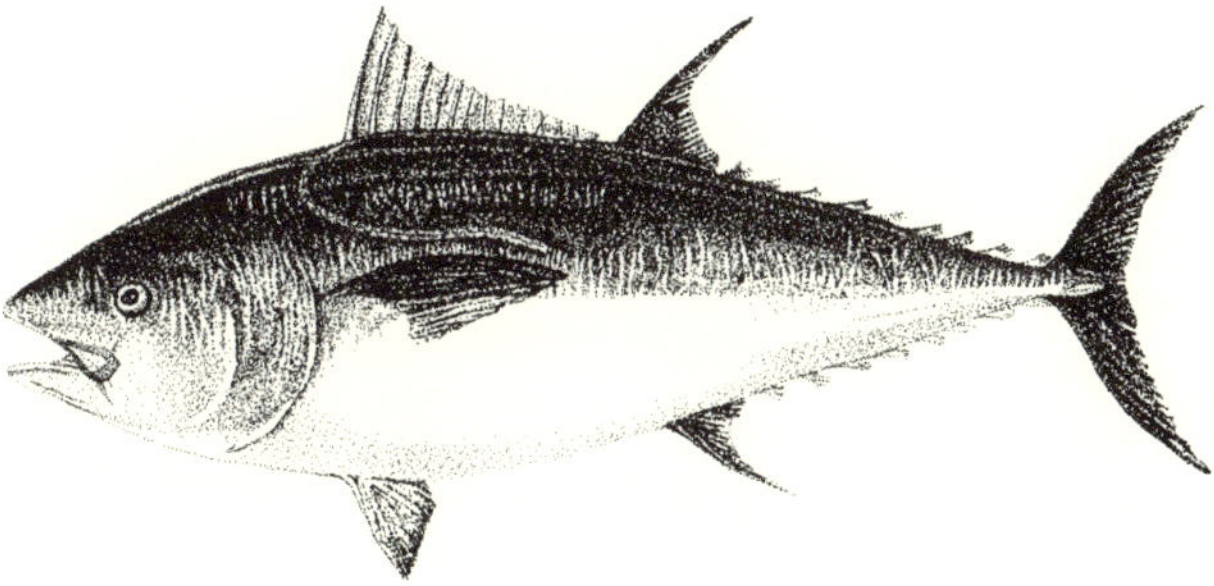

鮪

釣り好きにとって大人になることの魅力の一つは、自分が大きくなるにつれて釣りの可能性が広がることだ。ますます長い船旅ができるようになる。次第に夜の半端な時間を有意義に過ごせるようになり、気が強くて見つけにくいずっと大きな魚を獲れるようになる。成人する頃に、もし釣りへの情熱を持ち続け、しかも若干の金銭的余裕があれば、大海いたるところを漁場にできる。魚釣り冒険の最後のフロンティア、つまり、釣りを続けたいという自分自身の強い願望に向けて旅立つのは、中年にしかできないことなのだ。

二〇〇一年の九月初め、ぼくは乗り合い釣り船の「エクスプローラー」に申し込みの電話を入れた。テープ録音のしわがれ声が応答した。「ブルックリンの高速マグロ船〝エクスプローラー〟にお電話いただきありがとうございます。本船の最新の漁獲高は、月曜夜——マグロ一五頭、火曜夜——二四頭、水曜夜——四七頭でした。乗船ご希望の日時をお知らせください。〝エクスプローラー〟がお客様をマグロにお引き合わせいたします」。

マグロを獲る乗り合い船は珍しい。昨今では貸切り船を使い、マグロを追って外海へ向かい、二〇〇キロメートルを高速で走るガソリンに三〇〇〇ドル以上を払うのが普通だ。しかし、八月から一一月までの短い期間には、マグロが沿岸部に近づき一発賭けるには絶好の機会があり、ニューヨーク市からこの魚を狙う乗り合い船が若干出ていて、一般の人々が獲ることができるようになっている。

ぼくは夏の間じゅうマグロ釣りのことを考え、秋には空模様がどうなるかと様子を見ながら予約する時期を待っていた。しかし、九月のある朝、空は澄み切って晴れわたり風もなかったので、事態が悪い方へ変わるなどとはとても思えなかった。ぼくは九月二八日に予約を申し込む旨を「エクスプローラー」の留守番電話に伝言した。

陪審員としての務めのためにアパートを出て中心街へ向かっていたが、ぼくはマグロ釣りのことを思って浮き浮きしていた。マンハッタン六番街へ向かって角を曲がった時、南の空に浮かぶ下弦をちょっとすぎた月が見えた。三週間も経てば満月になるだろう。ふつう、満月の二、三日あとがマグロ釣りに最高なのだ。ぼくは、できる限り良いときに釣りを予定したことを実感して大満足だった。月から視線をずらすと、世界貿易センタービルの真ん中に穴があいて、そこから炎が上がっているのが見えた。

ぼくは中心街へ向かって歩き続けた。三キロメートル離れて見るとその穴は大きく見えたけれど、ビル内のどこかの会社で火災が起こっているとしか考えられず、それ以上の何事かが起こっていると思うほど穴は大きくなかった。陪審員としての務めがあって、それをサボって罰金二五〇ドルを喰らうのは嫌だった。二〇分しないうちに、カナルストリートが六番街に交差する十字路に近いガソリンスタンドに着いた。その時、頭上で大きな爆発音が聞こえた。スタンドで給油中のタクシー運転手の一人に何事かと聞くと、こう言って教えてくれた。「ああ、あのタワー二つは地下でつながっているんだよ。たぶんガス管だと思うんだけど破裂した——だからもう一方のタワーも爆発したんだ」。なるほどと思った。陪審員義務違反の罰金は払いたくなかった。ぼくは中心街を歩き続けた。

ほとんどの通行人はぼくと反対に住宅街の方へ向かっていて、ソーホー通りの石畳の上を小さな紙切れがゴミになって吹き上がっていた。リスペナード通りを横切ってから南へ向かってブロードウェイへ合流すると、人々がゆっくりと集団になり、それが今度は暴徒みたいに見え始めた。簡単に縫い合わせられそうな傷口に見えた世界貿易センターにあいた穴が、今や現実の姿を見せていた――巨大な裂け目が深く建物の中心に向かっていたのだ。ぼくは先へ向かって下りながら歩いた。群衆は坂を上って北へ向かって歩いていた。ついに一人の警官がぼくの進路を遮って尋ねた。「お前、いったいどこへ行こうってんだ」。「陪審に行くことになってるんだ」と答えて召喚状を見せ、欠席した時の二五〇ドルの罰金のくだりを指し示した。警官は廷吏がやるように両手を上げて言った。

「陪審員団は退出せよ」

ぼくは向きを変えて、坂を上る群集に加わった。十一番街にある自分のアパート近くの角にさしかかった時、中距離からの眺めでは世界貿易センターのタワーはさらに小さなシルエットになっていた。そしてその時、片方のタワーが突然崩れ落ち、完全に消えてしまった。それからもう一つが消滅した。ぼくはアパートに閉じこもり、そこから二週間離れなかった。

あの時はほとんど眠らなかった。仲間付き合いをしたのはインターネットで見つけたマグロ・ウェブサイトだけだった。マグロ問題のインターネット掲示板に参加し、南北両カロライナ州沖から漂いながら北上する渦暖流の、衛星から発信されている映像を追跡した。そして気がつけば、モニター上でその暖かい水塊をもっと速く北上させようとしていた。そうすれば、ニューヨークの海へその暖かい水塊が来るのが「エクスプローラー」での釣りの日にちょうど間に合うからだ。西大西洋のマグロは湾岸流からの高温の海流を追って回遊するが、(76)この海流はフロリダからカナダ大西洋岸まで北上する。暖かい水塊の渦は、湾岸流の主流から別れ出て沿岸部へ向かうが、そこはスポーツフィッシングをする船の縄張りだ。海岸近くに渦がくれば、釣果が期待できる。反対に、渦が来なければマグロも来ない。

ぼくが追跡していた渦は速度を上げたが、同時に風も強くなった。穏やかなそよ風と静かな海という予報は、強風とうねりに変わった。船出の前日に電話をかけると、年配の女性が出て教えてくれた。

「釣り船〝エクスプローラー〟でございます」

「出航は取りやめなんでしょ」とぼく。

「正直申し上げて、明日は日和が悪そうなんですよ」

長い沈黙があって「でも今晩お出になるんでしたら船長が——息子なんですがね——波はおさまってきているって言うんですよ」

「まちがいなく凪いでいるんですね」

「息子がおさまってきているって言うんですよ」と繰り返した。

「オーケー」

まだ前回の釣りの悪臭がただよう釣り着をマグロ釣り用の鞄に詰め込んだ。冷蔵庫にある食べ物は、どんなものも残らず取り出して油で揚げた。それを死んだ母の一九八九年式キャディラック・ブロアムに積んだマグロ用クーラーに入れ、自宅を出発してニューヨーク市最後の本格的漁港、ブルックリンのシープスヘッドへ向かった。

日没時に「エクスプローラー」のエンジンは轟音をたてて息を吹き返した。釣り人はみんな船尾に集まり、見事な航跡を黙って見つめていた。風はだんだんよくなってきた。風を気にしている釣り人もいたが、おおむね船長の予言を素直に信じていた。

「波はすぐにおさまるって言ったよ」と誰かが言った。外海へ向かって速度を上げ始めたときに別の誰かが言った。

「明日は湖みたいになるって言ったぜ」

船はブリージーポイントの突堤を過ぎて、ハドソンキャニオン、常連には単に「キャニオン」と呼ばれている海溝に向かう約二〇〇キロメートルの厳しい船旅へと出発した。そのまま海底にまで連続するハドソン川は氷河時代にできたもので、キャニオンは深さがグランドキャニオンに匹敵する世界最大の海底渓谷の一つだ。ここでは海流が攪拌され、餌となる魚が落ち着きを失うので、それにマグロは惹きつけられ、はるか遠方からやって来るのである。

船首が縦揺れを始めた。二人連れの釣り人が船室へゆっくり入っていき、かみさんたちが「二五セント硬貨ほどにも薄く」切ってくれたサラミを分けあった。ぼくはタッパーを開け、わびしく冷えた豚肉の切り身を食べた。ぼくの向かい側にいる男が釣りの雑誌を読んでいたが、まるでポルノ雑誌を読むように素早くページをめくっていた。男は顔を上げて雑誌を立て、見開きページの見事なマグロの写真をぼくに見せた。「よお、あんた、これ見なよ！」と言った。

ベラザノ水道大橋が視界から消え、「エクスプローラー」はひどい横揺れを起こした。極端に太った男がデッキの上で仰向けになり、酒臭くて厚ぼったいイビキをかき始めた。

釣り雑誌を読んでいた男が「波はおさまってくるって言ったはずだぜ。波高は一メートル半か二メートルくらいだと言ったのに。キャニオンに着く頃には三メートルか四メートルになるぞ」と言った。

巨大なクーラーが床をすべって極端に太った男の腹にぶつかった。男はクーラーに強力な一撃を与えてブッ飛ばし、イビキを続けた。釣り雑誌の男が続けた。

「来るつもりはなかったんだ。こうなることはわかっていたからね。でも俺は、二週間前に貿易センターのそばを歩いていたんだよ。第二タワーのね。ところで俺はスティーヴって言うんだ」と言って握手のために手を差し出した。

「ぼくはポールだ」とぼくも手を差し出した。

「前にいっしょに釣りをしたことがあったっけ」

「かもね。〝ヘレンH〟に乗ったことある?」

「乗ることもあるよ」。それから二人とも気詰まりになって黙り込んだ。ぼくは船室へ行った。

本当に眠ったかどうかはわからない。船は人類の領域からはるかマグロの領域へと波を蹴立てて進んでいたが、船体がゆっくりと持ち上がっている間にぼくはほんの少しうとうとした。船が波のてっぺんへ来た時は無重力状態になるが、ある無重力の時に頭が軽くなって、大災害の予感がした。そのあと船は、波の反対側へ自由落下して勢いよく谷へと落ちた。頭は跳ね上がって金属製の天井にぶつかった。

　これを三時間もやられたので、上甲板へ行くことにした。階段を上ってベンチの一つに腰かけ、マグロ釣り用具の準備を始めた。マグロ用の釣り針をフッ化炭素製のマグロ用ハリス糸に結ぶ。波できしむ船の中で糸を結び始めると吐き気を催すが、これは絶対必要なことなので、ぼくは辛抱強く続けた。ぼくが初めて常連になったある釣り情報サイトの一つに、マグロ釣りの奥義を書いた〝虎の巻〟[77]があって、これにフッ化炭素製マグロ用ハリスを使えば「有利になる」と書いてある。マグロは、その大きくて輝く両目で熱を感じ取ることができるので、たいていの魚よりも目がはるかに良く見え、水中で市販の一本化繊の釣り糸はたいてい見える。ところが、最近の釣り人はマグロの適応力を詳しく調べ、場合に応じてこの魚の裏をかくまでになっている。

　フッ化炭素のハリスを結び終えてから船酔い予防のドラマミンをもう一錠飲んで、全面的に吐かないようノドが引き締まるのを待った。それからイカ用リグの準備を始めた。〝虎の巻〟は、イカ用リグを用意して自分用の生きたイカを捕まえるよう教えている。前の年のマグロ釣りではマグロはイカしか食わなかったのに、ぼくはイカ用リグを持っていなかった。いっしょに釣っていた男にリグを貸してもらえないかと頼んだ。

「自分でイカリグを買って来い。まぬけ」と言われた。

　午前二時頃、「エクスプローラー」のエンジンが徐々に回転を落とし、第二タワーのそばを歩いていた男、スティーヴが船室から出て来てぼくと並んで釣り用手すりに付いた。「調子はどうだい、ポーリー」と聞いた。

「あまり良くないよ、スティーヴ」

今では風は三方から吹いているようだったが、魚のこと以外は何も念頭になかった。ここマグロ王国では、客室にあるモニターは切れており、誰の携帯電話も受信を受け付けなかった。錨を下ろしさえすれば、この物凄い吐き気に駆られることはなくなるだろうと思っていたが、錨を下ろすとよけい悪くなった。前進する動きがなくなると波の周期が読めなくなり、夜のキャニオンを包むどこまでも続く暗黒の空間では自分の状況を知る目安となる水平線すらなかった。イカリグを試してみた。イカはいなかった。解けかかったごた混ぜのバターフィッシュ（マナガツオ科の魚）の塊から一匹引き抜いて、喉に針を通した。同行の一人がまき餌のバターフィッシュをまいた。バターフィッシュの切れっ端が風に飛ばされて、ぼくの顔にくっついた。

「そいつは吸い付くぞ」と第二タワーのスティーヴが言った。

さらに激しい突風が吹いた。海は冷たく不毛に見えた。船長は二、三分ごとに拡声器を通してソナーの読み取りを知らせていた。

「三〇メートル先にいい魚群を発見。諸君」。プシューッ。話し終わるたびに拡声器の雑音が聞こえた。

「潜り込んでいる、さあ、六〇メートル下だ。諸君」。プシューッ。

「二四メートルまで上がって来た。諸君」。プシューッ。

マグロの映像は目に見えないまま足元を通り過ぎた。まき餌バターフィッシュが水面にたなびいていたが、今や人間の吐瀉物で台無しになった。経験の浅い釣り師が二回目の晩飯を食べ始めたからだ。極端に太った男が甲板へ出て手すりへ向かって歩いて来て、巨体にふさわしい物凄い量を吐いた。男は船室へ戻って床の上で横になった。

「また潜った。三〇メートルだ。諸君」。プシューッ。と拡声器を通して船長が言った。

ぼくはリールから糸を六メートル繰り出した。目を閉じてバターフィッシュがひらひらしながら水中を降りていく様子を思い描いた――鈍く光る小さな銀貨が空っぽの黒い財布の中へ落ちていくようだ。ぞっとするイメージだった。ぼくは目を開けた。リールの糸巻きが勝手に回転していたのだ。まちがいなく、バターフィッシュが自分の重さで落ちていく速さより断然速く回転している。

「おい……おい……お前……ポーリー！」。スティーヴが叫んだ。「かかったな！」。

スティーヴは手を伸ばして素早くぼくのリールのロックをかけた。ぼくは手すりにどしんとぶつかった。

「イーヤー！」スティーヴが叫んだ。その夜の最初のマグロはぼくに来たのだった。

マグロは「エクスプローラー」と同じようにエンジン全開で突っ走るものだ。誰でもこの魚が針にかかったときは、他の魚とまったく違う、まるでシュワルツェネッガーのごとき筋肉を想像するだろう。そのミオグロビンいっぱいの組織の収縮と拍動を、美しい動きでとことん同調させる。マグロは「釣り上げられるかどうかわからない」と釣り人に思わせる魚だ。マグロが疾走を始めると、ぼくはスクワットをするようにしゃがみ込んで背中や膝にかかる重圧をそらそうとした。

そうすると、今度は問題が生じた。ぼくは長い下着に合わせて極端に幅広のズボンをはいていた。しかし、キャニオンでは天候がきわめて穏やかになったので、長い下着を脱いでから釣り用手すりに付いたのだ。さて、マグロが前方へ突進するので膝を曲げ身をかがめてそれに耐えたが、そうすると、だぶだぶのズボンが膝まで降りてきた。手を伸ばしてたくし上げようとすると、マグロはそれを察知するらしく前より激しく突っ走った。結局ズボンは腿の中ほどにおさまった。

スティーヴが後ろへまわって言った。「見ばはよろしくないな」。

「それは……わかってる」

「かわりに竿を持ってほしいか」

「いや……ぼくは……大丈夫だ」

「恥ずかしがることはない。マグロはタフだぜ」

「わかってる」

一〇分間やり合った末、マグロは泳ぎをやめ、ぼくはリールを巻くのをやめた。スティーヴはぼくのそばへ来てうなずき「やったぜ」と言った。

出し抜けにマグロが向きを変え、船を離れ出した。

「リールだ、おいリールだ！　リール、リール、リール！」スティーヴが叫んだ。

ぼくは頭を下ろして体を曲げ、糸のたるみを直そうとした。

「くそっ、おい、見るんだ！」。スティーヴが叫ぶのが聞こえた。目を上げて見るとぼくのトレーナーに付いているフードの紐がリールに向かってぶら下がっていた。ぼくはエイハブ船長〔メルヴィルの『白鯨』に登場する捕鯨船の船長〕みたいに釣竿に縛り付けられるところだった。スティーヴは慎重にぼくの肩へ手を伸ばし、トレーナーの紐を襟の中へ押し込んだ。

「助かったよ」とぼく。

「うまくいって良かったぜ」

マグロは船のまわりを広くゆっくりと弧を描いて泳ぎ始めた。

「死のらせん泳ぎだよ」とスティーヴは厳かに言った。

マグロが大きく一回りするたびに死のらせんは小さくなった。さらに三回輪を描いた時、ぼくは思い切って手すり越しに覗いて見た。見下ろすと、船の走行灯の強い明かりのすぐ向こうにぼんやりと緑色に光るものが見えた。

「よう、色まで見えるぜ」とスティーヴが大声で叫んだ。

釣り船助手がやってきて水中を覗き、「あの小物のことで大騒ぎしてたのかい」と言った。

釣り船助手はギャフを下ろした。ぼくはかたずを飲んだ。金属製の光るカギが近づくのを見ると、マグロは苦しまぎれのバカげた逃走を図って疾走することがある。尾を使って水面を歩き、糸を切ることもある。だが、釣り船助手は素早くカギを水中に入れて魚体に打ち込んだ。持ち上げて船内に取り込もうとした。

「ちくしょう」と彼。

「小さくはないのか」とぼく。

「小さくはない」

釣り船助手は、下からの見えない力にぐいっと引かれて爪先立ちになった。スティーヴはすぐに思いつき、もう一つのギャフを掴んで打ち込んだ。スティーヴと釣り船助手はフラダンスを踊っているペアの女の子みたいに前後に揺れた。それから二人は声を張り上げて三つまで数え、調子を揃えてぐんぐんギャフを持ち上げた。魚は手すりを越えて猛烈にのたうち回った。スティーヴはギャフを外して飛びのいた。マグロは甲板を激しく打った。これはキハダマグロで、その名の通り〔英名は yellowfin tuna つまり黄鰭マグロ〕胴体後部の脊梁に走る十数枚の離れひれが闇の中で明るいカナリア色に輝いた。あんなに激しくやり合った後なのに魚はいまだに猛っており危険で、型は青年期相当だった。大きく過熱したその目とぼくの目が合い、両者ともにあえいだ。

もしマグロに声と判断力があったならこの時点で叫び、抗弁したことだろう。だがマグロにとって唯一の表現手段は尻尾だけだ。マグロが一生の間やったことは、重大な決断に従って尻尾を前後に曲げることだけだった。たとえ捕まっても、空気中に揚げられても、執拗なマグロのモーターのスイッチが切れることはない。バプ - バプ - バプ - バプ - バプ、釣り船助手が喉を切り開いて甲板に血が流れ出るまでそれは続くのだ。バプ - バープ - バーープ - バーーープ――エンジンの動きは衰え、それから冷たく停止する。

「おめでと」スティーヴが言った。

「ありがと」と言ってぼくは吐いた。

一まとめにして「マグロ」と言われているサバ科（*Scombridae*）に属する四八種の魚は、世界でもっとも泳ぎが速く、もっとも力強い魚だ。「*tuna*〔マグロ〕」ということばの由来の一つに、ギリシャ語の *thuno* すなわち「〔ダーツを〕投げる、突進する」ということばがある。魚が忘却の彼方へ突進して去っていった時に、不意打ちを喰らった太古の釣り師の目に映った様子を表わしたことばだ。実際には、マグロはダーツの速度をはるかに超える。最近、生物学者たちが、マグロがイルカのように水面に躍り出ている時に船で並走し、最速加速時のタイムを計ったところ、時速四〇海里〔時速約七〇キロメートル〕以上だった。これは、過去最速の軍艦であるアイオワ級の戦艦を越える速さだ。戦艦の方は継続的に燃料を供給しなければならないが、いちばん大きいマグロ——大西洋クロマグロ——は、地中海から大西洋のメキシコ湾までの距離を大洋中部にある海溝の深さで飲まず食わずのまま旅するのだ。生息域はほぼ全海洋を包含する。[78]

「知性創造説」に対するもっとも手ごわい論敵〔つまり進化論者〕でさえ、これらの偉大な魚の先祖が長い地質学的年代を経て少しずつ現代のマグロへと進化の道をたどって来たと想像するのはたいへんなことだろう。マグロは「神が機械のかたちで顕現したもの」（deus ex machina incarnate）、あるいはむしろ「神が作った装置」（machina ex deo）のように思える。この魚は、いったいどうやって不思議な窪みを持つ生き物になったのだろう。その窪みは、飛行機の着陸装置用の窪みのようにしっかり据えつけられていて、スピードを上げる時にはそこに背びれを引っ込めるのだ。この魚は、いったいどうやってまったく新しい遊泳法を発達させたのだろう。マグロは、たいていの他の魚に比べて小さく細い三日月形の尾を天文学的速さで振るわせるが、体の他の部分は曲がりも、縦揺れも横揺れもほとんどしない泳ぎ方だ。この魚は、いったいどうやって冷血動物の一門なんかに入ったのだろう。これは、筋肉が排出した熱を自分自身の肉に戻して環境よりも一〇℃も体温を上げている。そう、最大のマグロは温血動物なのだ。

マグロは途方もない大きさにまで成長できる——体長四・三メートル、体重七七〇キログラムを超える——という事実は、これがいかに特別な魚であるかを示すほんの一面でしかない。巨大なフットボール型のシルエットがやってきて急停止し、まばたきするより速く消えるのを見たことがある者にとって、また、うねるような筋肉の力強さをあからさまに内側に備えている、滑らかで硬い殻のような皮膚を生きたままつかんだことがある者にとって、この魚は何かそれ自身が占めている空間より大きいものだ。魚はみんな生きている時と死んで魚市場の氷の上にのっている時とでは色がはっきり違うものだ。しかしマグロでは、生から死へ移る時の変化の程度はそれ以上だ。水から上がったばかりの時は、背中がネオンブルーに脈動し、腹はピンクがかった銀色でそれが虹のように輝き、海そのもののように見えることがある。

そして、ある意味ではその通りなのだ。もし、サケが私たちを高原にある新石器時代の洞窟から河口へと、シーバスや沿岸のスズキ目魚類が安全な岸辺から岸辺を囲む岩礁や岸壁へと、そして、タラやタラ目魚類が陸地の景色から離れた大陸棚の端へ私たちをいざなったのなら、マグロは、大陸棚の絶壁から外海の深淵へと私たちを連れ出したのだ――そこは魚獲りの最後のフロンティアで、世界でもっとも野生的なものたちが未開の大洋の重要性を主張しているところなのだ。

タラやシマバスのように群れが別々の国家の領海内に納まっておれば、時にはゆっくりとその生存に向かって回復し始めることもある。これらの魚資源を獲る人々は、たいてい規制している当局を正当なものと認めており、違反すれば自分たちの生活にかかわる現実の金銭的影響があることを承知しているので、有効な管理条例を施行することが可能なのだ。

マグロはしかし、外海全域に生息し、多くの国家の領海を横断して行く。だから、規制者が言う国際協定の対象になっているのだが、環境論者に言わせれば、やりたい放題の状態になっているようだ。人類が沿岸漁業で実績を積み上げ、漁業技術を進歩させた最近五〇年間で、漁業は領海外へ出て行き、海洋用語で「公海」として知られているところへ入っていった。この海域は誰のものでもなく、誰でも魚を獲れるところだ。

公海における漁獲高は、ここ半世紀で七〇〇パーセント以上に上がっているが[79]、上昇分の多くはマグロである。さらに、マグロはとても多くの海域を通過するので、国際マグロ協定が制定されたのだが、このことは、たとえマグロがある国家の領海内にいても、法律上はほかの協定加入国が獲ってもよいことを意味する。マグロを管理する委員会が、どのマグロ漁獲国家に対しても全マグロ漁獲国家の領海におけるマグロの漁獲を許可すると、漁師にとっては獲れた魚全部が割り当て量になることになる――この割り当てについては十分に監視し、法を守らせるための方策や漁獲を見合わせる期間を設定する国はないようだ。

規制に当たって最大の課題になっているのがここ三〇年続いている寿司の隆盛で、この現象がマグロ資源の新たな負担になっている。不思議に思えるが、マグロは日本においてさえ比較的新しい寿司ネタなのだ。[80] 東アジア学の専門家で『寿司物語』の著者であるトレバー・カーソンは、最近ぼくにくれた手紙の中で、ふつう日本の上流階級は、こってりした赤身のマグロよりも繊細な白身のタイなどを好んでいたと書いている。「いわゆる赤身魚は味や匂いが強すぎると思われた。だから、冷蔵庫が普及していなかった時代には、見識のある日本人は食べなかった」。一九世紀のことだが、一シーズンに大量のマグロが獲れたので、江戸の屋台の寿司屋が切り身を醤油漬けにし、「握り寿司」として客に出した。ここからすべてが変わり始めた。このやり方は当たった。ふつうは小型で脂肪の少ないキハダマグロが握りに使われた。たまたま大きくて脂肪の多いクロマグロが市場に出ることもあったが、カーソンが指摘しているように、こういう大きなクロマグロはシビという別名で呼ばれた。「四日」という意味である。というのは、料理人たちがこれを四日間地面に埋めて発酵させ、こってりして生臭い魚肉の味を和らげなければならないと考えたからだ。江戸時代の二、三軒の屋台がそれを出して以来、マグロは流行し、一九三〇年代になるとまともな寿司には必須の品だと考えられるようになった。

最初のうち、日本のマグロ漁業はわりあい抑制されたものだった。第二次世界大戦の終結に当たり日本の降伏条項の一つとして、日本の船舶は一九四〇年代を通じて領海外での漁労を禁止された。しかし、一九五二年に禁止令が解除されると、事態は変わり始めた。日本の遠洋漁業の権威である鈴木治郎博士が次のような手紙をよこした。「戦争による荒廃から復興するために、日本の漁師たちは国内用の食糧確保のために、また、ヨーロッパやアメリカの缶詰製造企業に輸出して外貨を稼ぐためにも、より多くのマグロが必要になったのです」。一九七〇年代に漁船の船倉で急速冷凍する技術が開発されると、今度はもっと多くのマグロが缶詰ではなくナマで供給できるようになった。思いもかけないことだったが、漁師たちははるか遠方の海域でマグロを水揚げして急速冷凍し、それを一年にもわたっていつでも寿司にすべく保存できるようになったのだ。なんと、マグロの寿司は輸出できるようになったのだ。

西欧諸国が日本の寿司とさらに密接なつながりを持つようになると、意外な展開がいくつか生じた。一九六〇年代の終わりから七〇年代初めにかけて、アメリカ人とカナダ人は、おもにカナダのプリンスエドワード島およびノヴァスコシア沖で、五〇〇キログラム近くにもなる巨大な大西洋クロマグロのスポーツフィッシングを盛んに行なっていた(81)。クロマグロは釣り上げられ、殺され、町のゴミ捨て場に捨てられた。というのは、日本人と同じようにアメリカ人もクロマグロは食べるには血生臭すぎて家へ持って帰ろうとは思わなかったからだ。だが、クロマグロのスポーツフィッシングが盛んになったのと時を同じくして、日本の北アメリカ向け輸出ブームが起こった。電子機器などの商品を満載して日本から来た輸送機がアメリカの空港に着いても、日本へ帰る時はカラのままでは膨大な燃費の無駄になる。数人の日本の重役たちが、クロマグロをアメリカのスポーツ釣り師から二束三文で買ってカラの輸送機にそれをいっぱい積んで日本へ帰ることを思いついて、これを始めた。二、三年もしないうちに、日本人はクロマグロを他のどんなマグロよりも評価するようになったが、この偏愛感覚はブーメランのように西洋に戻っていき、まもなく西洋人もクロマグロに対する味覚を発達させた。

西洋が日本の寿司の伝統を受け入れると、相乗効果がもう一つ生じた。もとは魚が嫌いだった人たちが、魚を食べるグループへと引き寄せられたのだ。私は、自分の家族でじかにこの効果を目撃した。兄がシナリオライターになるためにロサンゼルスへ引っ越した時のことだ。最近、寿司を食べるようになった兄にそのいきさつを尋ねると、次のような返事を書いてよこした。「ぼくが魚料理をどう思っていたか知ってるだろう。臭いも味も口当たりも我慢できなかったんだ。どうしても魚を食べなきゃならなかったことが二、三回あったが、たいていはディナーパーティーの時だった。そういう時には、口で息をして臭いを嗅がないようにして、小さく切った一切れをそのまま飲み込んだものさ。そうすりゃ味がわからなくてすんだからね」。

兄は『ハロウィーンH二〇』やスティーヴン・キングの『一四〇八号室』の翻案物など、ホラー映画のシナリオを書いている。手紙は続く。「ロサンゼルスに着いたばかりの頃だ。仲間にさんざん誘われたので、とうとう地元の寿司屋へ試しに行って食べてみることにしたんだ。普通の鉄火巻きを注文したよ。息を止めてまるごと飲み込むというやつをやろうと思いながらね。ところが、寿司が来たとたん、何かが違っているのに気づいたんだ――魚臭くなかったんだ。ワサビを少し混ぜた醤油に一切れ漬けてから、そのいまいましいやつを口に入れて噛んだ。おい、そいつは『ラタトゥイユ』〔邦題『レミーのおいしいレストラン』〕って映画で見た最高の場面みたいだったぜ。根性の悪い料理評論家がこの映画のタイトルになった料理を食べたとたん、体が変形してしまうんだ。ナマのマグロの味は料理したものとは全然違っていた。駄じゃれを言おうか。ぼくは病みつきになったんだよ(I was hooked〔釣られた〕)」。

兄が味わったのはある生化学的現象で、高速遊泳する脂肪の多い魚によくあるものだが、とくにマグロではは っきりしている。マグロのように激しく泳ぐ魚は、アデノシン三燐酸(ATP)という化学物質を大量に使ってエネルギーを溜めたり消費したりする。マグロが死ぬと、ATPはイノシン一燐酸(IMP)に変わるが、これは、日本人がウマミ、すなわち「おいしさ」と呼ぶ「第五の」味覚にかかわるものだ。これは、魚を食べない人にとっても舌を喜ばせる味なのだ。しかし、調理するとIMPは壊れて、魚肉内にある他の化学物質と結合して私の兄のような人たちが不快だと感じる味になる。さらに醤油やショウガやワサビを使った日本の寿司つくりの技術によって、あまり新鮮ではない魚から出る臭いも中和される。

世界的な寿司の流行と、マグロに関する有効な多国間漁業協定の策定がうまくいかなかったことで、たくさんあったマグロ資源が次第に減ってきた。その最悪のものは、二種類の大西洋クロマグロの混群の衰微だ。メキシコ湾で産卵する西部群と地中海で繁殖する東部群だ。大西洋クロマグロは全マグロ中最大で、もっとも成長が遅い。西部群は性成熟に至るまで五年以上を、そして、「巨大魚」になるにはかなり長い年月を要する。巨大魚というのは二五〇キログラム以上の産卵・放精個体で、クロマグロ個体群の増加に最も重用だと多くの生物学者が感じているものだ。収奪のおもな標的がこの巨大産卵・放精個体なのだから、魚の数は激減した。漁師はいつだって巨大クロマグロを動物として正しく評価していた——針にかかった闘士として、あるいは、銛からの巧みな逃走者として——。しかし、巨大クロマグロの価格がキロあたり数セントから何百ドルにも急騰すると、別種の評価が生まれた。昨今では、クロマグロを救おうという情熱と殺したいという情熱とは同じくらい強く、しかもこの対になった情熱は一人の漁師の体内に同居することが多いのだ。

一九九四年発行の『ハーパーズマガジン』誌で、リポーターのジョン・シーブルックのインタビューに答えて、あるクロマグロの職業銛撃ちがこう言った。「俺はこの魚が大好きだ。でも、捕まえるのが大好きなんだ。チクショウ、捕まえるのが大好きなんだよ。お前たちが捕獲制限をしなければならないのはわかってる。もし捕まえられるもんなら、俺が全部捕まえてしまうからな」[82]。クロマグロの市場価値がもっともっと上がれば（一匹あたりの最高価格は三九万ドルになっている〔二〇一三年の築地魚市場でのクロマグロに一億五五四〇万円、およそ一七八万ドルという初値がついた〕）、マグロを追いかける営利漁師の行動はもっともっとねじれたものになる。トールキンの『指輪物語』に出てくる、指輪を追いかけるゴラム〔瀬田貞二訳では「ゴクリ」〕にちょっと似ている。クロマグロは、存在する限りは漁師にとって際限なく魅力的だが、絶滅すれば、燃料や餌や装置に払わなければならない大変な額の請求書だけが残されることになる。漁業のガンダルフ〔『指輪物語』に登場する魔法使い〕の経営には、呪文の上達が必要なように思えることが時々ある。この偉大な魚との破壊的な関係から救ってくれる呪文だ。その魚は、漁師が生計を立てている職業そのものを破壊させようとそそのかしているのだ。

クロマグロの保護を唱える人たちの中には、以前にはマグロ獲りをやっていたけれど、その後、マグロの銀塊のような魚体や霜降りサーロイン肉の魅力を思い切ってあきらめた人が多い。この人たちは、マグロを食べている人や法規制を行なう役人が何とか強い関心を持ち、自分たちと同じ心配りをしてくれるよう、あらゆる方策を試している――とても貴重なものだから、マグロを食べるのをやめたり、強制力のある規制法案を通過させたりするという心配りである。この戦いは無駄に終わってしまうことがよくあるのだが、今日のマグロ漁業では最も有効なことなのだ。やればできるとわかっている他の種に対する利他主義と、この海の生き物との結びつきに潜む原始的な貪欲さとの戦いだ。

そして、これは敵方の勝ち目が多いにもかかわらず、これまで勝ちをあげてきた戦いでもある。海洋の歴史を振り返れば、マグロよりも大きい海の生き物の一目があり、この動物たちが、海洋生物から出世してトラやゾウと同格の自然保護界のスーパースターになり、人々の感情移入と、もっと重要なことだが自分たちを保護させるという決定を私たちから勝ち取ったという事実が見て取れる。マグロ問題をきちんと片付けようとするなら、私たちが注目すべきはこの先例である。

「クジラのカルパッチョ――一三〇クローネ」最近、ある冬の夕方にノルウェーの高級レストランで食事をした時、目の前にあったメニューの前菜欄にこう書いてあった。スライスしたナマのクジラ肉が八切れ皿に盛られ、およそ二〇米ドルという手ごろな値段である。注文してみたいという好奇心が湧いたことは、認めなければならない。それまで、まだ捕鯨を継続している国へ行ったことは一度もなかったので、クジラがメニューに乗っているのを見るのは初めてだった。クジラってどんな味がするのだろうと思いをめぐらした。脂身が多くて牛肉のような口あたりがするんだろうか、それとも、重力に逆らう締まった筋肉を必要としない魚のように、柔らかくフレーク状の口あたりがするんだろうか。薄切りのパルミジャーノ・レッジャーノ・チーズといっしょにプロシュートのようにして出すのだろうか、それとも、カルパッチョはイタリア料理でイタリア人はチーズとシーフードを混ぜないから、バターのように輝く鯨肉にオリーブ油をたらすだけというもっとふさわしい方法で出すのだろうか。

以上の思いでよだれを垂らしていると、ウェイトレスがテーブルにやって来た。耳にはさんだペンを取り、ぶっきらぼうなノルウェー流儀で「クジラを食べてみるか」と聞かれた時、ぼくの二一世紀の食物に対する好奇心は突然萎えてしまった。「いや、ムール貝にするよ」と答えた。

ぼくが「クジラを食べて」みなかったのは、自分が持っていたある高邁な道徳観のせいだと言えたらなあ、と思う。しかし、私たちがどの動物を食べ物だと思い、どれを命ある生き物だと思うかは、状況によって大きく変わるのだ。どういうわけかクジラは食べてしまうには立派過ぎるというぼくの観念は、およそ二世紀前に起きた歴史的経緯、そして、今なお魚に起きている経緯に由来している。

フランスの動物学者ジャック・ブリソンが、『動物界の九綱』を出版した一七五六年までは、クジラは科学者からも素人からも単にとても大きな魚だと思われていた。分類学の父カール・リンネが『自然の体系』第一〇版において、クジラを魚類ではなく、ある高貴なものとして扱い始めたブリソンの定義をまちがいないものだと確認した。リンネがさらに歩を進めてクジラを哺乳類に分類すると、ブリソンはリンネが科学の許容できる範囲を逸脱してブリソンから盗用したものを奇妙な仮説に変容させているのではないかと疑って悩んだ。しかし、リンネは信念を変えることなく、「正当な権利と自然の法則に調和した資格によって」クジラは哺乳類に分類されて当然だと主張した。

哺乳類であるかどうかは別にして、後で「クジラ目」(*cetaceans*)と名付けられたこのグループが魚ではないという事実は、一八世紀の終わりには学界ではしっかり定着した。世紀が変わった頃にはいかに自尊心の強い学者でも、クジラが魚であるといえば徹底的に馬鹿にされることになった。イギリスの動物学者ジョン・ハンターは一八〇〇年代初めに、「この目の動物には魚特有のものは何もない。同じ元素でできていること以外は――」と書いている。しかし、リンネなどの一流の学者が承認したとはいえ、クジラが他の生物とは異なる、どこか特別な生き物であることを一般大衆が受け入れるまでには何十年もかかった。一八一八年、ニューヨークで起きた「モーリス対ジャッド」裁判を見るのが、このことをはっきりさせる一番の方法だ。

D・グラハム・バーネットが二〇〇七年発行の『巨獣の審理』という本の中で見事に調べ直してい

るのだが、「モーリス対ジャッド」事件は、科学者による正当な発見と普通の消費者の「常識」との間に存在していた、そして今でも存在している遠い隔たりを暴き出した。本来、この訴訟の真相はニューヨークの法体系の山のような記録の中に永久に埋められているべきものだ。この訴訟は、シーフード規制が改定されたことで起こった。一九世紀初頭にニューヨーク州議会は、魚油の品質を下げず、また、オイル業者が魚油の種類を偽装するのを防ぐために、あらゆる魚油の検査を命じることにした。「モーリス対ジャッド」訴訟では、モーリス（検査官）が、未検査の魚油三バレルを買ったかどでサミュエル・ジャッド（ろうそく製造業者）に七五ドルの罰金を科したのだ。ジャッドは、自分は「魚油」を買ったのではなく「鯨油」を買ったのだ。そしてクジラは魚ではないと言い張って、罰金の支払いを拒否した。

このいささかどうでもいいような論争に対して気の短い裁判官は鎚を叩き続けたが、訴訟は面白おかしく報道された。それは、プリザーブド・フィッシュという名前の捕鯨業者を含む証人たちの派手な服装のせいでもあったが、おもに啓蒙的博物学者でニューヨーク一の科学者、サミュエル・ミッチェルの参加のおかげだった。二日間かけてミッチェルは評判の高い、悪賢いこともよくやるウィリアム・サンプソンという検事と渡り合って、クジラと魚との大きな相違を証明しようとした。クジラは温血動物〔恒温動物〕だ。空気を呼吸〔肺呼吸〕する。ウロコがない。そして、ミッチェルが「クジラが魚でないのは、人間が魚でないのと同じだ」と断言した時には、全員立見になって詰めかけていた聴衆はみな腰を抜かした。

だが、ミッチェルの学識の深さとニューヨーク社交界での名声にもかかわらず、慎重な説明がこの審理の陪審員団を混乱させ、怒らせてしまうことにまでなった。陪審員団はわずかに討議してから、一〇〇年にわたる慎重な研究の結果を非難する評決で返答した。陪審員長は集まった報道陣の群れ、ゴシップ好き、それに波止場の住人たちに向かって、クジラは実際には魚だと宣言した。

新聞は、その後何日もミッチェルを物笑いの的にした。ニューヨークの『イブニング・ポスト』は「お願いしますよ。鯨油は今どうなってるんですか。魚油なんですか、獣油なんですか、それともニシンの燻製油なんですか」と書いた〔ニシンの燻製には、猟犬の訓練に使うことから、人の注意をそらすものという意味がある〕。

審理による屈辱以後、ミッチェルの名声は確かに傷ついたが、クジラの評判は上がった。この審理は大衆の潜在意識に長らくとどまった。クジラが例外的な評価に値する存在だという新しい見解が、出版物として現れるようになった。「モーリス対ジャッド」の一件のちょうど二年後、一八二〇年にマッコウクジラが捕鯨船エセックス号（小説『白鯨』にインスピレーションを与えた船）に突き当たってきたり下に潜り込んだりしたことから、クジラには自発的に行動する能力があり、人間を敵として認識しているのだという印象が持たれた。そして一八二〇年代には、子クジラに銛を撃ってまわりに母クジラたちが集まるのを待って多数を殺すという一般的な方法が公に非難された。クジラだって知性を持っているという考えが浮かんできた。『巨獣の審理』でバーネットは、『あるクジラの伝記』という本が一八四九年に出版された経緯を、そして次の年に、ホノルルで『フレンド』紙が「北太平洋、アナディル海」を住所とする「北極クジラ」から来た編集者宛の手紙を掲載した経緯を書いている。クジラ目である手紙の主は、自分のことを「古きグリーンランド一家」の出身で、「〝友と同類〟に〝立ち上がって人間たちの悪事に対して復讐し〟、自分たちの〝種族〟の血統が屈辱的な絶滅をしないように訴えているのだ」と書いていた。

しかし、こういう突発的な同情は、捕鯨産業の容赦のない拡大と、もともと傷つきやすい動物の秩序にそれが及ぼす影響には何の効果もなかった。大型動物というものは、自分たちが支配すべき資源の範囲が限られるために、とても数が少なくなりがちだということは、生態学では基本的な原理だ。こういう動物はいわば王者であり、庶民たちよりかなり数が少ない。だから、限られた海域で生育するクジラの個体群は簡単に根絶されてしまうのだ。捕鯨船団が存在した時には、それは未開発の群れを探して地球上のはるか遠くまで足を伸ばしていた。これらははるか遠くの個体群までが衰微し始めた時、人類は自分たちの破壊力に初めて気づいたのかもしれない。かつて海は無尽蔵に見えたものだが、地球全体でクジラが衰微しているところを見ると、海洋の開発しすぎで、生き物を（そして産業をも）終焉に導きかねないように思える。

しかし、結局、捕鯨の第一世代の終焉を導いたものはクジラの減少ではなく、もっと安くもっと手に入りやすい鯨油代替物の出現であった。これが市場のルールを変え、生き残った「油性」クジラを保存することになった。石油由来の油の出現によって、マッコウクジラ製品は一九七〇年代初期に違法となるよりずっと前に、商業的には時代遅れのものになった。

しかし、魚、特にマグロのような大きな魚の将来を語り合う上でもっと大切なことは、捕鯨第二世代として知られる時の出来事である――この時代に、人類はランプの灯を点すための鯨油の使用から、鯨油および他の器官を材料にした肥料、口紅、ブレーキオイル、はては人間の食料までずっと応用範囲を広げた。

この第二段階のクジラ搾取は一八七〇年代に始まった。このさらに攻撃的な段階では蒸気機関を、後にはディーゼル機関を備えた船が、爆薬で銛を発射し、圧縮空気による浮揚装置を開発して、新しく開拓した海域の至るところで、本来ずっと稀にしかいない種さえも狩ることができるようになった。これらが発明される前には、シロナガスクジラやナガスクジラは動きが速すぎて捕まえにくく、また、死ぬと海底へ沈んだものだ。このような技術革新が起こると、この地上最大の生き物は爆弾頭であっという間に殺され、人工浮揚装置で確保され、市場へ運ばれた。脂肪とタンパク質からなる巨大な筏はさまざまな産業上の目的に適っており、戦後のヨーロッパはとくにクジラの利用に関心を持った。実際、あなたがヨーロッパ出身で一九六〇年以前生まれだとしたら、自分がいかに環境論者だと自覚していたとしても、クジラを食べたことがあるのはほぼまちがいない。一九四〇年代および五〇年代では、ヨーロッパの農業は第二次世界大戦の痛手から回復しきっておらず、鯨脂は定期的に供給され、マーガリンなどの油が必要な食材に加えられた。仮にマーガリンを控えていたとしても、クジラが間接的に体内へ取り入れられた可能性はまだ十分ある――クジラの肉や骨は、野菜を育てる肥料として使われていたのだ。

クジラについて、もっと大掛かりな計画さえあった。植民地廃止後の混乱と、アフリカ、南米、アジアの新興国家の支持を獲得するための冷戦下の競争が拡大すると、これらの国における飢餓状態を緩和する方法を見つけるために大いに知恵が絞られた。緑の革命による農業の進歩が進む前には、経済学者たちは、人口が増えて食料が足りなくなるというマルサス式対立の瀬戸際に世界があるのではないかと心配した。クジラは疲弊した第三世界の重要なタンパク源になり得ると勧めた農学者が何人かいた。核科学者と海洋生物学者とが協同して、熱帯の環礁の真ん中を核実験で吹き飛ばせば、商業用クジラ養殖のための巨大な囲いとして使えるという提案さえした。

しかし、クジラの可能性についてのこの楽観主義は、クジラの個体数が劇的に衰微しているという現実を前にたちまち立ち往生した。一九三〇年代にはクジラ類の個体数があまりにも少なくなったので、それに誘発され、国際的合意が三つ続けざまに成立したほどだ。これらの合意が一九四七年に協定のレベルにまで格上げされた頃には、協定参加国は「クジラ資源の適正な維持のため、また捕鯨産業に秩序ある発展をさせる」[83]ために、こういった措置が必要だと考えていた。

ここで特記すべきは、国際捕鯨委員会の設立へと続くこの協定のどこにも、クジラをその特殊性のゆえに保護しようという言葉がなかったということだ。そうではなく、あらゆる海産物に対する往時の姿勢に違わず、将来の収奪のために保護が必要だとみなされたのだ。かつて奴隷制度反対の意見が経済的観点から主張されたのとちょうど同じように、反捕鯨運動には金銭的動機という起源がある。人類は、奴隷制廃止論と同じく、次に特権という倫理上の考え方を発展させて適切な対応をするよう促さなければならなかった。また、奴隷廃止論の時と同じように、知性の問題をめぐって議論が湧き起こった。

クジラのためだけのクジラ保護は、クジラ相互の意思疎通についての研究から少しずつ始まったものだった。ロジャー・S・ペイン博士はハーバード大学で学んだ生物学者で、以前にはコウモリとフクロウの反響定位〔超音波で障害物を知る方法〕の研究をしていた。しかし、保護生物学の分野を研究したいという希望が強く、以前陸地で研究していたことを海で応用することにした。「人が自然界を破壊することを生物学者として何とかしなければならないと深くとても強く意識してはいたのだが、その問題に直接かかわることは何もしていなかった。そこでこう考えた。教育で得たものすべてを動物の聴覚分野の研究に使える可能性があるとしたら、どの動物を研究すれば、私の特技を生かせるだろうかと」[84]と、ペインは振り返る。

ペインはスコット・マクベイ研究員といっしょにザトウクジラの「歌声」の研究を始め、クジラは複雑でたえず発達している方法を使って互いに意志を伝え合っているだけでなく、種によっては（シロナガスクジラとナガスクジラ）、彼らの歌声は大洋を横切って反対側まで届くことがあるという説を立てた。この説は、学会では受け入れられることもあれば攻撃されることもあったが、一九七〇年にペインが『ザトウクジラの歌声』と題するLPを発売すると、大衆自身がクジラに知性があるかどうかという議論の最大の審判員となった。これには続編のアルバムがあり、その中にはザトウクジラとサクソフォン奏者ポール・ウィンターによるジャズのデュエットも入っているが、これは一〇〇〇万枚売れて、今日でも野生生物の録音では最高の売り上げを誇っている。ペインのクジラの歌声の録音は売れ続けて、多くの人気バラードを後押しするものとなったが、その中にはジョン・デンバーのシングル盤やデビッド・クロスビーとグラハム・ナッシュによる一九七五年発売のアルバム、『ウインド・オン・ザ・ウォーター』がある。

他の研究者たち、たとえばニュージーランドのポール・スポングは、スカナとハイアクという二匹のシャチを使って一連の意志伝達実験法を開発し、クジラ保護運動を政治の分野へ持ち込んだ。科学者は政治にかかわらないと思われているが、そういう古典的立場を跳ね除け、スポングは初期の反核実験運動と団結してグリンピース結成に一役買った。グリーンピースの初期のメンバーで、この組織の非公式な年代記編者であるレックス・ウェイラーによれば、結局は小さなゴムボートと大きなソビエトの捕鯨船という帰結になった。ウェイラーは、私への手紙に「〝クジラを救え運動〟が一般の人々の潜在意識に入った日にちは、正確には一九七五年一月一日だと思います」と書いた。その日、南大洋でグリーンピースの小さなゾディアック号が、水面に浮かび上がったクジラとソビエトの営利捕鯨船との間で頑張っている映像が、CBSニュースのウォルター・クロンカイトやその他大手のメディアによって世界中に放映された。あの映像には、今でもクジラを救え運動の耐え忍ぶイメージが残っており、国際捕鯨委員会の中の重要な保護陳情団体形成に一役買ったものだ。

国際捕鯨委員会は漁業経営組織たることを意図したものではあるが、七〇年代および初期八〇年代を通して環境論者の圧力によって、国際環境保護団体の役割を演じさせられた。このことは、一九八二年に具体化した画期的な同意書に明文化された。しぶしぶ捕鯨交渉のテーブルについただけの国家のために、同意が発効するまで三年間の猶予が与えられ、表現には環境用語や生態学用語ではなく漁業経営の言葉が使われた。

国際捕鯨委員会は、一九八六年以降全世界で商業捕鯨の割り当てがゼロであることを宣言した。換言すれば、ある目の動物全体について、世界的に営利目的狩猟を一時凍結したのだ。これは、人類が別のグループの種にそそいだ中でもっとも広くもっとも遠大なやさしい行動であった。反対されたり抵抗されたり違反行為に及ぶ山のような不同意にあったりしたが、この優しさは続いている。捕鯨禁止は今でも有効である。

二〇〇六年の夏、『ニューヨークタイムズ』紙の世論欄の編集者がメールをよこして、我々が魚を食べ続けるべきかどうかについて短文を投稿してくれるよう依頼してきた。「漁業がさまざまな問題を起こすから、私たちはもう魚を食べるのをやめて、何か他のものからオメガ3を摂るべきだという趣旨のエッセイをお書きになりますか。それとも、漁業が引き起こす問題などがすべてどうあれ、魚食に罪の意識など持つべきではないという趣旨のエッセイをお書きになりますか」とその女性編集者は書いてきた。

この質問について長いこと考え、この問題のいずれを支持する多くの人たちとも話し合った。その結果、次のように書いて中道を行くことにした。そうです、私たちはまだ魚を食べるべきです。そして、海は現にまだ利用されている食料供給源であり、ただのゴミ捨て場などではないと私たちが見なしているのは、大事なことです。しかし、人間の欲望と海の持続可能性との間に均衡が保てるように、最低限の基準が若干必要です、とした。私は、持続可能シーフードの集会で話す、わかりやすいいつもの話題を付け加えた。すなわち、針と糸を使う小規模操業の漁師が獲った魚を選ぶべきだ。海底や水面下の岩礁に与える影響が少ないから――。また、養殖魚を選ぶなら、ティラピアやコイのような草食魚を選ぶべきだ。海洋性食料のネットワークにストレスを与えることが少ないから――。しかしマグロということになれば、三角測量〔的分析〕は絶対に勧めなかった。私の観点では妥協点がまったくなかったから――。論説の最後でこう宣言した。「大きな魚を食べてはいけない。二〇〇キログラムのクロマグロを食べることは、シーフードにとってはゼネラル・モーターズの大型高級ディーゼル四輪駆動車を運転することと同じなのだ」。

しかし、気高い宣言を発した二週間後、ぼくはマンハッタンの高級レストランで家族の晩餐会に出席していた。コース料理のメニューで、前菜はミニ・サーロインステーキかクロマグロのカルパッチョかのどちらかを選ぶものだった。選ぶのはむずかしくないとずっと思っていた。ぼくには信念があり、それを実に公然と発表してきた。だが、以前にノルウェーでクジラのカルパッチョの注文を思いとどまることができた時のようにはいかず、今回はほとんど迷わずクロマグロを選んだ。ぼくはそれを素早くかき込み、ピノ・グリジオを一杯飲んで流し込むと、とても美味しい紙のように薄い切り身のことをほとんど忘れてしまった。サーロインステーキを注文した一二歳の娘に向き直り、味はどうだったと聞いた。娘は、『ニューヨークタイムズ』紙の署名入り寄稿欄の記事の下書きを読んだばかりだった。「偽善者」と娘は冷たく言った。

ささやかな言い訳をすると、シーフード記者でクロマグロを試食したのはぼくだけではない。「危機に瀕した魚の本」を書くために調べた何冊かの「危機に瀕した魚の本」の中で、恐れを知らない著者が必然的に日本の広大な築地魚市場を訪れることになり、巨大なクロマグロの死体がせりにかけられているのを見て驚いている。この取引を非難した後で、件の著者は市場の売店に駆け込んで、二度と食べませんと誓いもせず、クロマグロのまことに美味なる最後の一切れを口にしている。想像するに、こういう著者は、クジラのカルパッチョが出されればぼくと同じように躊躇なく断ったことだろう。現代社会ではクジラはまったく食べ物だとみなされていないが、クロマグロは許容できる美味だと判断されているのだ。

しかし、個体数という点だけから言えば、クジラのカルパッチョは最上のカルパッチョなのだ。ノルウェー、ベルゲンのレストランのメニューに載っていたクジラは、まちがいなくミンククジラだろう。これは、禁漁施行後には野生での個体数が二五万頭以上に増えた（推定数には幅があり、一〇〇万頭近いという人もいる）。ノルウェーは捕鯨停止から部分的に撤退しており、現在は研究目的の「調査捕鯨」を行なっている。研究材料の一部は、最後にはレストランでクジラのカルパッチョになる。(85)

だが、クジラに向き合うノルウェーの怪しげな倫理的立場に対する判定は、判定を下す国々がクロマグロ漁をしているとなると、次第に疑わしいものになってきた。もっとも悲観的な推定によれば、北大西洋クロマグロはすでに回復レベルを超えて破綻してしまっているという。科学者によっては、北大西洋西部群の巨大クロマグロの産卵・放精個体はたった九〇〇〇頭で[86]、食べ物という見方からすればおよそ四三〇〇万人分の刺身である――クロマグロ回遊ルート沿いに住む全アメリカ成人が最後に一切れずつ食べるだけの量だ。

ところが、クロマグロ漁は年々増え続けている。大西洋マグロ保護のための国際委員会（ICCAT）という、マグロ用の一種の国際捕鯨委員会が定めた捕獲限度に、いろいろな国が絶えず違反している。二〇〇七年のフランスの漁獲量は合法的捕獲枠の二倍以上だった。

だからクロマグロはクジラにとても似た窮地に立たされている。体が大きい。したがって、個体数が生態学的に制限されている。以前には営利漁獲をされていたが、どこを探してもタラやサケやシーバスのようにたくさんはいないのだ。両極の間を回遊するクジラのように、マグロは広域に生息し、いかなる単独国家にも拘束されることはない。一ヵ所にとどまっていないという性質は変えられるものではなく、実際、生活環を全うするためには絶対に必要なことなのである。

マグロはあらゆる点から見て、人間が管理できるような魚ではない。国際監視官たちはこの魚種を管理することができないことを事実上認めている。北大西洋クロマグロの状況に関する最近の報告の中で、マドリッドのICCATの職員が「委員会の調べによれば、ICCATが設定した捕獲制限は守られておらず、まったく乱獲防止の役にたっていないことは明らかだ」と書いている。この報告書は、不思議なことに次のような結論を述べている。「現在の管理計画を続ければ、産卵・放精可能な魚資源の生物量がさらに減少し、漁業の重大な危機と資源枯渇を引き起こすことはまずまちがいないだろう[87]」。

換言すれば、ＩＣＣＡＴはクロマグロに対する自身の管理が、この魚を消滅させるのに一役買っていると確信しているのはまちがいないということだ。

他のもっと小型のマグロ――ほとんどのツナ缶の材料となるビンナガマグロ、たいてい「アヒ」と呼ばれるキハダマグロおよびメバチマグロ――これらは、成長も産卵も早いし、それほど遠くまで旅することもない。しかし、もしクロマグロが破滅してしまえば、次に控えるのはこれら別種のマグロで、彼らがさまざまな国による漁獲圧の高まりに直面しているのは確かだ。

マグロに対する圧力が絶えず増大する理由は、魚と漁師と漁業とに原初から存在した問題に戻っていく。魚獲りというものは、今でも論理的思考よりは原始性に支配されているものだ。現代の人類は、条約、国際交渉、法律家、公的な協定などにより国家の組織下に置かれているのだろう。しかし、マグロ漁業を本質的に駆り立てるものは、腹を空かせて死体を取り囲む部族を駆り立てる力と似ている。先史時代、食料の不足していた時代、部族の各個人は一匹の動物からどの肉塊を取るかをめぐって争ったことだろう。現代でも同じ争いがある。狩人個人だけだったのが国家に、死体は魚の全個体あるいは種全体に変わったが――。そして、この原始的本能に基づくマグロ論争において国家が自らの権利を主張して使う術語は「公平」である。

ジョーゼフ・パワーズは以前ICCATの科学部門の委員長を務めていて、現在はルイジアナ州立大学の水産科学の教授である。何十年もマグロの討論に付き合ってきた立場の人間として、ご多聞に漏れず、パワーズは交渉のたびに何度も何度も繰り返し同じ主張がなされるのを見てきた。「マグロに関する討論では、植民地時代にまで遡る歴史的な力学がたくさんあります。割り当て枠について交渉し始めた時に最初に持ち上がる問題は、豊かな国家の歴史的漁獲量です。マグロ漁業が盛んになってきたアフリカの発展途上国出身者はこう言うでしょう。〝あなたたちはここへやってきてから長年にわたり、私たちの自由を奪いました。だから、あなたたちがマグロ漁が始まって以来獲ったのと同じだけ、私たちにも獲る権利があるのです〟とね。このように、ブラジルやナミビアや北アフリカ諸国のような国々が、みんな分け前を欲しがるわけです」。概してICCATの交渉のテーブルにつく開発途上国の代表は、とても腹を立てている。過去に行なわれた漁獲の統計を持参しているが、そこには、スペイン、フランス、日本などの第一世界の国々が大量のマグロを捕獲したことがきわめてはっきりと表示されている。しかし、今やアフリカや南米の諸国が発展して自分たちの漁船を海に浮かべることができるようになり、かつて先進国が捕獲したのと同量の魚を獲ってしかるべきだと考えている。「公平」という抽象的なことばを満足させるに足るだけの量の魚が、まったくいないという事実があるにもかかわらず、である。パワーズが経験していることだが、「ある漁獲数で我慢すべきだという科学的助言がたとえあったとしても、分け前について交渉するためには、少しでも数を上乗せさせようと言い募ることが多い」。言い分を聞いて、わずかでも基準を動かせば、マグロの個体群を簡単に危険にさらすことになるのに。

長い間、科学的根拠を目にしていながら気が付いていない人をみると、とくにクロマグロについてだが、いつまでも同じ失敗を繰り返して決して学ぼうとしない、テッド・エイムズのいう馬鹿を見ている気分だ。クロマグロを救おうとしている支持者たちは、今、この部族社会の雰囲気ではこのような国々が科学的根拠と調和した統一見解に到達するのは不可能だと気づいている。

その結果、クロマグロ保護運動家は第二戦線を展開した。最近二〇年間、絶滅のおそれのある野生動植物の国際取引に関する条約〔いわゆる「ワシントン条約」〕、略してＣＩＴＥＳのリストにクロマグロを載せるよう何回も強く求めた。トラやサイやクジラが獲得した地位を与え、クロマグロの国際取引を終わらせるように事態の変化を求め、主たる市場である日本への輸出を結果的にやめさせようとして。しかし、この意見が発表される時は、いつでもマグロ捕獲国家間の内輪もめが優先する。二〇一〇年にカタールで開かれた最近のＣＩＴＥＳ会議では、アメリカもヨーロッパ連合も初めてクロマグロのリスト入りを支持した(88)。ところが、いつもの力学が優先した。ある先進国〔モナコ〕がこの種をＣＩＴＥＳのリストに入れようと提案すると、発展途上の国々と日本を代表するある司会者が法案を粉砕してしまった。完全な禁漁だけがどの国に対しても真に公平となることを、誰もが完璧に理解しているというのに——。クジラと同じシナリオで、クロマグロを誰のメニューからも外すのだ。あるマグロ保護支持者が、クジラの時と同じように、科学や信念ではなくもっと一般の消費者の物の見方に沿った別の方策を立てるべきだと結論するに至った。クロマグロについてあらゆる反対意見を評価してもらい、食べないという選択によってこの魚の窮状を終わらせるよう、消費者に頼むという方策だ。

「どのような問題に対してどのような変化を引き起こすにせよ、第一歩はそのことに対する関心を呼び起こすことです。私たちは、魚についてはまだ〝意識を啓蒙〟する段階にあると思います」。これは献身的な海洋保護論者ビッキ・スプルイルの言葉だ。彼女はシーフード選択同盟の重要なブレーンの一人で、この同盟は、海の生き物を食べる時の正しい選択方法を自分たちなりのやり方で広めようとしている団体を全部まとめた団体だ。五〇代半ばの細身で金髪の女性スプルイルは、フロリダの海岸で魚を釣りながら大きくなり、学問に関しては、もともとは海洋生物学者になろうとして世に出た。しかし、この分野の学問の男性優先的な性向が原因で、海洋生物学の世界という初恋の相手のもとを去り、広報活動の仕事へと転身した。ピュー慈善財団から、一九九六年の持続可能漁業法の通過以来ずっと波乱を起こしてきた広報活動の新規構想を手伝うようにという依頼がなかったら、アメリカの大手企業に販売促進戦略について助言をするという会社の仕事を続けていたことだろう。

「私の仕事は、地図上に海洋保護区を設けることでした」とスプルイルはぼくに言った。彼女は、一九九〇年代終盤にアメリカの消費者と魚類とに焦点を当てた二年間にわたる調査研究を指揮した。

目的は、アメリカ人が海洋をどのように理解していて、海洋保護を優先するには国民に何をしたらよいかを推測することだった。「わかったことは、人々は魚を野生の生き物だと考えているが、同じように食べ物だとも考えているということでした。皆さんは、シーフードをこれからも食べ続けたかったのです。そこで私たちは、〝食品・料理との関連〟の方に注目し始めました。こう考えたのです。〝よろしい、皆さんは漁師の暮らしと魚の命を守りたいのだから、シーフードを守るキャンペーンを張ろう〟と」。

大いに思案した末、きわめて大型の魚一つに焦点を絞ることが必要だと考えついた。「目に訴える画像を大衆に示すべき」だったからだ。みんなでクロマグロを考えてみたが、結局はもっとよく調べて、もっと強力な回復力を持ったものが必要だと思った。そこで、もうひとつの大型でクロマグロとよく出会う外洋性の魚、北大西洋メカジキへ目を向けた。「私たちは真っ先に他の何よりもメカジキを選びました。どんなメカジキの漁獲グラフを見ても、一九六〇年代以来見事に真っ逆さまに急落しているからです。北大西洋メカジキについて実に正確な科学的記録がありました……。メカジキを選ぶ気になったのは、すでに人々が食べているものだったからです。すでに食品と関連があったのです」。

一九九八年の初め、スプルイルの所属する団体「シーウェブ」は、「自然資源防衛協議会」と呼ばれるアメリカのもう一つの非営利団体と共同で、「メカジキに休暇を与えよう」運動を開始した。これはおそらく世界最初の魚食を我慢するキャンペーンで、まずは料理人に、しかし消費者にも同じくメカジキ断ちを促したものだ。このキャンペーンは一九九八年に、有名シェフ二七人の推薦を受けて開始したが、その後たちまち国中のレストランの七〇〇人のシェフのさらなる賛同を得ることになった。参加したシェフには「メカジキに休暇を与える」誓約に同意し、各自の職場ではこの魚を提供しないことが求められた。ホテルチェーン、船舶、スーパーマーケット、航空機その他を含む何十もの企業が、北大西洋メカジキをメニューから外した。しかし、この計画にはその発端から期限が設けられていた。スプルイルが言ったように、「無期限で際限のないボイコットを望んだわけじゃない」のだ。キャンペーンには個別の実現可能な目標があり、それは産卵シーズンに、メキシコ湾にあるメカジキの繁殖地域の漁を閉鎖することだ。キャンペーンを開始して二年後には、アメリカ国家海洋漁業局がメカジキ発育地での漁業を閉鎖することに同意し、キャンペーンは正式に終了した。二年経ってメカジキが実に著しく回復したことを専門家たちが認めた。[89]この体長三メートルの堂々たる動物は、ほとんど絶滅に近い状態から始まり、生物学者が過去の個体数と考える数の一〇パーセントから九四パーセントにまで回復した。

このキャンペーンはあらゆる面で成功した。目標は明確で、市民に生じた反応は適切だった。しかし、本当にメカジキの運命を変えたのは何かということに注目すべきだ。結果として、流動的だが強力な、偏った政府の決定を変更させたのは、メカジキ消費量の減少ではなかった。おそらくキャンペーン中は、開始前よりも獲って食われたメカジキが少なかったわけではなかっただろう。そんなことより、これはメカジキ漁（それにたぶん漁全般）を社会から排除しようという脅しであって、メディアの関心を高めて、メカジキの産卵場を閉鎖して資源の長期保全をするよう、水産局に圧力をかけたのである。

しかし、このとても効果的なキャンペーンには、クロマグロのような大きくて繊細な魚を救うのに必要なことを大衆に認識させるには思ったほどの効果がなかった。「メカジキに休暇を与えよう」キャンペーン以来ずっと、海洋保護の手段として「食べてはいけない」魚の中から「食べても良い」魚を選び出すという考えを取り入れ始める環境保護団体がどんどん増えてきた。今日、何百万という消費者がシーフード安全カードを持ち歩いているが、そこには食べて良い魚（たいてい緑のラベルがついている）、まあまあ良い魚（黄色）、それに完全に良くないもの（停止信号の赤）のリストが載っている。しかし、一般にこのリストは特定の政策目標とは結びついておらず、消費者を、自らの自制によって海洋を守っているんだという気にさせているだけだ。だが、地球規模で捕獲され消費されているクロマグロのような魚では、ある消費者の自制は、ほとんどの場合、別の消費者の食欲に遮られてしまう。そして、クロマグロの場合、登録を規制する権威であるＩＣＣＡＴは、漁獲国家に対して強い影響力を行使していないようだし、世界中の批判的論評も功を奏していないようだ。クロマグロは、今やいかなる野生生物保護団体のシーフードカードでも赤色リストに載っている。しかし、多くの環境保護団体がクロマグロを「食べてはいけない」欄に乗せ始めた時以来、世界中のクロマグロの消費は増え続けている。アメリカの需要は確かに低下しているが、日本の需要は増加してきて、もはや市場の要求を満たす大きさの野生クロマグロがいなくなったほどだ。

過去三年間、アメリカは合法的な枠内のクロマグロを漁獲できなかった。地中海でも大きなクロマグロを獲り尽しており、邪道の「養殖」が始められた。それは、野生の若いマグロを捕らえて生け簀で太らせ、「養殖マグロ」として販売するやり方だ。大事なことを言っておくが、これでは野生クロマグロの全数を減らしているのであって、増やしているのではない。こういう代用養殖では、クロマグロの幼魚は野生から連れ去られ、繁殖する機会を奪われる。だから、クロマグロは今や生活環の両端で根こそぎにされつつあるのだ。五〇〇キログラム級の大きな繁殖魚は捕獲され、野生魚として売られている。繁殖魚の子孫たちは何万匹も捕らえられ、人間が「養殖」魚を消費するために肥育される。生活環の始まりにおいても終わりにおいても適切な繁殖の機会を得られないのだ。大西洋クロマグロは、東部群も西部群も共に衰退しようとしている。

クロマグロの消費には、水銀中毒さえ何の影響も与えていないようだ。PCBとサケの議論であったように、水銀とマグロはここ二〇年間関連が認められるようになってきた。ほとんどの消費者がマグロと水銀の関連に気づくところまで来たのだ。PCBと同様、水銀は沿岸の生態系へ放出されると、海洋の食物連鎖に入り込む。もっとも有名な沿岸の水銀汚染は、第二次大戦後の日本の産業成長期に起こった。一九四〇年代から五〇年代にかけて、チッソ社が工業化合物アセトアルデヒド生産による廃棄物〔塩化メチル水銀〕を、出口が狭くてほとんど外海と水流の行き来のない水俣湾へ排出し続けたのだ。地元で捕れる魚介を食べていた何千人もの人々が、後に水俣病と呼ばれることになる病気に罹り、また、重篤な先天性障害や出生後の早期死亡に見舞われることになった[90]。

今日では、このような目に余る水銀の廃棄は滅多にないが、今でも、先進国の石炭燃焼火力発電所から水銀が絶えず環境へ入り続けている。石炭の割れ目に沈着した水銀は「メチル化」することがある――つまり、燃焼を経て炭素および水素原子に結合し、メチル水銀という、化学的に「くっつきやすい」分子になる。メチル水銀は、海洋環境へ入ると簡単に生体組織と結合する。PCBがそうであったように、メチル水銀はまずプランクトンに取り込まれ、食物連鎖を上って小型の被捕食魚に到る。それから、サバのような低位の捕食者、最後にマグロのような頂点の捕食者へと上る。やはりPCBと同様、メチル水銀も動物組織内に長期間貯留する傾向がある（とはいえ、PCBに匹敵するほど長くはない）。したがって、食物連鎖の上部の魚では、PCBのように水銀の濃度も増幅する。[91]最も多量に水銀を含有しがちなのは、最大で最長寿命を持つ魚であるが、海洋でクロマグロ以上に大きく、寿命の長い魚は見当たらない。アメリカの消費者の中には、クロマグロから手を引く人もいる。汚染魚と非汚染魚の「どちらを選んで」食べるかということは、アメリカの環境保護団体が編集した安全シーフードリストに込められている動機とは別の要素である。しかし、奇妙なことに、最悪の水銀中毒に見舞われた日本という土地で、大型マグロが大量に食べ続けられているのである。

大きな魚では、ビッキ・スプルイルが言ったような〝意識を啓蒙〟する段階が始まったばかりのようだ。この段階では消費者が教育する、あえて言わせてもらうが、悪い魚の中から良い魚を選ぶことで自らを啓発するのだが、この段階は終わらせてしまう必要がある。というのは、漁業の世界的危機に対するこのいささか消極的な反応が、もっと急進的でしっかりした方向性を持った激しい活動を行なおうとする保護運動を最後には奪い取ってしまうものだからである。基準値変化説の著者であり、持続可能シーフード運動には限界があるとしていつも批判しているダニエル・ポーリーは、最近の論文でこれと同じようなことを言っている。「自由市場主義を魔法のように信仰する最近の傾向には、疑ってかかる必要がある。消費者は、購買力に基づいた経営システムや環境保護だけが、漁業が地球規模で直面している現在のジレンマをうまく処理できるなどという言葉に騙されてはいけない」[92]とポーリーは書いている。実際、「保護された」メカジキですら、ポーリーの言葉に先見の明があったことが明らかになった。現在、モンテレー湾水族館シーフード監視カードには、銛で獲った大西洋メカジキが「最良の選択」あるいは「すぐれた代案」として載っている。しかし、アメリカ海洋漁業局が湾内の繁殖場所で同じメカジキの漁規制を緩めたところ、漁師たちの報告によると、この魚種の減少は厳しい状態にあるという。貸切船の操舵士で、マグロなどの大型の外洋魚を専門にしているアダム・ラローサが言うには、「永遠に続けない限り、この手のことは役に立たないのさ」ということだ。

メカジキ漁が続いている一方で、この魚は減少している。最近初めてグリーンピースは、水面に浮かび上がったクロマグロの群れとそれを市場へ持っていこうとする船との間へゾディアック号を乗り入れた。クジラは野生生物となったが、たいていの一般大衆にとってマグロは食品のままである。海洋保護運動の「シーフード選択」支部は人々に対して、クロマグロを食品と野生生物、両方の概念を持つように頼んでいるが、それは人間ができることではないようだ。たいていの人にとって、動物は食品か野生動物かのどちらかだ。もし、ある魚が市場へ来てしまえば、人々はそれをまちがいなく食品だと判断し、食べるために買って帰るだろう。たとえ、その魚が絶滅の危機にあるとか、水銀汚染があるといって警告されても――。もっと大々的な倫理的主張や、もっとよく考えた政府の措置がなければ、不幸なことに、この動物が肉として市場に現れていることの方が、これを食べるなといういかなる差し止め通告よりも説得力を持つのだ。

環境問題で勝利を得た者たちは滅多に議論の対象にしないことだが、鯨類保護運動の重要な要素の一つは、グリーンピースのゾディアック号が波を蹴立てる時までには、クジラは商業の対象としては多かれ少なかれ時代遅れになっていたという事実だ。ノルウェー人、日本人、それにアイスランド人が毎年少量の鯨肉を食べ続けてきた（今でも続けている）が、第二次世界大戦の荒廃から経済が立ち直ると、人類の大多数はもうクジラを必要としなくなった。第二捕鯨期へと駆り立てていた力の一つは、鯨脂由来の食用油で、マーガリンや調理に使われるものだった。しかし、六〇年代および七〇年代を通して食用油の革命（再び緑の革命）が起こった。発展途上国は、ヤシ、塊茎植物、ピーナッツなどのその土地の農産物由来の油脂を生産することを奨励された。一九八二年の捕鯨禁止時には、供給された鯨油は全世界の必要調理油の一パーセント以下だった。

クロマグロも、クジラと同様の展開を進めるべき時機に来ているようだ。嫌な思いをしてまでゾディアック号に乗り込もうとする者がいなかったら、クロマグロの代用品を見つけなければならなくなるが、それは、魚の魅力のいちばん大きな要素を台無しにすることだ。たそがれ行く野生動物の家畜版だ。

さて、私たちは魚について読み解くべき最終章に至っている。おいしいが、結局、養殖不可能な魚のところへ最後にやって来たのだ。野生の若いマグロを生け捕りにして囲いに入れ、成体サイズまで肥育するマグロ牧場事業が、一〇年以上前から行われており、こういう事業が野生マグロを自然界から捕獲する量は従来の漁法による漁獲量を上回っている。そして、今やマグロ牧場が環境問題に関して激しい非難を受けている一方で、魚の家畜化におけるすばらしい新世界が実現されつつある。それは、一九六〇年代および七〇年代のヨーロッパ・シーバスの生態解読のお陰を蒙っているものだ。

ぼくがこの本を書いているうちに、クロマグロ三種（大西洋、太平洋およびミナミ）では、生活環を飼育環境内に完全に閉じ込める養殖が最終段階に入っている。ここ数年、日本は閉鎖生活環、つまり、完全養殖した太平洋クロマグロ（市場では「近大マグロ」として知られている）を少量生産している。ヨーロッパとオーストラリアでは、大西洋およびミナミマグロで毎年大成功を収めている。オーストラリアのクリーンシーズという会社が、温度と光を完全に制御した繁殖水槽を作り、ミナミマグロでは史上初めて飼育下放卵を誘導した。ヨナタン・ゾハール（イスラエルの自称「魚の産婦人科医」）が、シーバスやシーブリーム用に開発した持続放出型 **GnRH**〔ゴナドトロピン放出ホルモン〕球体を、細い皮下注射器を使ってマグロに撃ち込んでいる。この技術に感謝しなければならないが、二〇〇九年の七月にミナミマグロの世界初の飼育下大量放卵が極秘裏に開始された。[93]『タイム』誌はこの偉業を、この年第二の重要な創意だと判定した。『タイム』誌は、この画期的事業に先行するゾハールやゾハールの業績についてまったく記事にしていなかったので、とても困っていたと、ゾハールは書いてよこした。

しかし、放卵した後にも相当な困難が待ち受けている。クロマグロは温血で高速遊泳魚だから、代謝速度が著しく速い。シーバス用に使ったワムシやアルテミアといった微小飼料には、マグロの高エネルギー要求を満足させるだけの十分な栄養価がない。加えて、マグロの二〇〇キログラムになる繁殖用成魚群を維持するには、きわめて費用がかかる。あまりにも費用が高額なので、とっぴな雑種形成計画を試してみた研究者もいた。それは、成熟したクロマグロの生殖巣をカツオという極端に小さな魚の体内へ移植し、この小さな魚を代理母にしようとするものだ。分類学的に言えば、カツオはマグロだが、成熟しても五キログラム以下だ。妙な取り合わせだが、初期の試行ではある程度良い結果が出た。

とはいえ、人工的な繁殖にカツオを使うにせよ、厳密な管理化でゾハールのホルモン球体を血流に点滴するにせよ、クロマグロが温血動物で、高速遊泳をし、最善の計画を立ててその通りになったとしても出荷までには膨大な飼料が必要なむずかしい動物だという事実に変わりはない。ノルウェーで、サケに二〇世代にわたる選抜育種をして、大西洋産サケの飼料変換率をサケ一キロに対して飼料三キロ以下にまで下げたが、マグロでは、まだ、魚肉一キロ当たりに飼料が二〇キロ必要だ。これはほかのどんな魚よりも悪い。選抜育種をすれば、変換率を五対一程度に下げられるだろうが、それでもとんでもない数字だ。

そこで自問しなければならない問題は、クロマグロは将来とも代わりの魚が現れないほど本当に特殊なものかということだ。クロマグロ取引を弁護する日本人たちは、日本におけるマグロ寿司の長い文化的伝統を引き合いに出す。しかし、先に書いたように、歴史から判断すれば、日本人はマグロ食にはとても短期の伝統しか持っていない。アメリカの日本占領以前には日本人は脂肪のないあっさりした魚や肉を好んでいて、クロマグロは油が強すぎて胃に良くないと思っていた。アメリカに占領され、その後脂肪の多い牛肉が日本の食事に導入されて初めて、クロマグロの腹身の「トロ」の味が流行しはじめたのだ。もし、日本人が半世紀もしないうちに高脂肪食に適応したのだとしたら、同じ時間をかけて持続可能食に適応できるようにギアを入れ替えることはできないだろうか。

いつでもシーフード・メニューに載せられて、ステーキ状の肉を持つという条件にかなう、本当に肉厚の養殖魚はいないものかと探してみると、それは、この質問に対する答えの中にあった。マグロの「歯ごたえ」を持っているが、バラマンディやティラピアの方に似た経歴を持つ魚だ。そういうわけで、ぼくはハワイ島沖三海里の真っ青な南太平洋上を疾走するダイビング用ボートに乗っていた。ボートには、ニール・シムズという名の背が高くてずいぶんと楽天的な性格のオーストラリア人が同乗していた。シムズは、ハワイ人が「アロハ精神」と呼んでいる、くつろいでいるけれど熱狂的な生き方についての話題を次から次へと紹介しながら、自分が帰化した土地の話を語って楽しませてくれた。そうこうするうちにシムズの養殖場に着いた――巨大な水中ジッグラート〔古代の段階式ピラミッド型の寺院〕でコナ・ブルーというシムズの会社の中央施設だ。

前にぼくがスキューバダイビングをやってからずいぶん経っているし、学生時代に初めて習得した技術もせいぜい初歩的なものだ。ぼくたちは今、スキューバ用語で言うところの「ブルーウォーター・ダイブ」——水深およそ一〇〇メートルの海の表面に浮かんだ状態から海中へ突っこむ——をやろうとしている。これは、珊瑚礁や護岸堤、その他どんな構造物もないところから潜水するものだから、ブルーウォーター・ダイブはとりわけ恐ろしい。ダイバーが水深の見当をつけられるような目印は存在しない。もし、ダイバーがぼくのような素人だったら、気が動転して方向感覚をなくし、浮力補正ベスト（ある種の人間用体外ウキブクロ）を使って浮力を平衡状態に保てなくなり、沈んでいくのを止めることができなくなるかもしれない。こういうことが起これば、ダイバーはまちがいなく死んでしまう。缶詰のカンみたいに海底で押しつぶされるか、あるいはあまりに深く潜りすぎて、海面までゆっくりと減圧しながら戻るだけの酸素が足りないので大急ぎで海面を目指すことになり、血流中の酸素が沸騰して動脈や静脈を詰まらせることになる。ぼくは冷静になるように、また、ひどく怯えているのを悟られまいと一生懸命だった。

シムズがぼくの背中を叩き、目を見つめて「ウェットスーツ、あべこべに着てるぜ。大将」と言った時、そんな気負った思いは霧消してしまった。

ぼくは不安をかかえていたものの、シムズが今やっていることを見たくて興味津々だった。シムズは、ターナーズフォールズのジョシュ・ゴールドマンとバラマンディのように、魚を選ぶ段になるとそれまでの慣行に公然と立ち向かっていた。消費したり飼育化したりする目的で選んだ魚の大半は、つい最近までは偶然選ばれたものだった。私たちが選んだ理由は、それを漁の対象となる野生魚として知っており、また、調理にも経済条件にもうまく合うとわかったからだ。そういう魚の生物学的側面や、人類がもたらした生育条件にうまく適合しているかどうかについて考慮することなど、まずなかった。

ノルウェーは、養殖目標魚としてアトランティックサーモンを選んだ。北半球の温帯地方にある自然のままの川が消滅しているが、それはどこでもおしなべて起こっている窮状だったからだ。たいていのアメリカ人やヨーロッパ人には野生サケの記憶がかすかにあるが、実際には、供給を野性サケに依存していた人はいない。失われた記憶は、養殖サケにより書き換えられていたのだ。

イスラエル人はヨーロッパ・シーバスを飼い馴らすことを選んだ。この魚が地中海地方のほとんどの国で知られており、また乱獲されていたので高値で売れたからだ。

タラは初めての世界的商品魚となった。おもによく保存がきくという理由からだ。干ダラは何年も保存でき、たとえ、きわめて船足の遅い外洋航行船であっても、地球上どこへでも輸送することができるだろう。しかし、養殖となると、タラは費用がかさむし成長が遅い。養殖製品としては損害が大きいのだ。

ところで、シムズは金を儲けるのが目的ではなく、環境問題に対する熱意から養殖をすることになったのだ。それに、漁業経営の限界という個人的な直接的体験から漁獲よりも、養殖の方がよいと確信していたからである。

シムズは、はるか南太平洋のクック諸島で最初の仕事を始めた。そこでは、ニシキウズガイという大型巻貝の養殖法を確立する責任者だった。この貝は真珠色をした魅力的な貝殻を作り、宝石製作者には高く売れた。五年間の継続期間中、シムズはポリネシア原住民にニシキウズガイ資源を保護させるため、多くのさまざまな手段を講じようとした。サケ、バス、タラ、それにマグロなどで使われた多くの手段を思い起こさせるものだ。どれも役には立たなかった——捕獲期間を思い切って短縮してさえも——。ある捕獲期間が終わった次の日、上半身裸のポリネシア人の老人が丸木舟に乗ってラグーンを漕いでいるところに行き合った。シムズが舟の中を覗くと、禁漁期間なのにニシキウズガイがいっぱい入っているのが見えた。シムズは思い起こす。「私は老人に向かって大声をあげた。次に老人が私に向かって大声をあげた。老人は叫び始めた。今度は私が叫び始めた。爺さん、ついにこう言った。〝何で？　なんで禁漁にするんだ。貝はまだ残ってるじゃないか。まだ全部採ってないんだよ〟」。

このことで、シムズは漁を規制するだけではダメだということを悟った——すっかり別の方法論を練り上げる必要があった。

シムズがハワイへ向かったのは一連の出来事があったからだが、いちばん大きな理由は、カイルアコナの町を取り巻いて流れる、澄み切った速い海流の中で養殖が始められる可能性があったからだ。初めは真珠養殖を試したが、真珠市場に淡水産真珠が殺到してくると、自分がもともと情熱を持っていた仕事へ戻れるのではないかと改めて考え始めた——魚と漁業の生物学である。海洋養殖研究に出資される小額の補助金があった。「みんなは、モイというハワイの魚を試しに使っていたよ。こいつはピッタリの種だ。ホントに。それに、サバヒーとボラも試していた」。しかしどの種も、養殖により達成されるべき生態的地位に収まっていないとシムズは感じていた——マグロのような肉厚の捕食魚の地位だ。

ジョシュ・ゴールドマンとバラマンディのように等式の逆の見方をしようと決めたのは、まさにこの点だった。シムズは、みんなが知っている、数の少ない、市場ができ上がっている魚を見つけるのではなく、みんなが知っていようがいまいが養殖にふさわしい魚を見つけたかった。ゴルトンの飼育化の法則を合理的、科学的に適用し、この基準に合う魚がいるかどうかを見るのだ。

とうとうシムズは、これまでまったく市場価値のなかった魚に出会った。セリオラ・リヴォリアナ（*Seriola rivoliana*）という魚は、ハワイではアルマコ・ジャックとかカハラとか呼ばれているが〔日本ではヒレナガカンパチ〕、ヒラマサやブリと同じ科の高速遊泳魚で、青海原に棲む身のしまった魚だ。カハラはマグロとは遠縁の繋がりがあるだけで、マグロのようにルビーのような赤身ではないが、マグロ並みの厚身で稠密な肉質を持っていて、寿司にすれば十分ビンナガとして通用する。

カハラのもう一つの大事な要素は、今まで商業的に漁獲されたことが一度もなく、それゆえ非常に豊富に存在することだ。その理由は、天然ではこの魚は人間にシガテラ中毒という病気を引き起こすことがあるからだ。シガテラというのは、渦鞭毛藻類という顕微鏡サイズの生き物が作り出す毒だ。渦鞭毛藻類中の毒素は、先に述べたあらゆる毒素と同様に、最底辺から食物連鎖の中に入り込む。渦鞭毛藻類はサンゴにくっつき小魚に食べられる。小魚はもっと大きい魚に食べられる。ちょうど水銀と同じように、渦鞭毛藻類由来のシガテラ毒素はカハラのような大型の魚で生物濃縮され、カハラの肉は人間にとって危険な食べ物となる。

しかし、カハラに既存の養殖用飼料を与え、熱帯珊瑚礁から隔離してやれば、シガテラなしの魚になる。カハラの野生群は大きくて健全なので、飼育下の群と触れ合ってもひどく損傷を受けるとは考えられない。その上、現在飼育されているあらゆる海水魚の中で、カハラは今までで最高の飼料変換率を持っているのだ。選抜育種などまったくしなくても、カハラの魚肉一キロを生産するのに一・六対一ないし二対一の比率でしか飼料を必要としないが、これは、クロマグロの飼料変換率の一〇倍も好成績だ。二〇一〇年の夏に開始する予定の供飼試験では、野生魚の肉をまったく含まないペレットを導入する。

「繁殖しやすいこと」というゴルトンのもう一つの法則についても、カハラは同じように魅力的だ。後になって、魚を産卵させるのにヨナタン・ゾハールの持続放出用のポリマー球体とか光周期操作とかを使わないのかとシムズに尋ねたら、生意気にこう答えた。「いや、どんなホルモン操作も環境操作もしないいんだ。静かな音楽とろうそくの灯り、それに少々のワインを使ったんだけど、効果は使わなかった時と同じだったよ。だから、ワインは自分たちのためにとっといたんだ」。カハラは、年間を通じて一貫して、時には毎週産卵した。この魚は一言でいえば、最初から選んでおくべき正解魚だったのだ。

問題は、ターナーズフォールズのバラマンディ同様まったく知名度がないことだ。ニール・シムズとホライズン・オーガニックミルク社の筆頭出資者を含む経営チームは、この魚を「コナ・カンパチ」と呼ぶことにした[94]。コナは発祥の地を表わし、カンパチは日本で食べられているよく似た魚をもとにしている。あとでニューヨークの寿司屋の店長にこの魚について聞いたら、店長は文句を言った。「いいかい、知っての通りコナ・カンパチというのは不自然な名前だ。カンパチはカンパチで、日本産のものだ[95]」。

しかし、名前が不自然だろうと何だろうと、この魚には実際利点があり、変化の可能性を本当に示しているのだ。カイルア・コナ周辺の海に潜り、ニールを頭上に見ながら、目の前に別の世界が現れているという感動を覚えた。ニューハンプシャー大学がまるまる一〇年間かけて開発した新たな技術を用いて、コナ・ブルー社は外海で係留ができる菱型の檻を建設した。コナ沖で大嵐が発生して、シムズの網が破れるようなことがあっても、シムズが使っている魚が選抜育種したものではないという事実が、脱走した魚がまわりの個体群に遺伝的な影響を与える可能性をなくしてくれる。ぼくは下へ、下へ、下へと滑るように潜っていき、網檻の中でシンクロ状態で泳いでいる美しい魚たちのそばを通り過ぎながら、初めて魚と仲良く海を見ているのだと感じた。この檻の設置場所は、念入りに選ばれている。早くて渦を巻く海流があることは、檻の下に栄養物を溜め込まないことを意味し、したがって、環境への影響は最小限に抑えられる。シムズは、また、ウミジラミのような外部寄生虫がついていないか絶えず監視しているが、この養殖場では、カハラの寄生虫発生は野生のものより少なくなっている。ぼくはどんどん下へと漂っていった。下から檻を見上げ、大海の大きさに比べてそれがいかに小さく見えるかを思って眺めていた。

突然人の手が伸びてきて、ぼくのダイビングベストをつかむのが見えた。水中の無言意志伝達を交わしながら、ぼくはニール・シムズの目の中にひどく心配そうな思いを読み取った。シムズは目を丸くしてぼくを見つめ、下方を指差した。下をちらっと見ると、死の大海が巨大な奈落の口を開けていた。ぼくは、浮力補整器、つまり人間用ウキブクロの設定を間違えていて、もしつかんでもらえなかったら、すぐにも足下の二〇〇〇メートルの海溝へ沈み行く旅路を辿るところだった。シムズはぼくのベストをうまく膨らませてくれた。ぼくは楽に浮き始め、呼吸は穏やかになった。

シムズは、網檻のそばへ来るようにと手招きした。ぼくは、シムズの上方へ静かに浮かんで十分近くへ来て見ると、魚たちは確かにシムズを識別しているようだった。のちに彼はこれを「ロックスター効果」と描写してみせたのだが、魚たちはある種の開放か贈り物か、あるいはその両方を期待してシムズのごく近くに群がっていた。シムズは両腕を大きく広げ、魚たちの賛美に答えているように見えた。

コナ・カンパチの脂肪含有量は三〇パーセント以上で、たいていのマグロよりも多い。小売価格はフィレにしてキロ四〇ドルないし四五ドルで、現在までのところ売れ行きはパッとしない。二〇〇八年の生産高は四五〇トンを超えており、これは全クロマグロ漁獲高のおよそ半分だ。マグロにある鮮やかなルビー色はない（この色はマグロを一酸化炭素で「ガス処理」して人工的に増強することが多い）が、実に素晴らしい寿司を体験させてくれる——高価な刺身円〔刺身の価格〕に見合うだけの満足感がある。刺身円は、過去二〇年間に作り上げられたもの——高速遊泳する外洋魚のしっかりしていてATP豊富な筋肉組織の価格だ。

それでも、マグロを食べるのが好きな人に対しては、ニール・シムズは即座に人間とこの優れた魚との絶対的な不均衡を指摘する。「マグロを養殖して、この魚に対する地球全体の食欲を満足させることなんか、本当にできるだろうか。野生クロマグロや野生キハダマグロに引き続いてそんなことができることは絶対ないだろうが、それは、野生のマンモスで持続的に世界中を食わせられなかったのと同じことだよ」。

コナ・カンパチはゆっくりと評判を上げている。コナ・カンパチはジョシュ・ゴールドマンのバラマンディのように、ティラピアやトラのようにいいアイディアだ。しかし、世界中が経済的危機から抜け出そうとすると、コナ・ブルーのようなベンチャー企業へまわす資金は干上がってしまうだろう。私たちは、あまりなじみのないまったく新しい魚種を採用できるだろうか。本物の持続可能性に、同じ名前を騙る偽物を凌駕させることができるだろうか。私たちに役立つ魚とそうでないものとを判別できるようになるだろうか。そうあってほしい。この魚たちの習性、特質が、私たちが心から望む習性、特質になってほしい。私たちが生き残り、海が自然のまま残ることがそれにかかっているからだ。

下方に浮かんで両手をひろげているニール・シムズをもう一度見た。海流の中でひれを動かしているカハラそれぞれは、静か過ぎるコンサートの指揮者を鑑定している。聞こえるものといったら、銀色の鏡のような上方の海面へ向かう泡が、耳のそばではじけるヒューという音だけだ。

本書のための調査をまとめる前に、マグロ釣りの最後の機会が訪れたが、今回は釣り人ではなくオブザーバーとして行くことにした――釣り人という役回りはやめようとまず我慢したが、それは、針にかかったクロマグロが直面する問題の大きさにショックを受けたからというのが当たっているだろう。わが遠征船は、小ぎれいなスポーツフィッシング用のボートで、マグロが季節的移動をしている間は漁をしながら東海岸を行きつ戻りつ航行していた。夏の間は、貸し船営業で小型のキハダマグロやメバチマグロを追いかけているが、一月になると、船も乗組員もノースカロライナ州のモアヘッド市に居を定める。そこは、巨大なクロマグロが、沿岸をメキシコ湾の産卵場へ向かう通路にある重要な停留場だ。午前三時三〇分に出港すると、最新式の釣り船が少なくとも一ダース、やはりクロマグロを狙ってぼくたち同様闇の中を漁場へ向かって突進しているのに気がついた。

一月のクロマグロ漁はまるでスポーツフィッシングのように見えるが、実際は営利漁業なのだ。かつてはクロマグロが豊富にいて、さまざまな規模の銛漁師や網漁師がこの魚を追い求めることができた。しかし、今では魚の数が激減し、釣り漁師が船団の大半となった。船のエンジンがトロールの速度に減速されると、釣り船助手は鼻先のとがったサヨリを餌につけた釣り糸八本を背後の航跡の中へ入れた。クロマグロの営利漁業での制限は、一艘あたり二頭までと決められているが、それまで聞いたところによると、一ダース以上の船からなる船団で全部で二頭獲れれば運がいいということだ。それでも、釣り上げたしあわせ者のハンターにとって、魚の価格はそれだけの価値がある。野生クロマグロ一頭は一万ドル以上で売れることがよくあるのだ。

ぼくたちの船の乗組員は、当日クロマグロ漁に出ていたほかの船の連中とは少し違っていた。こちらの船では「クエスト・フォア・ザ・ワン」というケーブルテレビの人気番組から、カメラマンとプロのスポーツ釣り師が同行していた。「クエスト・フォア・ザ・ワン」がとても人気があったので、製作者は「モンスター・フィッシュ」という続編の番組に発展させていた。中年を過ぎたそのプロの釣り師は、巨大なクロマグロと何時間にも及ぶ戦いをするのだろうと思われていた。

その日は特に荒れ模様で、乗組員は釣りの準備をしている間ひっきりなしにあっちこっちへ投げ飛ばされた。闘牛のピカドール〔馬に乗り槍で牛を刺し弱らせる役の闘牛士〕とバンデリリェロ〔闘牛士の助手〕のように、船長と釣り船助手は大わらわで餌を準備し、アウトリガーの上へ糸を導き、魚がかかった時の準備で、できることは一通りやった。プロの釣り師は、船内の豪華な大広間にある長椅子の上でマタドール〔主役闘牛士〕みたいに横になり、自分よりはるかに大きい挑戦者を対戦相手にするよう呼び出しがかかるのを待っていた。

どの船もまったく釣れないまま二時間が過ぎた。少し吐き気がしたので、新鮮な空気を吸おうとしてコックピットへ出てくると、釣り船助手がサヨリを針にかけていた。彼は、そのかけ方を、ぼくが文章にするのもカメラマンが撮影するのも嫌がった。二〇〇九年の冬にはクロマグロがあまりに少なく、釣り船があまりに多かったので、餌のかけ方のちょっとした工夫でさえ一万ドル当てる日とゼロドルの日を分けることになるかもしれないのだ。釣り船助手が餌をつけている間、話題は大西洋の対岸の状況へと向けられた。そこでは、クロマグロは絶え間なく獲られてそのまま野生魚として売られるか、幼魚がすくい上げられてマグロ牧場へ売られるかしている。

「サヨリの目玉を飛び出させ、くちばしのまわりをワイヤーで巻きながら釣り船助手は言った。「悲しい状況だよ。ヨーロッパじゃ本当に殺しまくっているんだ。奴らがやめたら俺たちは即刻漁をやめるよ。本気だぜ」。ぼくは、上半身裸でニシキウズガイを獲っていたニール・シムズのところのポリネシア人を思った。ニシキウズガイの漁が閉鎖されたと聞いて叫んだ男だ。「だって、まだ残ってるんだ！」とその老人は言った。丸木舟に乗っていたこの老人と、小ぎれいなファイバーグラス製の船体とソナーを備えた五〇万ドルのスポーツフィッシング用のクルーザーに乗った大学出のアメリカ人との間に、そんなに大きな違いはあるのだろうか。この船の船主はあとで非の打ち所のない主張をした。地中海でクロマグロの幼魚を獲っているきんちゃく網漁師は、モアヘッド市沖でトロールしているこの船の一〇〇倍も魚を獲っているのだと。この船は、クロマグロを年間たった一〇頭だけ捕獲することが許可されていて、厳密に法を遵守している。とはいえ、その一〇頭は最後の巨大繁殖魚の一部で、この種族の生存に決定的な役割を果たしているのだ。モアヘッド市の船はルールを守っていた。地中海の多くの漁師はそうではない。しかし、いまだにどちらも魚を獲っている。誰もやめようとしない。こんな思いで頭の中を一杯にして船室に戻り、こっくりして眠りに入っていった。

さらに二時間かけて船が周縁部で餌を引きずった後、釣り船助手がドアから頭を突っ込んできた。

「船首で何か上がったぜ」助手は興奮していた。プロの釣り師は私には退屈にしか感じられないわずかな気配でも当たりをつかむ。そうして、またもや大きな魚がかかり、時間を要するファイトがあった。一方、巨大クロマグロを見たことがなかった私はコンソールへ続くはしごに飛び乗ったが、そこでは船長が熱心に水平線を凝視していた。

「船首方向に嫌な奴がいるぞ。いまいましい雨降り鳥だぜ」と船長は言った。

ぼくはやや近眼なので、初めのうちは船長が何を指しているのかわからなかったが、船が進むにつれて、海鳥が集まって、かつて見たこともない大きくすさまじい群れを作っているのが見えた。カツオドリ——大きな、アホウドリのような外洋性の鳥——が、沸き返る海面の百メートルほど上空を飛んでいた。鳥は何千羽もの群れになって一斉に旋回し、それから、まるで鳥の生活を統率する指揮官の指示に従っているかのように、次から次へと弧を描いて海中へ落下した。カツオドリは時計回りに旋回し、その下で反時計回りにまわっているのは見たこともない大きな群れになったイルカだった。怒っているかのように沸き立つ青緑色の海中で、イルカはメンヘイデンの巨大な群れを囲い込んでいた——この小型のニシンに似た生き物は、咬みつかれると小球状の油を放出するが、それが水面に浮かぶ。油は海面のいたるところを滑らかにし、イルカは並外れた知能とオオカミの群れのような連携作業で魚を混乱させ、取り囲む。今度は時計回りにまわった。

自然のままの海という姿を目の当たりにするのは、滅多に訪れない瞬間だ。ちっぽけなエンジンを回し続けるために発火している小さなシリンダーではなく、巨大でしっかりした自然の装置だ。それぞれにはそれ自体の論証、それ自体の超論理学があり、それより下位の装置と競合したり合流したりする装置だ。私たちはこの魚の群れに集中したが、船足は恐ろしく遅かった。騒動のど真ん中へスピードを上げて進入するのは馬鹿げているだろう——そのせいで餌を台無しにして、マグロを針にかけるチャンスを逃がしてしまうかもしれない。

しかし、運のいいことに、騒動は治まらなかった。私たちが近づいたことで何かが起こったとしたら、それはさらに熱狂して活気にあふれたことだけだった。鳥の下、イルカの下、メンヘイデンの下に巨大クロマグロの同じように大きな群れがいるはずだった。イルカと鳥が獲物の檻の壁と天井を作っていて、マグロは、これら、いわゆるより高等な脊椎動物と協同で下から餌の魚を封じているはずだ。巨大マグロの当たりはまちがいなくあると思えた。プロの釣り師は、コックピットの下で指関節をポキポキ鳴らした。釣り船助手はアウトリガーを見つめた。

だが、このどんちゃん騒ぎの場所を通り過ぎると、檻には底がないことがわかった。「良きもの」で保護する価値があると人類が判断した動物、イルカだけがまわりの波立つ水中でひっきりなしに水面に飛び上がっていた。同じように「野生動物」と判断され、もう撃たれたり殺されたりしないカツオドリだけが頭上で旋回し、球形をした急降下爆撃機の飛行大隊のように眼下の海中へ突っ込んでいた。目の前で食物ネットワークの巨大な機械装置がえんえんと稼動しており、ぼくたちの無言の是認があれば、ひょっとするとこのあと何千年も続きそうだ。しかし、このシステムの最終装置であるマ

グロ、ぼくがいちばん関心を持っている部分が失われている。(96)

魚を研究する人、魚を獲る人、あるいは漁師にまじって生活している人は、心から魚が好きだ。一方では、それ以外の人たちは年を追うごとにますます多くの魚を食べている。それがどんな姿をしているか、どんな行動をするのか、また、どのくらい残っているのかを知るなどという実にめんどくさいことはまったく抜きにして――。ぼくは、状況が変化するのではないかという希望にしがみついている。ある日この魚は、自身が持っている、特別な敬意に値する完璧さをわかってもらえるかもしれない。最近、ぼくは、人生をマグロ研究に費やしたある生物学者に、クロマグロはクジラやイルカの地位に上げられて、陸上の偉大な動物たちが与えられたものと同じ保護を受けられることになるかどうかと聞いてみた。

生物学者はこう言った。「いつも言ってるんだが、アメリカが建国された昔、黒人は白人の五分の三の価値しかないと憲法に書いてあったんだ。今の状態を見なさいよ。絶対ダメだなんて言っちゃ絶対にダメだ(97)」。

まとめ

ぼくが、魚の未来に関する本を書いていると言うと、必ず次の二通りの反応のどっちかが返ってくる。一つ目は、都会風の気のきいた受け答えだ。相手はこう言う。「おや、魚に未来があるとは知らなかった」。無礼で近視眼的だが、この答えは気にならない。ふつう、人は不愉快で深刻な問題を正視することを好まず、このコメントに暗に含まれている問い返しは、ある意味とても正直で人間的だ。

やっかいなのは二つ目の反応だ。

「おや、魚の本を書いてるんですね。どの魚を食べたらいいか、教えてくれませんか？」

個人が自分の行動によって歴史の道筋を何とかして変更できるという信念は、おそらくアメリカ人特有の性向だろう。しかし、「正しい」魚を選ぶという段になると、ぼくが合衆国で最初に指摘した感想がほかの国々へも伝播していった。イギリスであれフランスであれ南米やアジアであれ、自分のちょっと自慢したい魚の本のことを言うたびに、必ず、行く先々のテーブルから

「どの魚を食べたらいいんでしょう？」

という文字通りの大合唱があがったものだが、そこへ伝播していったのだ。

きちんと扱われた野生魚や、健全な飼育を実践している養殖場で育てられた魚を選ぶのは、ぼくとしては確実に満足できるものだ。「ちゃんとしたもの」を食べると「おいしい」と感じるものだ。仏陀自身が悟りに至る道筋に健全な食事を摂ることを取り入れたのはいわれのないことではない。仏陀は言った。「傷つけてはならない。基本の教えに従って慎み深くありなさい。節度のある食事をしなさい……」。

しかし、市場で「良い」魚を選ぶという大衆の行為が、野生魚を扱ったり養殖魚を育てたりすることに影響を与えることはなかった。モンテレー湾水族館——魚に「赤」（食べない）、「黄」（代案として合格）、「緑」（最高の選択）のラベルをつけたシーフードカードを一〇〇万枚以上配ってきた——は、このシーフードカード計画の効果を調べてもらおうという勇気ある行動に出た。(98) その結果によれば、消費者が食べないように忠告を受けていたどの魚種や血統に対する漁獲圧も、有意に減少してはいなかった。

モンテレー湾水族館の肩を持って言わせてもらうが、ぼくは、この計画を発案した人がシーフード助言カードが本当に魚消費パターンに変化をきたすと思ったとは信じていない。何よりもまず、格付けカードは大衆教育の道具として考え出されたのだ。カードを見るまでは、クロマグロの乱獲、アトランティックサーモンの養殖による負の影響、あるいは良い漁獲と悪い漁獲の存在すら、知っている人は比較的少なかった。人々は個々の魚種をたいていマーク・カーランスキーの母親がタラを見たように見ていたのだ。つまり、ただの「魚」だ。海からあがる収穫物は、毎年魔法のように育つ。植え付けなどいらない収穫物というわけだ。

魚に関して古くから使われてきた語彙には、この感じを表わす響きがある。「シーフード」という言葉それ自体について考えてみよう。どれだけの属や種が、このあいまいな一言で表わされたことか。ほかの文化における同意語も、あいまいさや紛らわしさがこれより少ない訳ではない。ドイツ語、フランス語、スペイン語、それにほとんどの西ヨーロッパの言葉では、シーフードは「シーフルーツ」

なのだ。一方、スラブ語群では、多くの海の生き物を「海からの贈り物(99)」と呼んでいる。こういう表現は全部、海に棲むものは勝手に成長して、気ままに生きていて、代価が不要だということを意味する。飼育したウシやニワトリを傷つけることに怒りを覚えているいわゆるベジタリアンは、よく野生魚を食卓に載せる。哺乳類と鳥類の屠殺に当たって思いやりのある方法を命じるユダヤの律法は、魚類には適用されない。

モンテレー湾水族館やいくつかの組織のおかげで、今、私たちは、魚についていろいろ知っている段階にまで来た。乱獲は起こりうるし、起こっているということを知っている。また、陸上動物の飼育と同じように、魚の養殖には廃棄物の処理、疾患、産業汚染などの問題がある。私たちは新石器時代の穴居人ではない。旅行バトの群れに矢のシャワーをあびせたり、マストドンの群れを崖へ追いやったりしない。私たちは、自分がやっていることがどういうことか、うすうすわかっているのだ。

それにもかかわらず、私たちは漁獲と養殖の難問にまだ取り組んではいない。そうするためには食料の改革と、陸上活動をもとに進展してきた環境保護運動を現代における戦いにふさわしいやり方で取り組まなければならない。現在、一八一八年の「モーリス対ジャッド」の陪審員団にちょっと似た状態になっている。クジラが魚かどうかを決定するのに陪審員団が別室に移ったが、私たちは魚が野生動物なのかどうか慎重に審議している——私たちの行ないによって傷つきやすく、私たちが、適切に保護し繁殖させるのに値する野生動物という意味だ。

選択の余地がないというわけではない。そうではなく、目前にある選択肢は大きな社会的なもので、慎重な配慮と積極的な政治的関与を必要とするものだ。野生サケのほぼ世界的壊滅に始まり、アメリカ・シマバスの復活、ジョージズバンクとグランドバンクスにおけるタラの禁漁を経て、ティラピアのようなもっと持続可能な養殖代替魚の出現まで四〇年を経て、私たちはあちこちの海で散発した災厄とともに、本物の進歩の実例をもたくさん見てきた。野生魚は世界的に衰退しているが、科学に基づいた成功の実例が注目され、正確に記録されており、明らかに再現が可能である。汚染されたり淀んだりした水域は増えているが、陸上の環境とは違って、世界中の海洋生物にとって不可欠な棲息地の多くは再生可能だ。陸地では、アメリカ合衆国だけで年間九〇〇〇平方キロメートルの田舎の土地を都会が侵蝕している。しかし、海に同じような開発はない。もし、手出しをしなければ、海の生態系には自己再生の能力がある。地球温暖化が海の状態に変化を与えているが、魚は過去の極端な気候変動に耐えてきたし、再び耐えることもできる。海洋の酸性化は現実であり、脅威は増大しているが[100]、立ち直った強靭な魚群が海のpHを補正する一助となるだろう。魚の分泌物がpHスペクトルのアルカリ側にあることがわかったのだ。野生魚が急激に増えてくれれば、酸性化に対する防波堤になってくれるだろう。

今必要とされることは、明らかに達成可能ないくつかの目標に優先権を与えるという社会的な選択である。優先権を与えるべきは以下のものだ。

1 漁業活動の全面的削減。 国連の推計によれば、全世界の漁船数[101]は、海洋が持ちこたえられる数の二倍あるという。この過剰設備はおもに政府の補助金で維持されている。政府は、漁船を援助するために何十億ドルも支払っているが、その漁船は、補助金がなければ利益を上げられないはずだ。こうやって、補助金は野生魚の値段を不当に安くしている。ほんのわずかな乗員を採用しているだけの大きく重い、天然資源を消耗させる（同時に大いに補助金を注がれた）船をやめることが喫緊の課題だ。魚を獲るが管理もする、礼儀をわきまえた「熟練した」羊飼い型漁師部門ができるよう促す必要がある。市場の価格が上がれば、こういう活動を支援できるだろう。

2　重要な区域を禁漁区(102)に切り換えること。つい数年前まで、海では、どんな棲息地だろうと魚がたくさんいれば漁場にできたし、するべきだという前提が一般的だった。しかし、獲りすぎた魚の個体数をもう一度回復して収獲できるようにするためには、要となる魚の産卵場や養育用棲息地を安全な避難所として保存しておかねばならないが、このことを示す証拠が増え続けている。魚をとっておくためには、どの位の領域を保留すべきかということは、いまだに論争の的であるが、現在のところ、平均すると、世界中の海洋の棲息地のたった一パーセントしか収奪から守られていない。すでに一〇パーセント近くの陸地を保護している先進何ヵ国かは、同じくらいの保有海洋域を保護することを考えているのは確かなようだ。過去一〇〇〇年間やってきたように、元金に食い込むのではなく、漁業保存ネットワークを立ち上げて、私たちの海の財産の一部を低金利の地方の公債に入れるのだ。これはそのまま置いておけばいつまでも複利を払い続けてくれることになる投資だ。

3　管理不能な魚種には国際的な保護を。あまりに多くの領海や領海外の国際的水域を通って移動する種や血統は、管理できないきわめて少数の例外だと長い間見られてきた。複数政党制国家の政治家たちが、科学的現実に反する捕獲配分を自然科学の面前で「交渉」している。発展途上国は、少なくなった資源の「公平な」分配を受けられず渋るが、もし、ある魚種が大西洋クロマグロのようにずっと減り続けているならば、「公平」であるたった一つの方法は漁を完全に閉鎖することだ。場合によっては、特定の種がとても貴重だから獲るわけにはいかないという助言をしても良いだろう。もし、クロマグロの地位が昇格してトラやライオンやクジラその他の傷つきやすい境界線上の動物種が受けたのと同じ種類の保護を与えられたなら、魚類に対する一般の認識を変え、取締り官たちにこれ以上進めない限界を教えてやれる。種が絶対に衰退することが許されていない限界だ。

4 食物連鎖の底辺を守ること。

養殖がブームになり、また、魚をブタやニワトリの餌として使い始めたために、カタクチイワシ、マイワシ、カラフトシシャモ、あるいは、ニシンなどの小型の被捕食魚が全漁獲量のもっとも多くを占めるようになった。こういう魚は全部、魚類の養殖や畜産向けの飼料として、加工用設備を使ってますます大量にすり潰され、形を作り変えられている。そして私たちは、こういう小型の被捕食魚群の環境に対する適応様式をまったく知らないし、どうやって扱っていいかもまったくわかっていないのだ。きわめて多数の養殖業の規模を拡大することによって、私たちはストーニー・ブルック大学の教授で海洋保全科学研究所の常任理事であるエリン・ピキッチ博士の言うところの「海洋生態系の下に敷かれたじゅうたんを引き剥がす」という、とても現実的なリスクを冒している――つまり、海から基礎となる食料を取り除いて、根底から漁業の崩壊を引き起こしている。

ピキッチによれば、人手の入らない野生のシステムの方が、養殖へ変換されたシステムよりも現実的な金銭という点で価値があるのだが、このことは、被捕食者・捕食者系における生態系モデルから次第に明らかになってきているという。小型の被捕食魚が漁獲されることなく残されれば、その被捕食動物を食べる大型の商品魚の漁獲高は上がる。単純に言って、水中にはもっと食料があるのだ。生態系にはもっとエネルギーがある。そして、そのエネルギーはもっと多くのもっと大きな魚へ手渡されるのだ。

だから、海洋の食物連鎖の最底辺には予防的な取り組みをし、これらの魚は、それを獲ることに生態系が耐えられるほど発展したことが確認できて初めて利用すべきなのだ。また、被捕食魚の生まれ育った棲みかを回復して、すでに失った食物連鎖の底部を再構築するよう努めなければならない。入り江や河川系は単に「自然の」空間ではなく、食料生産を行う生命線なのだ。本書で強調して取り上げたほぼすべての魚――シマバス、ヨーロッパ・シーバス、タラ、スケトウダラ、大西洋および太平洋サケ、クロマグロ――は、被捕食魚の供給に依存しており、そして、被捕食魚の生活環は川や入り江に依存している。ニシン、メンヘイデン、キュウリウオ類――こういう小型の魚は、全部銀貨に喩えられる。海洋王国のコインなのだ。これらの孵化や生育は河川の利用と切っても切り離せない。その川は海へと流れ込む。こういう地域を回復させれば、私たちが食べるほとんどの魚のための食糧供給を増やすことになる。回復をしなければ海でいくら保護活動を行なっても、食料の最高限度が制限されているので、豊かさは必然的に制限される。

右の四つの根本方針はとてもすぐれていて素晴らしく、海を復活させるのに究極的には効果を発揮するだろう。これを達成しようという目標は、保護政策に根づいたある新たな現象、すなわち「海洋区分政策」にますますふさわしいものになっている。海の使用区域を巡っていよいよ多くの人が競合しているので、地方自治体が商業スペース、緑化スペース、居住地域などと町の都市計画をするのとよく似た方法で、世界のある特定の地域（たとえば、サルジニア沖のアシナラ島やマサチューセッツ州）が全域の区分政策を実施した。今、海洋を区分することの利点は、野生がはるか周辺のかなたへ追いやられる前に、野生魚の支援者たちに縄張りを見張らせられることだ。海洋区分と連携した活動をすることは、「生態系管理」の時流になっている。個々の種の管理ではなく、生態系の管理においてはシステム全体を管理し、漁獲とその影響から回復するモデルを見つけ出す。そのモデルは餌と捕食者による多くの要求のバランスを復旧させるのに役立つ。

しかし、海洋区分と生態系管理というすぐれた素晴らしい目標は、ある不吉な因子の存在によってぶち壊されてしまう。人間の要求だ。

キャンペーン、ボイコット、出版物、ドキュメンタリー、その他ありとあらゆる知る限りの説得手段を使ったにもかかわらず、人口は増え続け、人類は年々ますます多くの魚を食べ続けている。総量だけでなく、一人当たりでもだ。水銀やPCBに関する警告があんなにあったにもかかわらず、世界中の一人当たりの魚の消費量はここ半世紀でほぼ二倍になった。一九六〇年代の九キログラムから二〇〇五年の一六キログラムに。そして、シーフードがかくも国際的で無境界なビジネスなので、あるレストランや、ある都市や、ある国家が高い道徳的立場をとってシーフード消費による環境への影響を減らしたり改善したりしようとしても、良心という点で劣る別のレストランや都市や国家は、より進歩した人々が放棄した悪習にいつもすぐ足を踏み入れ、それを継続していくのだ。

だから、人間が魚を食べ続け、それが年々多くなることを前提にすると、傷つきやすく管理不能な野生生物に対する食欲に手を引かせて、持続可能で生産性の高い飼育魚へと案内してくれる方法を考え出す必要がある。小規模で職人的な野生魚の漁は、必然的に野生魚をよりよく保護することになるから、すばらしいものになるだろう。小規模職人漁師は、ジョージズバンクとグランドバンクスのタラ資源を激減させたような大規模スーパートロール船を持つことは決してないだろう。

以上で述べたことに必要なのは、できる限り持続可能な方法で魚の補充供給をする基準だ。人類は、断固として少数の魚種を選ぶべきだ。そして、その魚種は野生からの供給と増大する人間の要求との膨大なギャップを埋め合わせるための、産業スケールでの飼育に耐えなければならない。もちろん、世界的に人口が衰えることなく増加していけば、いかなる解決策も役に立たない。このような人口増大の筋書きでは、他の星へ行くしか救いはない。事実、陸上の食糧生産は限界にきている。海洋は、ある意味で最後の選択だ。世界のバイオマスと太陽エネルギーをもっと人類のものへと変換する、人類にとって残されたたった一つの手段だ。人類発展の将来は、私たちが海をどう扱うかに大いにかかっている。

だから、私たちにはとても明白な選択の余地がある。人間の養殖家と共同作業をしつつ、まだ機能している野生の海洋食料システムの傍らでも頑張る魚を慎重に選ぶという道か、それとも、野生の海を非道に扱い、世界中の海岸のあちこちに飼養場を据えつけて、長期の生態学的借入金を無視して短期の信用貸しによるカロリーの刈り取りを続けるという道である。もし人類が本質的に合理的な生き物なら、疑問の余地なく後者よりも前者の道を選ぶはずだ。

したがって、往時の基礎条件に戻ってそれを発展させること、フランシス・ゴルトンが、陸上動物飼育を産業化する夜明けの時期に提案した指針を再考することは理にかなっている。ゴルトンは、人類の支配領域外の野生動物のことを、「栽培産物を消費する役立たずで、いずれ破滅して滅び行くに決まっているもの」と言った。しかし海では、次期への繰り越しのために、飼育されていない魚も飼育された魚も必要だ。そこで、海のために根本方針をもうひと組作る必要があるようだ。神秘的なシステムであると同時に栄養のあるシステムという、野生のシステムの総合的方針である。失った野生食品のカロリーを、養殖した代替物で埋め合わせることはできない。栄養を得るためにも、精神的満足を得るためにも、両方とも必要なのだ。

あまりにも長い間、どの種を飼育し、どの種を野生のままにしておくかを決めていたのは、起業家たちだった。決める根拠は市場の原理と収益だったし、歴史的に見て野生魚の適応様式を研究した管理人や生物学者に意見を求めたことはなかった。これは愚かなことだ。この方針を続けたなら、ある食料システムを破壊してそれより劣る別のシステムに置き換えることになるだけだ。ちょうど、ほとんど世界中の淡水湖や河川でやってきたようにである。だから、未開拓の海洋に対する強い影響を計算に入れた飼育化へ私たちを導く根本方針が、ひと組必要なのだ。これから飼育化する海の生き物はかくあるべきだということを以下に提案する。

1 効率がいいこと。食料供給源がますます逼迫する世の中にあって、同じ一キロの可食肉を生産するのに、もっとも効率の良い陸上動物以上に餌を要求するような魚を飼う余裕はない。魚はその本質から言って、陸上動物よりも効率的であるべきだ。魚は、体温を上げる必要はないし、重力に逆らう必要もない。哺乳類や鳥類が無駄にしているエネルギーは、すべて成長する魚肉の方へ向け直せるし、そうすべきだ。だから、飼料変換率が二〇対一以上の温血のクロマグロは大量飼育動物としては断念すべきだ。もし、ほんのわずかの飼料変換で同じように濃密な肉質をもったコナ・カンパチのような魚が生産できるなら、どうしてマグロを追いかけ回す必要があろうか。

2 野生の系に対して破壊的でないこと。サケでは、野生系統と近縁の養殖品種を飼うと、時が経てば野生個体群に悪影響が出るという十分な証拠がある。アトランティックサーモンの運命と、アメリカ・シマバスのそれとを比べてみよう。両方とも野生では危険なほどに減少してから養殖された魚だが、それぞれの運命を比べれば、そこから教訓を引き出せるのだ。野生サケの個体数は、概して養殖サケと影響し合う場所であるメイン州、カナダ大西洋岸、およびヨーロッパで減ってきた。一方、アメリカ・シマバスは、養殖が行なわれているところでさえ強力な回復を演じてきた。その養殖魚は、今、シマバス全消費量の六〇パーセントを占める。違いは何か？「養殖シマバス」と呼ばれる魚は不稔性のハイブリッドで、シマバスのメスとホワイトバスと呼ばれる淡水産の近縁種のオスとをかけ合わせたものだ。養殖ハイブリッド・シマバスは野生シマバスとは交配できないので、養殖場の外へ遺伝子が広がることはない。さらに、ハイブリッド・シマバスは淡水池内に限定して飼育されていて、野生シマバスの回遊コースとは隔てられている。こうして、野生個体群は養殖場で発生した病気に罹らないよう保護されている。

もし、同じような野生と養殖の隔離がサケで行なわれていたなら、残った野生サケはもっとましな生き方をできたことだろう。サケを、ジョシュ・ゴールドマンのバラマンディで用いたような閉鎖系の再循環システムに入れると、その経費は単にサケを一般消費者にとって高すぎるものにするだけだと批評家は言う。これが補助金が必要な論理的根拠だ。魚の消費に補助金を払わなければならないとしたら、野生資源の破壊を引き起こさずに世界の魚の純益を上げるはずのこうした取り組みに助成をすることとは、筋が通っている。特定の事例では——たとえばチリのような——野生サケがその土地特産ではなく、原産動物群にはっきりした影響がないところでは、開放ケージを使ったサケの養殖は今でも許されてよい。しかし、たとえそんな場所でも、ウミジラミや感染性サケ貧血症という問題が発生すれば、それは高密度で飼育せず[103]、慎重な設置計画を疎かにしないようにという、環境からのきわめて明白な警告なのだ。魚を高密度で飼わない養殖は費用がかさむ。しかし、重ねて言うが、その点こそが、補助金が競争の場における不公平を是正することができるポイントなのだ。

3　数を限ること。一九七〇年代および八〇年代の給餌、繁殖および養育技術の技術革新という大躍進を経て、理論上きわめて多くの海水魚を飼い馴らすことができるようになった。これを考慮して、養殖研究者に見られる「あれまあ、私にもできるよ！」的ある種の行動に対して用心しなければならない。飼い馴らすことができるということが、すべきだということではないからだ。新たな種が養殖されると、必ず新たな病気が発生する。病気は種特異的な場合もあるし、時には属の範囲まで罹り、近縁の野生個体群に広がることもある。さらに、新たな種それぞれには新たなハードルがあって、飼育化の初期段階ではとてつもない時間と労力が無駄になるのだ。できるという理由だけで不完全な養殖系へ絶えず新たな種を持ち込むのではなく、飼育法が確立したわずかな種類の動物を選ぶべきだ。ティラピアがすでに役目を果たしているのにどうしてタラを養殖するのか。魚肉の口あたり、味、あるいは栄養量などのわずかな違いは、給餌や養育技術を使えば加減できるのだから、新たな種の飼育を求めてはいけない。もし、隙間市場用に多様な種が欲しいのなら、小規模で持続可能な天然魚漁業に供給してもらおう。

4　順応性があること。養殖に関する討論では、環境論者は、よく肉食魚を養殖すべきではないという立場をとる。コイやティラピアのような草食魚よりも、総じて環境に対する影響が大きいからだという。サケがマイワシから栄養を取り入れるには、それ以前に二段階、時にはそれ以上の食餌の摂取がなされなければならない。議論の核心だ。しかし、同様の主張は特に菜食主義に絡めて以前からなされている。環境論者は、全人類が菜食主義者だったら人類の地球に対する影響は現在の何分の一にもなっていたことだろうと、何十年も前から主張している。私は、この反論しようもない理屈に感化されて、菜食主義を実行したことがある。でも、前に何度も繰り返したように、いつの間にか肉食主義に戻ってしまった。消費パターンを変えて世界を変えようとするのではなく、規制と飼育水準の改革を実行する必要がある。そうすれば、持続不可能な食品がそもそも市場に届くことなどない。世界でもっともありふれた養殖魚であるサケから、この作業を開始する以外に良い方法があるだろうか。まずい点は、環境団体が養殖シーフード部門の有力地位からサケ産業をうまく追い払えるとは思えないことだ。良い点は、サケには餌を別のものに交代できる順応性があることだ。海藻と大豆とはますますサケの餌の主成分として使われてきており、そう遠くない将来には魚を原料とした餌と完全に置き換わるだろう。本書の執筆中に、少なくとも一社が完全に海藻成分だけでできている餌を開発した。これはサケ科の餌に必要な魚油ならびに食品を置き換えたものだ。問題があるかって？　ここでも経費だ。補助金が建設的な役割を果たす場が、もう一つここにある。この企業が成長するまでの間、野生魚で作った飼料と合成海藻飼料との価格の差額を政府に出させよう。これは将来への投資なのだ。

5　混合養殖が可能なこと。

陸上の農業から学んだ教訓が一つあるとすれば、それは、単種栽培は病気に弱く、環境に過度の劣化を引き起こすということだ。ゼロから出発して陸上農業の失敗を全部繰り返したりしないで、混合養殖の地点から出発すべきだ。そこでは廃物ができる限り再利用され、食料増大のための空間が最大となり、個々の種ではなく生態系全体が飼育される。

以上が、私たちを海に由来する飼育動物へと導く上の五つの根本方針だ。その動物たちを私たちの「シーフード」と呼ぶのは正当なことだし、また呼ぶべきだ。

将来、野生魚と呼ぶことになるべきものは、いつか学識があって思慮深い水産企業になってくれるだろうとぼくが期待している市場商人に残しておく。しかし、私たちが野生魚を食べ続けるとしたら、市場で野生魚を区別する方法を新たに見つけなければならないことになると言っておこう。野生 - 魚という二語からなる言葉は、魚をまず野生生物として、次に食べ物として理解していることを暗示している。野生魚は、私たちの食料となるためにこの世にやってきたのでは断じてない。それぞれの運命を全うするために来たのだ。もし、野生魚の漁をするのなら慎重に漁をし、満腔の感謝を込めて食べなければならない。最後の野生魚を食べることは、何にも増して恩典なのだということを理解しなければならない。

エピローグ

今年の夏、子供時代以来初めてふるさとの海で釣りをした――ロングアイランド海峡の岩礁性の静かな入り江だ。娘のターニャといっしょだった。ターニャは、ティーンエージャーになると、性格はともかく見かけがぼくの母とそっくりになってきた。ブロンドの細身で、母と同じように濃くはっきりした眉があり、ゆったりとした足運びをする。でも、母がおっとりしていたのに対し、ターニャははっきりした性格だ。問題に立ち向かい、それを解決する才がある。また、母が義理で私の釣りに付き合ったのと違って、ターニャは本心から釣りが好きだ。子供たちが大人へと向かうスタートを切ったときに、父親が及ぼせる影響のささやかな勝利の一つとして、ぼくはこのことを記録にとどめておくことにする。

二人は、ニューヨーク市からちょうど三〇キロメートル行ったところにある、ニューヨーク州のワシントン港を出た「アングラー」という乗り合い釣り船に乗っていた。ぼくは、アイザック・ウォルトンとその著書『釣魚大全』のことを思わずにはいられなかった。一六五三年にウォルトンが書いたこの物語は、一般大衆向けの釣りの解説書としては最初のものである。サケを「王者」とみなし、パイクを「暴君」と呼ぶ本だ。ぼくは、この夜、ぼくたちが狙っている獲物、とりわけアメリカ的な魚であるアミキリを、ウォルトンだったら何と呼ぶだろうかと考えた。こいつはすごく凶暴なやつなので、闇夜で出会ったら、王者も暴君も恐怖にかられて逃げ出すことだろう。

「アングラー」は五〇人以上の収容能力がある乗り合い船だったけれど、この晩はたった四人しか乗っていなかった。ここ数年、乗り合い船は不景気だった。子供たちは次第に釣りから遠ざかり、野性味の少ない、もっと大人しい娯楽に走っている。若き日のぼくのボートのようなものは、だんだんなくなっていく。ある船長が夏の初めに言ったことによると、父の日の就航でもろくに稼げなかったという。この夜、「アングラー」の船長が出航すべきかどうかについては、ほんのしばらく逡巡があった――この航海が赤字になることは、ガソリンの経費を考えただけではっきりしていた。だが結局は、おそらくぼくの娘の熱意のせいか、あるいはこの海域へ初めて船を浮かべる（船主は、最近魚の品数を増やそうとブルックリンからやって来たばかりだった）せいで、船長は損を承知で出航を決意した。

ほかの二人の船客は七〇代のやもめとおぼしき男たちだった。寂しげに風に吹かれた様子で、時たまの釣り旅だけが孤独を慰めているようだった。漁場へ向かっている間、そのうちの一人が、ぼくに次から次へと遠慮のない釣り話攻撃を仕かけてきた。ノヴァスコシアでは、一回の釣り旅で三〇〇キログラムになるクロマグロ五頭をどうやって釣ったかとか、ロードアイランドへ出かけた別の釣り旅では、どうやって四五〇キログラム近くのタラのフィレでガニークロスの袋を一杯にしたかとか。この男がたび重なる釣り旅行で手に入れた魚肉の総量を、頭の中で計算してみた。少なくとも四トンの魚がこの男の手で殺されたに違いない。人間は、一生の間に平均して一八〇キログラムしか要らないのに――。この男は計算の途中で割り込んできて邪魔をした。

「最近は釣りはダメだよ。何もいやしない」と話しかけてきた。ところが、投錨して撒き餌を始める二、三分のうちに、一メートルの獰猛なアミキリが口火を切って自分の竿を二つに折り曲げているのがその老人に見えた。足元の海中にはロクなものはないと言って悪態をついていた当人だ。根気強く黄色い目をしたその魚は、乗り組み助手がギャフで一撃して殺すまで、猛烈に抵抗した。魚は、甲板上にどすんと音を立てて落ちた。

ロングアイランド海峡にはまだ多様な生物がかなりの量で棲んでいる。事実、自分でアミキリを一匹釣り上げたあと、異常な引きと、続く異様だけれども馴染みのある何かのまぎれもない疾走を感じた。数分のうちに、乗り組み助手が四・五キログラムのシマバスをたも網で取り込んでくれた。ロングアイランド海峡で見た初めてのシマバスだった。若い頃にはこの海域にほとんどいなかった魚だ。子供時代にこの海峡にいなかったいろいろなものが、今年はいる。冬の間じゅうアザラシがいっぱいいて、五月には数百匹のイルカの群れがイーストリバーへやってきて、海峡へ溢れ出た。ここ五五年間で初めて起こったことだ。これは、イルカが沖合いの餌を食べつくしたからだと「アングラー」の船長は信じている。イルカが昔から常食にしているメンヘイデンの大群が、オメガ3サプリメント合成を十分にできなくなり、したがって、サケという餌も減って、イルカが飢えているというわけだ。しかし、海洋哺乳類に関する法律がイルカを見事に保護したのと同じように、イルカたち自身で壮大な回復を成し遂げることだってありうる。断言するのはまだ早い。言えることは、大海は不可解なほどダイナミックで限りなく生産性があるということだ。価値がなくなったとして、野性の海を帳簿から消すなんてことは、絶対にしてはいけない。海はいつだって驚嘆を与えてくれるものなのだ。

釣りの中程でとうとう娘がアミキリを自分でヒットさせ、ものすごく怒りながら取り込んだのを見て嬉しかった。娘にとっては、こんなパワフルな魚を釣ったのは初めてのことだった。舷側まで引き寄せた時、娘はびっくりして目を丸くした。「これ、リリースしないでとっとける？」と尋ねた。ぼくはそのことを考えていた。アミキリは、ある意味で申し分のない野生魚のシンボルだ。獲ってすぐ食べればおいしい――一日か二日で分解して腐ってしまう。決してすぐれた「産業魚種」になることはない。湯気をあげている魚たちの間でそのことを考え、それ以上釣らないことにした。合法的割当て数は二〇匹だったけれども、三匹か四匹家へ持って帰るのがちょうど良いだろう。ぼくは釣りの停止を告げて、釣り船助手は魚をギャフで引っ掛けて箱に放り込んだ。

ちょうどその時、魚がいないと悪態をついていた老人がぼくのほうへにじり寄ってきた。

「なあ、俺のも持ってっていいよ。俺は魚を食わんから」

船長とぼくは物も言えないほど驚いて老人を見つめた。「もう魚はいない」と不平を言っていたこの老人は大きなアミキリをすでに六匹殺していて、もっと殺そうとしている様子だった。いつまでやるのだ。

前回の乗合船の船長は、飽きもせず殺し続けることを肩をすくめて認めた。これは金を払った娯楽で、魚はその客の獲物だという正規のビジネスなのだ。だが、今回の船長は、月光を浴びて高校の理科の教師のように見える、私と同年輩のその男は、魚に迫っている危難ならびに抑制と保護と理性が必要だということをよくわきまえていた。

船長は言った。「さあ皆さん、これ以上魚を殺すのはやめますよ」。ギャフは片付けられ、たも網は上の甲板から下ろされた。その直後に、娘がその夜釣った中で一番大きいアミキリを針に掛けた。そいつは船の右舷側で娘を上下に引っぱりながら前後に走り、船尾へ行き、それから左舷へと。娘がリールのハンドルを回そうと頑張っている時に考えていることがわかる気がした。「この偉大なパワーと美しさが欲しい。それを自分のものにして自由に操れる者になりたい」。もし、私が娘の立場だったら、その思いは三〇年前の私の思いだったろう。しかし、たも網が下りてきて魚を取り込むと、娘は手すりから離れた。娘に、魚を追いかけることと救うこととの、両方の合理性と理屈が芽生えたのを見てとった。野性の力強さを心の底から知ることと、同時にその野性があり続けることの正当性を認めることだ。

釣り船助手はたも網に入った魚を持ってきて、ほかの釣り客の世話をするために走っていった。ぼくは慎重にたも網からアミキリを引っ張り出し、咬みつかれることを恐れて指を口に近づけないようにした。頭の後ろをつかむと、筋肉にあるむき出しのパワーを感じた——扱いにくく、野性的で危険だ。口角から針を外した時、しなやかな動きが起こり、魚が手すりを越えて海へ戻っていった。稲妻の速さで飛び出して視界から消えた。魚が通り抜けた跡に燐光が光っているだけだった。クラゲにぶつかって跳ね返り、深みへ向かってすり抜けたのだ。

「死なないかな」。眼下の海を見つめながら、娘が尋ねた。

「うん」。ぼくはゆっくりと肯いた。「うん、絶対死なないと思うよ」。

謝　辞

本書のような本では、取材に応じてくださった人たちは、貴重な情報の発信源であるとともに著者にとっての師でもある。ぼくの情報収集に当たって、門戸を開いて専門的知識を提供してくださった生物学者、生態学者、漁師、作家、養殖漁業家の皆さんに謝意を申し上げたい。とりわけ、ぼくのたび重なる無理なお願いを聞いていただいた以下の方々にお礼を申し上げる。Carl Safina、テッド・エイムズ、ダニエル・ポーリー、マーク・カーランスキー、オリ・ビグフッソン、ジョン・ローリー、ヨナタン・ゾハール、クイックパック漁業とユーピック族の人々、Tara Duffy, Jeremy Brown、アダム・ラローサとCanyon Runner Sportsfishing, D. Graham Burnett, Steve Gephard, Matt Steinglass、ニール・シムズ、トレバー・カーソン、ビッキ・スプルイルとSea Web's annual Seafood Summitの主催者各位、the Hellenic Center for Marine Research, the University of British Columbia Fisheries Centre、世界野生生物基金、IntraFish、ならびにモンテレー湾水族館。また、W.K.Kellog Foundation, the National Endowment for the Arts Literature Fellowship program, Bogliasco Foundation's Liguria Study Centerなどより提供された組織的経済支援に対し、心より謝意を述べる。編集という領域では、以前のぼくの魚の著述にかかわった出版者たちにまで遡って感謝の意を表わしたい。まず、一五歳の時まで戻って、ニューイングランド版『ザ・フィッシャーマン』誌に寄せたぼくの始めての記事を掲載してくれたTim Colemanに。また、その後かかわった『ニューヨークタイムズ』誌のAlexander Star, Gerald Marzorati, Jennifer Schessler, Amanda Hesser ならびに Carmel McCoubrey の諸氏に。本書編集にあたっては、The Penguin Press の Ann Godoff, Jane Fleming および Helen Cinford に感謝と敬服の意を捧げる。Cressida Leyshon, Sean Wilsey, John Donohue, David God, Katherine Baldwin Eng および David 〝Mas〟 Masumoto の諸氏による編集に関する私的なアドバイスには実に助けられた。情報収集の助手をつとめてくれた Kayla Montanye には、その熱心な仕事が環境問題執筆の長い経歴の出発点になってほしい、と特記してしかるべきである。誰よりも早くずっと前から魚の本が出版できると予見していた、わが釣り仲間で友人、そして代理人である David McCormick に、また、執筆の進捗にともなって援助してくれた多くの友人や同僚たちに心からの感謝を述べる。そしてもちろん、破産していた時期にやりくりしてぼくにボートを買わせてくれた母と、忙しい時に釣りに連れて行ってくれた父に感謝する。

最後に、海に潜っている男に必要な、大地のような心の支えをくれた誰かさんに愛と感謝をいっぱい捧げよう。エスター、愛と忍耐をありがとう。

訳者あとがき

本書は、ポール・グリーンバーグ（Paul Greenberg）による*FOUR FISH: The Future of the Last Wild Food*（The Penguin Press, 2010）の全訳です。原書は、二〇一〇年にハードカバー版、二〇一一年にペーパーバック版、電子書籍のキンドル版などが刊行されています。その他に、ＣＤによるオーディオブックも販売されているようです。

本書の日本語版に寿司屋の湯呑みみたいな邦題をつけたのは、訳者がとても寿司が好きだという理由にもよります。もちろん口に入るのは、プラスチックの皿に載って回っている寿司です。ところで、回転寿司の低価格は驚異的です。Ｂ級とはいえ、あれだけの品質であの価格を維持するのは、並大抵の努力でできることではないでしょう。いま日本中で、いや、世界のさまざまな地域で、大衆化した寿司がエンドレスで、しかも低価格で回り続けています。あの寿司ネタは、いったいどこから、どのようにしてやってくるのでしょうか。そして、寿司はカウンターの奥から永遠に流れ続けるのでしょうか。皿の上にはシャリしか載っていないという日が、突然来ることはないのでしょうか。

一方、流通にからむ企業努力以前の魚介類の原価は、どのように抑えられているのでしょうか。これら継続供給と価格抑制の疑問に対する答えの大部分は、養殖と捕獲技術の進歩にあるに違いありませんから、科学技術と経営手法の進歩を素朴に賞賛しておればめでたしめでたしなのですが、現実はそんなことを許していないということは、本書を読了された読者にはご承知の通りです。

著者ポール・グリーンバーグは、絵に描いたような釣りキチ少年でした。長じてジャーナリストになった後、再び水辺に戻りました。しかし、釣りと漁業環境のあまりの変化に違和感を覚え、また探究心を刺激され、世界の漁業の歴史と現状を調べ、未来に対する提言をすることになります。

本書でおもに扱っている四種の魚、河川のサケ、近海のシーバス、大陸棚外縁斜面のタラ、遠洋のマグロは、歴史上この順で（ヨーロッパの）人類が漁業の対象にしていったものです。それはまた、幼少時に始まる著者の釣行の発展の順にも一致します。漁業資源の枯渇の時代に到り、資源保護と養殖の現状を知るべく、著者は世界を駆けまわります。そこで巨大産業の破壊的漁獲と戦う人や、さまざまな工夫と努力を重ねた養殖家たちにインタビューをし、魚を釣り、海に潜ります。しかし当然ですが、著者は何でも禁漁にし、養殖すればよいという単純な結論には到りません。

本書は、このように今日的問題に対して精力的かつ真摯に取り組んだ一冊で、有数の魚食民である私たちこそが一読すべき本だと考えます。しかし、それだけに終わらず、アラスカの先住民に対する眼差しのやさしさや、イタリアでシーバスの稚魚を買い付けた帰りに地中海で嵐に遭って稚魚の大部分を死なせてしまうギリシャ人の話、あるいは、仔魚の餌の発見やウキブクロ形成の謎など、ドキュメンタリー番組を見ているような挿話が随所に組み込まれていて、読者を飽きさせません。

グリーンバーグ氏のこの行動力と筆力とを考えれば、『ニューヨークタイムズ』紙を始め、数々の出版社からの受賞も肯けます。また、本書は、すでにスペイン語、ドイツ語、韓国語に翻訳されており、続いてギリシャ語版、ロシア語版、ポーランド語版、中国語版出版の準備もされているそうです。

著者はアメリカ人で、漁業の歴史などは欧米中心に書かれているので、わが国の状況とは若干の相違があります。四種の魚の日本での有様をちらっと覗いてみましょう。サケは世界全体の漁獲量のなんと三分の一は日本で消費されていて、国内漁獲量は二十万トン以上ありますが、それと同じくらいの量を輸入しているそうです（藤原昌高著『からだにおいしい魚の便利帳』）。かつてサケは、ルイベにして寄生虫を殺さなければ生食できるものではありませんでした。現在スーパーマーケットと回転寿司店では大量のチリ産の養殖サケが幅をきかせていて、生食が可能になっています。

なお、越後村上藩では、一七〇〇年代（江戸中期）にサケの母川回帰を発見し、産卵を促すために河川改修工事を行なって大量の遡河を誘導していました（『村上市史』）。これは養殖でもなければ、単なる漁獲でもなく、本当に持続可能な営みと言えるでしょう。現在でも新潟県村上市では、サケは重要な特産品です。

シーバスに相当するスズキはやはり高級魚の仲間で、欧米とは違って釣りの対象以外ではそれほどポピュラーではありません。釣りの場では、成長と共に名前を変える出世魚として、また、釣り上げた時にエラ洗いと称する激しいファイトをすることで知られています。

タラは、スケトウ、マダラともに人気があります。白い魚肉だけでなく、卵巣（真子）や精巣（白子）も好まれますが、スケトウダラの卵巣は明太子として格別の需要があります。しかし、欧米のように主食とも思えるような扱いもしませんし、この魚をめぐって戦争をしたこともありません（なんと、かつて大西洋タラをめぐってアイスランドと主にイギリスとの間で三度にわたる武力衝突がありました）。

マグロ、ことにクロマグロは圧倒的に日本人が食べています。しかし世界中の多くの国が捕獲をしています。日本へ輸出するためです。最近は中国へも向かっているようです。先日（二〇一二年一一月）の新聞によると、個体数の継続的減少にあったクロマグロがその年は増加傾向を見せたので、ＩＣＣＡＴでは捕獲枠の緩和を求める声が大きくなったといいます。若干の個体数増加に対してただちに捕獲数を増やすことが認められるかどうか、本書の読者に判断をお願いしたいと思います。テレビでは相変わらず食べ物を扱うシーンが多く、クロマグロもよく登場します。しかし、そこでは美味しさと豪華さを謳い、解体ショーを見せて視聴者の気分を高揚させようとするものがほとんどで、マグロ個体数減少に警鐘を鳴らし、対策を考えさせる番組はあまり見当たらないようです。

ところで、海洋環境と水産業を展望して、著者はＰＣＢや水銀など、産業廃棄物による野生魚の汚染と、養殖産業による海洋の汚染を取り上げていますが、本書の原書出版後に、わが国で震災による原子力発電所の事故が発生し、放射性物質の漏洩が続いていますが、その収束の目途は立っていません。汚染物質が一つ増えたわけです。この一件が、魚介類とそれを食べる私たちにどの程度の影響を与えるのか、まだ誰も知りませんし、このような事故が繰り返されないという保証もありません。このことを加味した海洋政策が必要になったことは明らかです。

蛇足を一つ。本書でも数ページを割いてクジラに触れていますが、訳者としては、個体数の減った生き物を捕獲することには当然賛成できないし、「調査捕鯨」にもうさんくさいものを感じます。しかし本書の著者や一部欧米人の言うように、クジラは「何か特別なもの」だから殺してはいけないという主張は、理解を超えています。

最後に、拙い翻訳に適切な指摘をし、また訳者の疑問や考えに根気強く対応して、この日本語版に日の目を見せてくださった、地人書館の永山幸男氏に心より感謝申し上げます。

二〇一三年一〇月

夏野徹也

(103) 2009年秋の取材で、Central Fisheries Board of Irelandの主席研究員Paddy Gargan博士は、野生サケ個体群に対するウミジラミの悪影響を繰り返し強調した。同時に、野生サケの回遊域から離れた開放海域に養殖場を設置すれば、野生個体群に対する危害はずっと少なくなる可能性があることも指摘した。

ちによれば、この爆発的増加は個体数減少傾向にある中での突出現象で、例外的に良い年まわりに当たったということなのだ。多くの魚種の漁獲高下降を示すグラフにおけるこのような突出現象は珍しいことではなく、時には10年にわたる間隔で起こることがあって、このことが産卵条件や幼魚生存の良い年まわりの原因となっている。しかし、典型的漁獲高下降状況の中で、個体数のピークはくぼ地が削られるように次第に低くなり、漁業管理者の多くはこのニセのピークに騙され続けてきた。

2010年春のケープ・ハッテラス沖のほぼ全部の魚が90kg以下の「小型」魚で、制限商用サイズ以下だった。もしこの良い年まわりの魚が保護されれば、魚たちは実際にもっと大きな、種全体としての回復を起こすもとになりうる。だがわずか2、3ヵ月以内には魚は営業漁船の漁獲対象としての大きさに育って海域から一掃され、これまで続いてきたグラフのピークと谷は、やはり下降を続けることになるだろう。

(97) こう言ったのはICCAT科学会議の前の委員長Joseph Powersで、北部諸州と南部諸州との間で提案された「5分の3妥協案」を引き合いに出しているのだが、これは議員の選出権では奴隷の人数を実数の5分の3として算出するというものだった〔アメリカ合衆国憲法の第1条第2節第3項の「下院議員及び直接税は、この連邦に加わる各州に、それぞれの人口に応じて配分される。その人口は、自由人の総数に、すべての他の人の5分の3を加えて算出する」のこと。すなわち、「すべての他の人」とは黒人とインディアンのことで、下院議員の選出と直接税の改税基準において白人一人に対して5分の3人と数えられた〕。

まとめ

(98) この調査結果はQuadra Planning Consultants Ltd. (2004) Seafood Watch Evaluation: Summary Report, Galiano Institute for the Environment, Salt Spring Island に載っている。

(99) シーフードのことをロシア語ではダリ・モリヤ（*dary morya*）つまり「海からの贈り物」と言うが、ソビエト風のもっと専門的な用語、モリエプロドゥクティも使われる。これは「海産物」という意味。

(100) 2009年1月16日の*Science*誌によれば、魚には炭酸カルシウムを産生する能力があるが、これは海水のpHを塩基性にする物質だ。海洋に存在する炭酸カルシウムの、15%までもが魚の排泄物に由来するらしい。R. W. Wilson, "Contribution of Fish to the Marine Inorganic Carbon Cycle," *Science*, Jan. 16, 2009を参照されたい。

(101) 漁業助成金に関する統計は次の文献に掲載されている： Rolph Willmann and Kieran Kelleher, eds, *The Sunken Billion: The Economic Justification for Fisheries Reform* (Washington and Rome: World Bank and UN Food and Agriculture Organization, 2008).

(102)「海洋保護区域」という概念は、環境保護論者にはおおむね一様に気に入られていて、漁師からは悪口を浴びせられている。禁漁区での「過剰」効果が激しい議論の対象になり、漁師たちは漁場を閉鎖するだけの科学的根拠はないと主張している。Paul Greenberg, "Ocean Blues," *New York Times Magazine*, May 13, 2007の中で、ぼくは海洋保護区域に対する自分の主張をもっと詳しく説明しておいた。もっと新しいデータが入ってきている。2010年2月に、ある科学者団体がグレートバリアーリーフの禁漁区を5年間追跡調査し、たいていの禁漁区では魚の個体数が漁業操業区域の2倍になっているという結論を得た。

Biology, vol. 22, no. 2 (April 2008), pp. 243-46 である。もちろん漁師たちは Safina たちの厳格な評価に異を唱えるが、Safina は 2006 年には合衆国の漁師は割り当て分の 10%しか捕れないということをいち早く指摘した。クロマグロが賢すぎて捕まらない（きわめてありそうもない）か、単に許容漁獲量が正当化されるだけの頭数がいないかである。

(87) ICCAT によるクロマグロの査定は "Sock Status Report 2008: Northern Bluefin Tuna ― East Atlantic and Mediterranean Sea," http://www.firms.fao.org/firms/resource/10014/en で見ることができる。

(88) 保護論者は、クロマグロに加えて絶滅が危惧される 4 種のサメも CITES の補遺Ⅱに入れようと強力に推した。これらのサメはひれ取りの犠牲者だ。サメは捕獲されるとひれを剥ぎ取られ（フカヒレスープ用）、船外へ捨てられる。最終的に、4 種のうち 3 種のサメが CITES の審議過程で委員会段階を通過することすら叶わなかった。ニシネズミザメ というサメは、委員会ではギリギリ 1 票差で承認されたが、最終全体会議の結末では却下された。つらい野生生活を送っているのはマグロだけではない。あたかもあらゆる魚が同じ差別待遇を受けているように思える。

(89) 大西洋メカジキ回復の詳細な報告は、John Pickrell, "North Atlantic Swordfish on Track to Strong Recovery," National Geographic News, Nov. 1, 2002, http://news.nationalgeographic.com/news/2002/11/1101_0211101_Sward- fish.html に載っている。

(90) 水俣の水銀中毒の報告は Masazumi Harada（原田正純）, "Environmental Contamination and Human Rights ― Case of Minamata Disease," *Organization & Environment*, vol. 8, no. 2 (1994), pp. 141-54 に載っている。

(91) PCB 問題と同様に、水銀汚染の詳細な説明や汚染レベルの基準を求める読者には、*What to Eat* (San Francisco: North Point Press, 2007) にある Mario Nestle のすぐれた要約の参照がここでも役に立つ。

(92) シーフード選択キャンペーンとそれが政策に及ぼした効果についての詳細な論評が次の論文である：Jennifer L. Jacquet and Daniel Pauly, "The Rise of Seafood Awareness Campaigns in an Era of Collapsing Fisheries," *Marine Policy*, vol. 31 (2007), pp. 308-13.

(93) Richard Ellis の *Tuna: A Love Story* には、クロマグロ飼育について網羅した魅力的な記述がある。

(94) カハラ、別名コナ・カンパチは、現在のところ飼育下にある、数種のセリオラ属魚類のうちの一種だ。日本には古くからブリ（寿司用語では「ハマチ」という）養殖の伝統があるが、これはいまだに野生幼魚の捕獲をもとにした産業だ。オーストラリアでもブリを大量に肥育している。シムズ（Sims）の活動で際立って見えたのは、養殖場の位置決めが適切なこと、魚油や魚のタンパクの少ない飼料を探求していたこと、それに野生状態では商業的価値がなく、それゆえ大量にいる魚を用いたことだ。

(95) ここに引用した寿司屋の店長はマンハッタンの Sushi Yasuda（寿司安田）を創業した Naomichi Yasuda（安田直道）という優秀な人だ。

(96) マグロ漁をていねいに追跡調査している者なら、2009 年の漁は最悪だったが、本書が印刷にまわされる直前の 2010 年の春には、ノースカロライナ沖で今まで何年間もなかったクロマグロの著しい魚群がいたことに気づくのは疑いようがない。しかし、10 年以上もこの魚に標識をつけ、研究を続けてきた Tag という巨大財団の研究者た

York: Alfred A. Knopf, 2008).

(77) "虎の巻" (The Holy Tuna Tablets) は、http://www.screamingeel.com/HolyTunaTablets にアクセスすれば閲覧できる。

(78) クロマグロの大洋横断パターンの多くは、まだ完全に調査されていない。太平洋では、クロマグロは西部で産卵し、幼魚は東へ移動する。大西洋では、メキシコ湾でも地中海でも産卵する。東部大西洋と西部大西洋のクロマグロは別の血統だと考えられているが、両集団の混合が記録されており、東部と西部の血統の混合が、あらゆる意味で大西洋クロマグロ集団の健全性を保つ重要な因子なのだと推測されている。大西洋の移動パターンについては、Jeffery J. Polovina, "Decadal variation in the trans-Pacific migration of northern bluefin tuna (Thunnus hynnus) coherent with climate-induced change in prey abundance," *Fisheries Oceanography*, vol. 5, no. 2 (Oct. 5, 2007) を、大西洋の移動パターンについては、Barbara A. Block et al., "Electronic Tagging and Population Structure of Atlantic Bluefin Tuna," *Nature*, vol. 434128 (April 2005) を参照されたい。

(79) 公海における漁獲高の動向は、University of British Columbia Fisheries Center の研究者 Wilf Swartz より得た。

(80) とても面白く、かつ知識豊かな著書 *The Story of Sushi: An Unlikely Saga of Raw Fish and Rice* (New York: Harper Perennial, 2008) の作者 Trevor Corson は日本におけるマグロと寿司の歴史、それにいつもは調理した魚を嫌う人がどうして寿司に魅力を感じるのかということの生化学的根拠を教えてくれた。日本人の寿司食習慣についてたずねると、Corson は　Corson と Sakiko Kajino が翻訳した、原典は日本語だった本を何冊か参考にして説明した。以下はその本である：美しい日本の常識を再発見する会（編集）『日本人は寿司のことを何も知らない。』(学研、2003)。坂口守彦、望月聡、村田道代、横山芳博『魚博士が教える魚のおいしさの秘密』(はまの出版、1999)。里美真三『すきやばし次郎 旬を握る』(文藝春秋、1997)。吉野舁雄『鮓・鮨・すし――すしの事典』(旭屋出版、1990)。

(81) カナダのクロマグロ漁と、カナダのクロマグロを日本へ運んだ日本のビジネスマンとの詳細な報告は、Sasha Issenberg, *The Sushi Economy: Globalization and the making of a Modern Delicacy* (New York: Gotham, 2007) に載っている。

(82) クロマグロの銛打ち漁師 Steven Weiner の言葉が John Seabrook, "Death of a Giant," *Harper's*, June 1994 に引用されている。

(83) クジラの分類学の歴史の要約と、クジラ保護運動の歴史の一部はおもに D. Graham Burnett への取材、ならびに、次に記す彼の著書に由来する：*Trying Leviathan: The Nineteenth-Century New York Court Case That Put the Whale on Trial and Challenged the Order of Nature* (Princeton, NJ: Princeton University Press, 2007).

(84) Amy Standen, "Roger S. Payne" Salon, Oct. 30, 2001, http://www.salon.com/people/bc/2001/10/30/roger_payne に載っている Roger S. Payne の言葉を引用。

(85) ノルウェイの捕鯨業の記述の参考資料は、Philip Clapham への取材で得た。彼は research fisheries biologist and vice president, Center for Cetacean Research & Conservation である。

(86) 西部大西洋におけるクロマグロの現況に関する本書での典拠は、Carl Safina and Dane H. Klinger, "Collapse of Bluefin Tuna in the Western Atlantic," *Conservation*

タラのように幼少期のロブスターを餌にする捕食者が減ったからだとして異論を唱える海洋生物学者もいた。Ames は、ニューイングランド植民地にはタラもロブスターも大量にいたという記録が沿岸水産会社にあることを根拠に、この論点に反論している。

(66) シェットランド諸島の経済と社会構造に関する観察記録は、2007 年の春の始めに Lerwick の町の内外で行った取材に基づいている。

(67) 五つの自由の詳細は http://www.fawc.org.uk/freedoms.htm を参照。

(68) 野生の放浪タラと養殖タラとの相互作用についての知見は、2006 年春に行なった、ノルウェー、トロムソのノルウェー・シーフード輸出会議の当局者への取材による。

(69) ノーキャッチのタラ養殖事業の内側からの崩壊は次の記事に詳しく述べられている : Severin Carrell, "World's First Organic Cod Farm Sinks into Administration with £40m Debt," *Guardian*, Mar 6, 2009.

(70) グリーンピース、世界野生生物基金 (WWF)、および海洋管理協議会 (MSC) がユニリーバーといかにかかわったかについての報告が、次の書にある : Bob Burton, Inside Spin: *The Dark Underbelly of the PR Industry* (Sydney: Allen & Unwin Academic, 2008).

(71) ベトナムのパンガシウス属魚類産業に関する知見のほとんどは、2008 年 5 月にメコン川を遡って行なった調査旅行で得たものである。世界野生生物基金水産養殖意見交換部門 (World Wildlife Fund's Aquaculture Dialogues) に所属する養殖学者、Favio Corsin の話がとくに有益な情報だった。彼はずっとベトナムに住み続けていて、パンガシウス養殖の爆発的発展と歳月を共にしている。パンガシウス生産の成長に関する統計は http://www.worldwildlife.org/what/globalmarkets/aquaculture/dialogues-pangasius .html を参照。

(72) ティラピアの繁殖と成長に関する知見は、Ron Phelps への e メール取材から得た。Phelps は assistant professor, Department of Fisheries and Allied Aquaculture, University of Alabama at Auburn である。

(73) ティラピアの養殖についての知見は、2008 年に出席した世界野生生物基金ティラピア養殖意見交換部門 (World Wildlife Fund's Tilapia Aquaculture Dialogues) の中のある会議に、おもに由来している。

(74) 異臭に関する情報は、ミシシッピ、アーカンソー、およびアラバマのナマズ産業に勤務する人たちへの取材から得た。詳細については、Craig Tucker に教わった。Tucker は director, National Warmwater Aquaculture Center, Mississippi State University である。

(75) スケトウダラがロシアの海域へ移動したという報告は、次の記事にある : Kenneth R. Weiss, "U.S. Fishing Fleet Pursues Pollock in Troubled Waters," *Los Angels Times*, Oct. 19, 2008.

第４章　マグロ

(76) マグロの形態学、回遊パターン、ならびに狩猟行動は、以下の 2 書をもとに記した : Carl Safina, *Song for the Blue Ocean: Encounter Along the World's Coast and Beneath the Seas* (New York: Henry Holt, 1998), および Richard Ellis, *Tuna: A Love Story*, (New

(57) ジョージズバンクの中のおよそ17000km^2、つまり、25%が海底トローリングを禁止されている。タラおよびその他のタラ目魚の回復が促進されただけでなく、University of Rhode Island の研究者によれば、ホタテガイが14倍に増えているという。ジョージズバンクの回復データに関するその他の情報ならびに禁漁海域の地図は、Georges Bank Benthic Study, http://www.seagrant.gso.uri.edu/research/georges_bank/. で閲覧できる。

(58) この断定を下したのは Andy Rosenberg である。ヨーロッパやカナダの規制官たちはこの断定における言葉使いには異を唱えたが、規制が功を奏していないことは認めている。欧州議会の director of the European Bureau for Conservation and Development within the Secretariat of the Intergroup on Climate Chang and Biodiversity である Despina Pavlidou は、ヨーロッパ共同漁業政策のことを「失敗作だ」とこき下ろしている。

(59) ジョージズバンクおよびメイン湾のタラ個体数の査定と回復目標数はおもに Loretta O'brien と Ralph Mayo への取材、ならびに二人の論文から引いている：Loretta O'brien and Ralph Mayo, *Status of Fishery Resources Off the Northeastern US: Atlantic Cod* (Woods Hole, MA: National Marine Fisheries Service Northeast Fisheries Science Center, Dec. 2006).

(60) 漁場を閉鎖してもすぐには1990年代初期の状態に回復しなかったのだから、ジョージズバンクのタラの回復目標は延長すべきだと、Rosenberg は確信している。1980年代後期に大量に産卵していたタラは、それほどひどい漁獲に会わなかったので個体群のバイオマスが十分に大きくて、その頃には目標期限に間に合ったのだろう。

(61) 変わりゆく基準値説の初出論文は Daniel Pauly, "Anecdotes and the Shifting Baseline Syndrome of Fisheries," *Trends in Ecology and Evolution*, vol. 10 (Oct. 1995), p. 430 である。

(62) おそらく、漁業資源の減少に関して主要な科学誌にもっとも多く引用されている論文は、Ransom Myers and Boris Worm, "Rapid Worldwide Depletion of Predatory Fish Communities," *Nature*, vol. 423, May 15, 2003, pp. 280-83 である。

(63) Ted Ames の言うタラ個体数の回復は次の論文に掲載されている：Edward P. Ames, "Atlantic Cod Stock Structure in the Gulf of Maine," *Fisheries*, vol. 29, no. 1 (Jan. 2004), pp. 10-28.

(64) 聞いた話だが、タラの回復に関するある個人的な観察では、ニューヨーク州モントーク沖で、ここ20年ばかりでは見たことのない大量のタラの出現が2年続いている。2010年の冬に、ロングアイランド西部、ニューヨーク市と同じくらいはるか西にいた遊漁船が、モントークまで移動して来て操業に加わった。2010年2月には、大ニューヨーク〔マンハッタン島のニューヨークに、ブロンクス、ブルックリン、クイーンズ、リッチモンドを加えた広義のニューヨーク〕周辺の船でさえ、1艘当たり50匹ないし60匹のタラを漁獲したと伝えている。ぼくが取材した生物学者たちは、最近南部水域で豊富になったタラの数がこれからもずっと続くかどうかについては、断定を避けていた。

(65) メイン州のロブスターの回復については、Melissa Clark, "Luxury on Sale: The Lobster Glut", *New York Times*, Dec. 10, 2008, p. D3 に詳細が載っている。しかし、ロブスター（ズワイガニもそうだが）のにわか景気は、優れた経営によるものではなく、われ、今やヨーロッパの多くの養殖場でシーバスとシーブリームとが同時に飼われていることにも注目すべきだろう。シーバスがアメリカ市場では、ブランチーノというイタリア名をつけられて花形になったのと同様、シーブリームもヨーロッパの衣装をまとうようになり、現代のメニューでは「アウラータ（aurata)」というラテン名で呼ばれている。養殖業者が、地中海で起こった海産魚養殖の大躍進を語る時には、たいていヨーロッパ・シーバスとシーブリームとをいっしょにして語る。ある点では、シーバスとシーブリームの養殖進展と大躍進は互いに負けず劣らずだったのだ。

第３章　タラ

(51) タラの収奪ならびにタラ産業の歴史についての要約は、おもに Mark Kurlansky, *Cod: A Biography of the Fish That Changed The World* （New York: Penguin, 1998)〔日本語版『鱈』(飛鳥新社、1999)〕、および、以下の二人への取材によった：ニューファンドランド州セントジョンズ、Memorial University, Fisheries and Marine Institute of Memorial University Conservation, 水産学教授 George Rose （2006） ならびに、ノバスコシア州ハリファックス、Dalhousie University, Biology Department, Marine Renewable Resources 主任教授 Heike Lotze （2008)。

(52) あらゆる野生魚の値段は季節によって、また年間を通して変動する。タラの市場価格はキロ当たり 18 ドルというのが確実な相場なのだが、2007 年のニューヨーク市あたりでの非公式調査では、キロ当たり平均 29 ドル前後だった。

(53) FAO がデータを信頼してこの刊行物を公布したのは、2001 年に *Nature* 誌に載った次の論文に触発されたからだ：D. Pauly and R. Watson, "Fishery Statistics: Reliability and Policy Implications," FAO, 2002, http://www.fao.org/DOCREP/FIELD/&/Y3354M/Y3354M00.HTM

(54) イギリスのシーフード摂取の風潮は、以下に由来する：Scientific Advisory Commission on Nutrition, "Advice on Fish Consumption, Benefits and Risks," Food Standard Agency and the Department of Health （Norwich, UK: Her Majesty's Stationery Office, 2004).

(55) タラ目の進化と放散に関する本書での要約は、おもに次の文献に由来する：Jurgen Kriwet and Thomas Hecht, "A Review of Early Gadiform Evolution and Diversification: First Record of a Rattail Fish Skull （Gadiformes, Macrouridae） from the Eocene of Antarctica, with Otoliths Preserved in Situ, "*Naturwissenschaften*, vol. 95, no. 10 （Oct. 2008), pp. 899-907, http://www.springerlink.com/content/b3262512uh182823

(56) ファストフード伝説が好きな人向けの面白い話がある。フィレオフィッシュ(Filet-O-Fish)・サンドウィッチは、シンシナティ・エリアのマクドナルド・チェーンの店長、Lou Groen が考案したものだという。Groen は、店のメニューに魚が載っていないので、金曜日にはカトリック系のお得意さんがほとんど来ないということに気がついた。最初のフィレオフィッシュにはオヒョウ〔カレイ科の大型魚〕を使ったので、このサンドウィッチは 30 セント（1960 年代後期の価格）近くになった。マクドナルドの幹部たちは Groen に、全国に広めるつもりなら 25 セントにするように言った。その値ごろにするため、Groen はずっと安い大西洋タラに切り換えたという。Paul Clark, "No Fish Story: Sandwich Saved His Mcdonald's," repr. *USA Today*, Feb. 20, 2007.

(41) イスラエルにおける初期の頃の養殖の歴史は次の文献に掲載されている："National Aquaculture Sector Overview: Israel," National Aquaculture Sector Overview Fact Sheets, text by J. Shapiro, FAO Fisheries and Aquaculture Department (online), Rome, updated July 6, 2006, http://www.fao.org/fishery/countrysector/naso_israel/en.

(42) イスラエルにおける初期の頃の養殖事業の開発については、文献から引用したものばかりではなく、ヨナタン・ゾハールも重要な情報源である。

(43) イタリア人がイオニア海でダイナマイト漁法を行なったという、信頼できる記録にお目にかかったことはないが、タナシス・フレンツォスは、この漁法がギリシャ沿岸における野生シーバスを減衰させた重要な要因だと考えている。The director of the Laboratory of Ichthyology at the School of Biology of Aristotle University at Thessaloniki の Konstantinos Stergiou 教授は、ダイナマイト漁法があったこと、ならびに野生魚の数が減少すればするほど漁獲方法が過激になっていくことを確認した。

(44) Melissa M. Stevens, *White Sea Bass* (Monterey, CA: Monterey Bay Aquarium Seafood Watch, 2003) には、ホワイトシーバス関連発行物すべてが記載されている。

(45) 本書もそうだが、多くの本でパタゴニア・トゥースフィッシュ、別名チリ・シーバスを扱っているが、1冊の本になるほどの記載と命名をしたのは次の書である：G. Bruce Knecht, *Hooked : Pirates, Poaching, and the Perfect Fish* (Emmaus, PA: Rodale Books, 2007)〔日本語版『銀むつクライシス』(早川書房、2008)〕。

(46) 生餌としてワムシとアルテミアを使うことについては、次の文献で詳細に論じている：*Manual on the Production and Use of Live Food for Aquaculture*, FAO Fisheries Technical Paper 361, ed. Patrick Lavens and Patrick Sorgeloose, Laboratory of Aquaculture and Artemia Reference Center, University of Ghent, Belgium, 1996.

(47) フォン・ブラウンハットの常軌を逸した人生と「シーモンキー」の販売促進活動は "Harold von Braunhut, Seller of Sea Monkeys, Dies at 77," *New York Times*, Dec. 21, 2003. に要約されている。

(48) 飼育水槽の水面に浮かぶ油をすくい取るというタナシスの工夫は、同じ頃にヨーロッパ中の他の研究施設でもなされ始めていた。

(49) ぼくの知る限りでは、地中海への養殖漁業導入以前であれ以後であれ、シーバスやシーブリーム〔タイ科の食用魚〕の遺伝的側面を徹底的に分析した、評価に耐えるだけの研究はない。しかし、地中海では養殖したバスやブリームが今や野生バスやブリームより優勢になっているという事実は University of Maryland のヨナタン・ゾハール (Yonathan Zohar) や、Hellenic Centre for Marine Research at Iraklion のペスカル・ディヴァナシ (Pascal Divanch) をはじめ、ほとんどの科学者にとって自明のことである。

(50) 日本のマダイ (*Pagrus major*) が海洋養殖のロゼッタストーンだったということを事例として挙げるべきだ。マダイの養殖で開発された多くのものが、ヨーロッパ・シーバスのそれと対応している。実際に、日本人が海産魚を飼い馴らそうとした動機はイスラエル人のそれとまったく同じだ――孤立した国家というものは、国家の食料保障に深い関心を持っているし、海洋資源の減少に直面しているものなのだ。とはいうものの、もっとも速やかに規模を広げ、いち早く世界市場へ展開した養殖海産魚はヨーロッパ・シーバスだった。地中海でいったんシーバス養殖が始まるや、同じ手法によるギルトヘッド・シーブリーム (*Sparus aurata*) の飼育化計画も地中海で行な下へ押し込められる際に起こる。現代の分類学者は、化石中心の研究手法から手を引き、比較的新しい学問である系統発生学の手法を携えて魚類の分類に再挑戦することが多くなりつつある。系統発生学では、現生生物のDNAを比較し、その中に保存されている共通の祖先を示す証拠を探す。普通のいわゆるバスやスズキ目のDNA解析をして、的確な分類をするための系統発生学的手法についての考察は次の論文にある: Wm. Leo Smith and Mathew T. Craig "Casting the Percomorph Net Widely: The Importance of Serranid Percid Fish," *Copeia* 2007, No. 1.

(35) ウキブクロと魚の形態についての本書での記述はおもにOregon Hatchery Research CenterおよびOregon State Universityの教授にしてシニアサイエンティストであるDavid L. G. Noakesへの2007年の取材に基づく。進化の過程において魚類がウキブクロを開発したのは、スズキ目の出現よりはるかに古い時代だった。8500万年前に現れたスズキ目に対して、ウキブクロの開発は2億5000万年前まで遡る。沿岸部のスズキ目は、ヨーロッパ・シーハスと同様に耐水圧能力が低いので、素人漁師でも潜れる範囲の深さにいる。底性スズキ目の魚類では、600mの深みに棲むチリ・シーバス（パタゴニア・トゥースフィッシュ）と同様、ウキブクロが小さく、また存在しないものさえいる。チリ・シーバス／トゥースフィッシュは、浮き上がりたい時には油を直接組織内へ分泌する。チリ・シーバスが食用魚としてとても人気が高いのには、筋肉組織中に浮遊オイルが注入されているので、ちょっとやそっとでは焼きすぎにならないということも一因となっている。

(36) H. G. Liddell and Robert Scott, *An Intermediate Greek-English Lexicon* (Oxford University Press, 1945).

(37) ヨーロッパ・シーバスの賢さをうたったローマの詩人たちの作品は、Jonathan Couchの*A History of the Fishes of the British Isles* (London: George Bell and Sons, 1848) に引用されている。Ovid〔オヴィディウス、ローマの詩人〕は魚が下へ潜って網をやりすごすことがよくあると記し、Oppian〔オッピアノス、ギリシャの詩人〕は魚が体を曲げ、身をよじることで意識的に自分の口の穴を広げ、針を外しやすくするのだろうと言っている。ぼくは、魚が追いかけられたり針にかかったりした時に独特の行動をとるという話を割り引いて聞いたりしないが、魚が人よりすぐれた資質を持っているという話は魚を擬人化することで生まれたのであり、漁師が魚を捕えられないのは、魚の逃走技術よりも魚が大量にいるかどうかということに関係があるのだと思っている。

(38) 地中海の貧栄養性および人口との相互作用に関するおもな情報源は、Hellenic Centre for Marine Research, Iraklion, GreeceのConstantinos C. Mylonasへの2007年の取材である。

(39) 新石器時代人類の食品ならびにGaltonの選択基準は、Juliet Clutton-Brock, *A Natural History of Domesticated Mammals* (New York: Cambridge University Press, 1999) より引用した。

(40) 多くの養殖学者たちへの取材のおかげで、海洋性スズキ目の飼育への理解が深まった。以下にその学者たちの名前と所属を記す: Constantion Mylonas and Pascal Divanch at the Hellenic Centre for Marine Research in Iraklion, Greece; Josh Goldman at Australis Aquaculture, the cod farming research facilities at Fiskeriforskning and Akvaforsk in Norway; and Yonathan Zohar at the University of Baltimore.

(26) 魚食のリスクと利点について二次解析をしたMozaffariaの論文：Dariush Mozaffarian and Eric B. Rimm, "Fish Intake, Contaminants, and Human Health: Evaluating the Risks and the Benefits," *Journal of American Medical Association*, vol. 296, no. 15 (Oct. 15, 2006), pp. 1885-99. このほか、魚肉中の汚染物質と健康上の相対的利点に関する議論を要約した、Marion Nestle, *What to Eat* (San Francisco: North Point Press, 2007) というすぐれた本がある。

(27) この研究は1998年にADI社の指導を受けていて、その内容は*A WWF Handbook on Production Practices, Impacts, and Markets*に前記（23）と同様引用されている。

(28) 世界初の養殖業者：古代の養殖の実際、ならびに古代の人々がどうやって環境にやさしい方法を使えたかということについての考察が、Barry Costa-Pierce, *Ecological Aquaculture: The Evolution of the Blue Revolution* (Oxford, UK: Wiley-Blackwell, 2002) に載っている。

(29) ニューヨークのサケ遡上河川へのサケの再移入に関する情報源は、ニューヨーク州環境保護局、サケ遡上河川特別助手のFran Verdoliva。彼は、2009年秋のぼく宛の手紙に、1800年代以来初めて、自然繁殖のアトランティックサーモンが47匹、オンタリオ湖に続く支流で見つかったと書いている。これは実に心強いことだ。というのは、陸封型のアトランティックサーモンこそがオンタリオ湖固有のサケだからだ。

第２章　シーバス

(30) 国連食料農業機構（FAO）の報告書、*The State of World Fisheries and Aquaculture 2008*, ed. J.-F. Pulvenis de Seligny, A. Gumy, and R. Grainger (Rome: FAO, 2009) には、世界中の養殖漁業の成長について、最新の統計が載っている。

(31) Dick Russell, *Striper Wars: An American Fish Story* (Washington, DC: Island Press, 2005) は、ほとんど絶滅しかかっていたが奇跡的に個体群の回復を見た、アメリカのシマバスに関するすぐれた報告だ。

(32) バスの語源については、見解は一致していない。Anatoli Libermanは次のように言っている。「有名なドイツ語の語源辞典を著したFriedrich Klugeや、『オックスフォード英語辞典』（OED）の偉大なる編者、James A. H. Murrayが、はたしてbarseの起源を理解していたかどうかはわからない。Murrayは、基本においてはドイツの学者たちと合意していた。Klugeの初版本とOEDの第1巻とはほとんど同時に出版された……が、Klugeの方に先取権がありそうだ。両者とも英語でいうbristle（剛毛）の語源としてbarse/barschを挙げていて、両方とも正しいとされてきた」。

(33) University of British ColumbiaのFish Base database, http://www.fishbase.orgを調べて魚の名前ゲームをすれば、誰でも充実したひと時を過ごせる。魚は一般名でも学名でも探すことができ、ここにある情報であいまいなものを排除できるので、魚を同定する際のいろいろな難問を解決できる。

(34) スズキ目の難題に関する本書での要約は、おもに2008年のJoseph Nelsonへの取材をもとにしている。Nelsonは魚類分類学の書、*Fishes of the World*, 4th ed. (Hoboken, NJ: Wiley, 2006) の著者である。スズキ目の分類に当たって生じる問題の一つは、海水魚の化石はたいてい海底に沈むので、マグマによって変形されることだ。それは久遠の時を経て行なわれる大陸の潜り込みの過程で、あるプレートが別のプレートの

(20) 本書で要約した動物育種の方法論は、おもに以下の2書に依拠している : Jay L. Lash, *Animal Breeding Plans* (Ames, IA: Iowa State University Press, 1937) および Trygve Gjedrem, *Selection and Breeding Program in Aquaculture* (New York: Springer, 2005).

(21) サケの養殖が、インターネット関連の新興企業のように、ノルウェイに始まり、チリやカナダやどこかほかの国へ広がったことについて、面白くかつ完璧に報告した本がある : Aslak Berge, *Salmon Fever: A History of Pan Fish* (Bergen, Norway: Octavian, 2005).

(22) 養殖サケおよび他の養殖魚の飼料変換率に関する議論については以下の論文を参照されたい。Rosamond L. Naylor, et al., "Feeding Aquaculture in an Era of Finite Resources," *Proceedings of the National Academy of Science of the United States of America*, vol.106, no. 36 (Sep. 8, 2009), pp. 15,103-10、および Albert Tacon and Marc Metien, "Global Overview on the Use of Fish Meal and Fish Oil in Industrially Compounded Aquafeeds: Trends and Future Prospects", *Aquaculture*, vol. 285, no. 1-4 (2008), pp. 146-58. 飼料の重量を測る際に、養殖業者と科学者とでは違う測定法を使うことが多いので、公表された飼料変換率は誤解を招きやすい。業者は乾燥重量、つまりサケ用の乾燥ペレットの重さを使うのに対して、生態学者は湿重量、つまり飼料になる前の生魚のそのままの重さを使いがちだ。1kg の乾燥飼料とは、生の魚を脱水したもので、1kg よりはるかに大量の本物の魚を意味しているのだ。

(23) サケ養殖場が遺伝子および環境汚染によって野生サケに悪影響を与えていることについて、多くの著者が議論している。サケ養殖に反対する主張が次の論評集にまとめられている : *A Stain Upon the Sea: West Coast Salmon Farming*, by Stephen Hume, et al. (Madeira Park, BC, Canada: Harbour Publishing, 2004). いずれのサケ養殖反対主張者の側にも、いつでも批判に対して論争できる養殖学者集団がついている。養殖業者の意見と環境に対する懸念とが、共に次の書に詳述されている : Katherine Bostick, Jason W. Clay, and Aaron A. McNevin, *Aquaculture and the Environment: A WWF Handbook on Production Practices, Impacts, and Markets* (Washington, DC: Center for Conservation innovation, World Wildlife Fund, 2005).

両者の意見から受けたぼくの印象は、感染性サケ貧血症 (infectious salmon anemia) とウミジラミのような寄生虫は、サケの集団に対するきわめてわかりやすい脅威だということと、各種血統の遺伝子の希釈という現象は立証が困難だということだ。否定しようもないことは、アトランティックサーモンの野生個体群は極度に衰えており、極度に数が減った個体群は数が多く逞しかった時の個体群よりも、環境のかく乱に対して脆弱だということだ。

(24) 感染性サケ貧血症 (infectious salmon anemia, ISA) は 1990 年代初頭に始めて出現し、それ以来発症数の増減を繰り返しているが、流行の波はしだいに大きくなっている。ISA のために、2010 年にはチリのサケ生産高が第3位に落ちた。Eduardo Thomson, "Chilean Salmon Output to Fall a Third, Association Says," Bloomberg, Jan. 28, 2010.

(25) ピュー財団の資金供与による、養殖サケと PCB に関する研究論文 : Ronald A. Hites, Jeffery A. Foran, David O. Carpenter, M. Coreen Hamilton, Barbara A. Knuth, and Steven J. Schwager, "Global Assessment of Organic Contaminants in Farmed Salmon," *Science*, vol. 303, no. 5655 (Jan. 9, 2004), pp. 226-29.

Resource Use in Medieval Europe" として*Helgoland Marine Research*, vol. 59, no. 1 (Apr. 2005), http://www.springerlink.com/content/69w8p244fu6lmwa2 に掲載した。19世紀の合衆国およびヨーロッパにおけるかなりの数の孵化事業を含めて、初期のサケ養殖の多くは、減少あるいは絶滅した野生サケ・マスの数を補足するように計画されたものであって、商業用養殖の基礎を作り上げようとするものではなかった。この事実に注目するのも大切なことだ。議論の余地があるところだが、多くの魚、ことにマスの、河川に対する在庫補充は一般に行われており、今日、アメリカおよびヨーロッパの「野生」のマスがその一生を孵化場から開始しているのはほぼ間違いない。

(15) サケ養殖と野生サケ捕獲のデータ、とりわけ生産トン数と市場占有率は、世界野生生物基金（WWF）の *The Great Salmon Run: Competition Between Wild and Farmed Salmon*, ed. Gunnar Knapp, Cathy A. Roheim, and James Anderson, http://www.uri.edu/cels/enre/ENRE_Salmon_Report.html, 2007 によった。

(16) アラスカ州漁業狩猟局は、地域ごとのサケ捕獲の詳細な記録をとっており、http://www.cf.adfg.state.ak.us. に発表している。アラスカのサケ管理の方法論は、アラスカ州エモナックにあるアラスカ州漁業狩猟局、ならびに Bristol 湾サケ養殖場で自分で行なった取材に基づく。また、Ocean Bounty 社の Howard Klein 社長は 2007 年の夏の直接の取材で、サケの大規模商業利用の背景について語ってくれた。

(17) 第3章（タラ）においてタラでこのことについて議論しているのだが、過去の魚の個体数を推測するのは非常にむずかしい。そのおもな理由は、誰かが魚の数を計測したいと思っても、またその手段を持っていても、すでに棲息地の破壊や乱獲が起こってしまっているということがよくあるからだ。上記（7）に引用した Steve Gephard は次のように述べている。「サケの漁獲高の変遷を調べることはできるが、陸揚げ高と個体数とが対応しているわけでもなく、1960 年代［陸揚げ高の記録が始まった時期］には、母川のダムや水質汚染や乱獲によって、すでに多くのサケの遡河が（コネティカット川のように）根絶しており、ほかの魚の遡河も激減していた。ノース・アトランティックサーモン保護機構（The North Atlantic Salmon Conversation Organization）は、河川のデータベースを作成中だが、まだ完成していない。これには、世界中のアトランティックサーモン回帰河川のリストと、過去の棲息地と考えられるところ全域を載せる予定だ。全生息域のリストがあれば、理論上の生産歩合（たとえば、棲息地の1生産単位あたり幼魚4匹というように）や、理論上の降海率（たとえば、0.01）を適用することができる。こうして、過去のサケの非常に大雑把な数を見積もることができる。しかし、今はその時代から何年も経っている」。だから、先史時代のサケの状態は、サケの衰退を引き起こすさまざまな要因や、魚全部に起こりえた個体数の減少などを列挙したものとして表わされることが多い。このような二次的解析の一つが次の Frank Jensen の論文にある："Synopsis on the abundance of Atlantic salmon (Salmo salar L.) since the last ice age," Millenium Report of the Museum of Natural History (Aarhus, Denmark: Museum of Natural History, March 20, 1991). Jensen は過去のサケの全個体数を提示していないが、最終氷河期から現代までにおよそ 99％の減少があり、もっとも激しい減少は産業革命の結果として起こったとしている。

(18) ぼくが 2007 年6月にエモナックを訪れたあと間もなく、ジャック・ギャドウイルはクイックパック漁業を退社した。

(19) 旧約聖書「レビ記」19章19節。

(7) コネティカット川のサケの概算データは、コネティカット州環境保護局・内水面漁業部・通し回遊性魚〔海水と淡水を往復する魚〕課の管理官（director of the State of Conneticut DEP Inland Fisheries Division's Diadromous Fish Program）、Steve Gephardの提供による。コネティカット川におけるサケの復活が、危機的だという評判を受けることが時にはある。また、コネティカット川の河口がアトランティック・サーモンの代表的な分布域に比べてかなり南に寄っているから、この川にこのサケがとりわけ豊富になることは絶対ないだろうと主張する者もいた。Gephardは、この川の上流の広範な水域はアトランティックサーモンにとってより快適な緯度にあるので、良好な環境だと主張している。Gephardは2009年の手紙で「私たちは、この魚種が占拠できる生息域の総面積を元に概算を割り出しました。それから、文献に基づく仔魚の生産と成魚の回帰の比率を用いて、その生息域がどれだけのサケを生産するのかという概算の精度を上げました。私たちは、年間に成魚4万匹を算出するまでになりました。これはこの地域のほかの河川の概算とも一致します。このことを立証することはできないのですが、当地でサケを扱う生物学者たちはこの概算に満足しているようです」と書いている。

(8) オメガ3脂肪酸のサケの生理における役割については、アイダホ州、Hagermanにあるアメリカ農務省（USDA）、魚類養殖実験局（Hagerman Fish Culture Experiment Station）の生理学研究者、Frederic T. Barrowsへの2009年の取材から引用。

(9) サケの生活環、回遊、および進化史の概説は、David Montgomery著 *The King of Fish: The Thousand-Year Run of Salmon*（Cambridge, MA: Westview Books, 2003）、および、James A. Lichatowich著 *Salmon without Rivers: A History of the Pacific Salmon Crisis*（Washington, DC: Island Press, 1999）に書かれている。

(10) Izaak Waltonは「並外れて強力なカワカマス、別名パイクは、淡水魚の暴君になぞらえられる。ちょうどサケを王に喩えるように」と表現した。こういう喩えを使って何を意図したかという解釈は自由だが、自分がロンドンを追放され、また、国王Charles II世が処刑された後、Waltonが暴君や国王たちを気にかけていたのは間違いない。Izaak Walton, *The Compleat Angler*（1653; NY: Cornell University Library, 2009).

(11) ターナーズフォールズのダムがサケの個体数を減らしたのは疑うべくもないが、それ以前にコネティカット川の支流に小さなダムがいくつも作られていた。しかし、ターナーズフォールズのダムこそが、川の本流を堰きとめた最初のダムなのだ。サケはターナーズフォールズより下流で産卵したが、ターナーズフォールズの障壁は、明らかにサケ遡上終焉の前兆だった。コネティカット川のアトランティックサーモンについての詳細はMontgomery著 *The King Fish* を参照されたい。

(12) グリーンランドにおけるデンマークおよびフェロー諸島の漁師による漁獲高の詳細　は、Anthony Netboy, *The Salmon: Their Fight for Survival*（Boston: Houghton Mifflin, 1974）に掲載。

(13) アメリカの大陸部におけるサケ漁の閉鎖は、*San Francisco Chronicle*, Aug. 11, 2008掲載の“Salmon Fishing Closed for California, Oregon”に報告されている。

(14) 1400年ごろの史上初のサケ養殖に関する記載も含めて、中世ヨーロッパの漁業の動向を詳細にまとめたものを、Richard C. Hoffmanが“A Brief History of Aquatic

原注

(1) この引用文は、*New Yorker* 誌の記者、Joseph Mitchell が、Fulton 魚市場について書いた連載記事の中で、何人かの人物を寄せ集めて創造した"Hugh G. Flood"という登場人物の言葉だと考えられている。後に、フィクションまじりの報告書 *Old Mr. Flood* としてまとめられた。さらに、Flood の物語は Joseph Mitchell の作品集 *Up in the Old Hotel* に収録された。(New York: Pantheon Books, 1992)。

序章

(2) 動物家畜化の歴史と飼育に関する本書での要約は、Trygve Gjedrem 著 *Selection and Breeding Programs in Aquaculture*（New York: Springer, 2005）からの引用。

(3) Francis Galton は Juliet Clutton の著書 *A Natural History of Domesticated Mammals*（New York: Cambridge University Press 1999）に引用されている。Galton は優生学や動物の家畜化、ならびに多数の項目についての著書があるだけでなく、Charles Darwin の従兄弟であり、また統計遺伝学派を創設した一人だと考えられている。

(4) 大規模漁業の巨大なデータのほとんどは、下記の国連食糧農業機関（FAO）が発表した最新の報告書から引用した。*The State of World Fisheries and Aquaculture 2008*, ed. J.-F. Pulvenis de Seligny, A. Gummy, and R. Grainger (Rome: FAO, 2009), http://www.fao.org/docrep/011/i0250e/i0250e00.htm. 海洋生態学者の Daniel Pauly たちは、中華民国〔台湾〕が養殖による生産量および野生魚捕獲量を過剰に見積もっており、これが FAO が算出する全世界の統計結果を歪めていると、繰り返し主張してきた。Pauly は、とくに養殖魚は今や世界のシーフード供給の 50%になっていると見積もった刊行物を取り上げ、実際の数字ははるかに小さいだろうと、注意を呼びかけている。データが歪められているだろうという意見にぼくは賛同するが、養殖業の隆盛という傾向もまぎれもない事実なのだ。今のところ養殖シーフードが 50%に達していないとしても、10 年ないし 20 年のうちには間違いなくこの数字を達成することだろう。

(5) 北大西洋の底棲魚が、第二次世界大戦によって執行猶予を受けたとの意見は、2005 年夏の Daniel Pauly への取材に基づいている。他の研究者、とくに Dalhousie University の Jeff Hutchinson はこの意見には反対している。しかし、第二次大戦の前後で底棲魚の数が変わっているかどうかは測定することができるし、戦時中に漁獲圧が減少し、1950 年から今日まで世界中で漁獲圧が漸増したということは否定できない。

(6) よく引用される Garrett Hardin の論文"The Tragedy of the Commons"は *Science*, vol.162, no. 3859 (Dec. 13, 1968), p. 1243 に掲載されたが、http://www.garrethardinsociety.org/articles/art_tragedy_of_the_commons.html で容易にアクセスできる。

ユニリーバー社　Unilever　207,208
ユーピック（エスキモー）　37,38,41,53,54,66,77,82,88
『指輪物語』　*The Lord of the Rings*　251
幼魚サイズ　173
洋上加工業協会　At-Sea Processors Association　211
養殖魚　26,106,216,309
養殖漁業　69,154
養殖シマバス　306
養殖淡水魚　218
養殖問題意見交換会　Aquaculture Dialogues　223
養殖マグロ　273
ヨーロッパ共通漁業政策　European Common Fsheries Policy　179
ヨーロッパ・シーバス　European sea bass, *Dicentrarchus labrax*　22,107-109,112,113,116,118,122,130,146-148,150,151,154,158,191,204,281,302

【ら　行】

ライバーマン，アナトリー　Anatoly Liberman　109
ラローサ，アダム　Adam LaRosa　275
ラッシュ，ジェイ・ローレンス　Jay Laurence Lush　55-61
『ラタトゥイユ』　*Ratatouille*　250
乱獲　176,178,179
卵割酵素　125
陸封型　42
リーチャート，ジョシュア　Joshua Reichert　72,73
領海法　130
漁師　191
リンネ，カール　Carl Linnaeus　254
ルゼプコフスキー，カロル　Karol Rzepkowski　192-195,198,202,203
ルードメール　loup de mer　107
レイナー，ジェイ　Jay Rayner　147
濾過摂食　74,97
『ローカル・ヒーロー』　*Local Hero*　192
ローゼンバーグ，アンディ　Andy Rosenberg　176,178
ロックス　lox　31
ロバロ　robalo　107
ロビンソン，ショーン　Shawn Robinson　95
ロブスター　lobster　188,189
——供給過剰　189
『ロラックス』　The Lorax　44
ローリー，ジョン　Jon Rowley　87,88
ロングアイランド海峡（ロングアイランド湾）　Long Island Sound　16-18,31,312,314

【わ　行】

ワシントン条約 ⟶ 絶滅のおそれのある野生動植物の種の国際取引に関する条約
ワスカ，ケイリー　Kaylie Waska　48
ワスカ，フランシーヌ　Francine Waska　47,48,51,52
ワスカ，ルディ　Rudy Waska　49,50
ワスカ，ローリー　Laulie Waska　66,67
ワスカ・ジュニア，レイ　Ray Waska Jr.　47-54,66,69
ワーム，ボリス　Boris Worm　185
ワムシ　rotifer　138-140,142,278
——の振動行動　140
湾内管理領域（BMA）　94

【欧　文】

DHA　75,95
EPA　75,95
FAO　168,169
FMC　177
GFCM　128
HQ持続可能海洋産業社　HQ Sustainable Maritaime Industries　223
ICCAT　265-268
IMTA　93,96
IWC　130,259,261,262
MSC　87,208-210

ベークウェル，ロバート　Robert Bakewell　55-57
ペイン，ロジャー・S.　Roger S. Payne　260,261
ベトナム戦争　103
ベニザケ　sockeye salmon，*Oncorhynchus nerka*　35,74
ヘレンH　Helen H　161,162,164,237
放浪のタラ　196
ホキ　hoki　208,209,211,225
捕鯨禁止　262
捕鯨産業　257
保護体制　42
ボー・サン・コーン　Vo Thanh Khon　214,215
ホメロス　Homer　112
ホライズン・オーガニックミルク社　Horizon organic milk　285
ポーリー，ダニエル　Daniel Pauly　181,182,275
ホワイトバス　306

【ま　行】

マイヤーズ，ランサム　Ransom Myer　185
マイワシ　sardine，*Sardinops melanostictus*　301,308
マクベイ，スコット　Scott McVay　260
マグロ　tuna　21-23,232,240-248,286,290
　——漁業（日本）　248
　——釣りの虎の巻　238
　——の味　250
　——の大きさ　245
　——の生息域　246
　——の速度　244
　——の乗り合い船　232
　——牧場　277,290
マス　trout　118
マダイ　red porgy，red seabream，*Pagrus major*　119
マッコウクジラ　sperm whale，*Physeter macrocephalus*　256
　——製品　257
マヒマヒ　mahimahi　117
ミッチェル，サミュエル　Samuel Mitchill　255,256
緑の革命　Green Revolution　58,64,116,259,276
水俣病　Minamata disease　273
水俣湾　Minamata Bay　273
ミナミマグロ　southern tuna，*Thunnus maccoyii*　277
ミルクフィッシュ　milkfish　220
ミンククジラ　minke whale，*Balaenoptera acutorostrata*　264
メカジキ　swordfish，*Xiphias gladius*　270-272,275
メチル水銀　274
メバチマグロ　bigeye tuna，*Thunnus obesus*　266
メルルーサ　hake　128,169
メンヘイデン　menhaden　16,291,292,302,314
ムール貝　96
ムーンフィシュ　moonfish　109
モザファリアン，ダリウシ　Dariush Mozaffarian　76
『モーブ（藤色）』　*Mauve*　200
モーリス対ジャッド裁判　254,255
モンテレー湾水族館　Monterey Bay Aquarium　204,214,275,297,298
　——海産物監視局　Monterey Bay Aquarium's Seafood Watch　213

【や　行】

野生魚　26,168,198,201,207,216,309,310
　——の漁獲高　168
　——の漁獲量　25
　——の値段　300
　——放流　81
野生サケ　45,60,67,74,75,79,80,89
ユーコン川　Yukon River　36,40,45,46,61,66,69,82,86,88,89
ユーコン・デルタ　Yukon Delta　48,77

パーチ型　110
ハックウェル，ケヴィン　Kevin Hackwell　209,210
ハッチングズ，ジェフ　Jeff Hutchings　172,173
バナナ共和国　131
ハーディン，ギャレット　Garret Hardin　25
ハドソン川　Hudson River　71
ハドソンキャニオン　Hudson Canyon　236,241
ハドック　haddock　169,180
バーネット，D. グラハム　D. Graham Burnett　254,256
パノポウロス，ソクラテス　Socrates Panopoulos　147,148
『ハーパーズマガジン』　*Harper's Magazine*　251
バラマンディ　barramundi, *Lates calcarifer*　153-156,279,283,284,307
ハリステアス，アンゲロス　Angelos Charisteas　137
ハリントン，マイケル　Michael Harrington　14
ハルキュオネ　129,138,150,196
ハレの日の魚　119,123,147,151,158
『ハロウィーンH20』　*Halloween H20*　249
バロウズ，リック　Rick Barrows　96,97
パワーズ，ジョーゼフ　Joseph Powers　267
パンガシウス　Pangasius　215-217
——・ハイポフサルマス　*Pangasius hypophthalmus*　217
——・ボコウルティ　*Pangasius bocourti*　217
ハンター，ジョン　John Hunter
ビアンフィシコ社　Bianfishco　214
肥育型単種養殖　94
ピキッチ，エリン　Ellen Pikitch　301,302
ビタミンC　138
ピッチエッティ，マイク　Mike Picchietti　221
非同調産卵　126
ヒトラ（ノルウェー）　Hitra　59
ビブリオ病　145
ピュー慈善財団　Pew Charitable Trusts　72,73,204
ヒラメ　flounder　16,19
貧栄養　113
ビンナガマグロ　longfin albacore, *Thunnus alalunga*　266
ファンディ湾　Bay of Fundy　91,94
フィッシュ，プリザーブド　Preserved Fish　255
フィッシュスティック　170
『フィールド・アンド・ストリーム』　*Field & Stream*　22
フィレオフィッシュ　174
フェアトレード認証　Fair Trade Certification　53
フェアトレード連盟　Fair Trade Federation　39
フェッチ（ギリシャ）　143,143
プエルト・モント　Puerto Montt　62
フェロー諸島　Faroe Island　34
フォックス，ビル　Bill Fox　178
フォン・ブラウンハット，ハロルド　Harold von Braunhut　141
ブランチーノ　branzino　106
ブリーズ，ジョー　Jo Breese　210
ブリソン，ジャック　Jacques Brisson　254
ブリティッシュペトロリアム社　British Petroleum　192-193
プリンスエドワード島　Prince Edward Island　88
ブルターニュ岬リジュヌー協会　The Associations des Ligneurs de la Pointe Bretagne　191
ブルーバック　blueback　186
ブルーマッセル　blue massel　95
フレンツォス，タナシス　Thanasis Frentzos　127-138,142-146,219
『フレンド』　*Friend*　256

——の制限サイズ　165
——の破綻　174,175
——のフィレオフィッシュ　174
——の乱交パーティー　196
——目の魚　170-172,225
スーパー——　195
放浪の——　196
野生の——　196,201,203
養殖——　205
『鱈』 *Cod*　158-160,166,174,182,192,194,200
地域漁業管理委員会　Fisheries Management Councils, FMC　177
地中海　Mediterranean　113,114
地中海漁業一般委員会　General Fishries Commission for the Mediterranean, GFCM　128
チッソ社　Chisso Corporation　273
長鎖脂肪酸　75
チョウザメ　sturgeon　158
チリ　36,63,75
チリ・シーバス　Chilean sea bass　110,131
『釣魚大全』 *The Compleat Angler*　312
『沈黙の春』 *Silent Spring*　160
築地魚市場　Tsukiji fish market　264
ディヴァナシ，パスカル　Pascal Divanach　139
ティラピア　tilapia　219-221,224,225,227,263,279,299,308
——意見交換会　Tilapia Dialogue　223
——養殖　222,225,263
テムズ川　32
デンテックス　dentex　117
デンバー，ジョン　John Denver　261
逃走目標　42
『動物界の九綱』 *Le regne Animal Divise en IX Classes*　254
動物の家畜化　24
動物プランクトン　138
ドッグサーモン　dog salmon　49
ドナルドソン・キングサーモン　Donaldson kings　103
トラ　tra　216-220,227
トライデント・シーフード社　Trident Seafoods　213
トールキン，J. R. R.　John Ronald Reuel Tolkien　241
トンレサップ湖　Lake Tonré Sap　217

【な　行】

ナガスクジラ　fin whale, *Balaenoptera physalus*　258,260
ナッシュ，グラハム　Graham Nash　261
ナマズ　catfish　118
ニシキウズガイ　Trochus　282,290
ニシン　herring　31,59,301,302
ニシンダマシ　shad　31,185,186,228
ニュージーランド　New Zealand　208
『ニューヨークタイムズ』 *New York Times*　22,92,189,262,264
『ネイチャー』 *Nature*　185
脳下垂体　125
ノヴァスコシアサーモン　34
ノヴァ・ロックス　Nova lox　34
ノーキャッチ　203,204
ノルティ，ニック　Nick Nolte (Nicholas King Nolte)　37

【は　行】

バー　bar　107
ハイアニス　Hyannis　162,163
ハイツ，ロナルド　Ronald Hites　73,79,80
バイラム川　Byram River　14
『白鯨』 *Moby-Dick*　256
バサ　basa　217-219
ハザン，マルチェラ　Marcella Hazan　113
バス　bass　107,109
野生——　148
バーダウィル湖　Lake Bardawil　121,123,124,126
パタゴニア・トゥースフィッシュ　Patagonian toothfish　131
バターフィッシュ　butterfish　239
パーダム，コリン　Colin Purdom　152

tera musculus　258,260
白身魚　169,225
　——需要　225
シンクレア，アプトン　Upton Sinclair　71
水銀　273
　メチル——　274
スキャーヴォルド，ハラルド　Harald Skjevold
スクレイ・トルスク　196
スケトウダラ　Alaska pollack，*Theragra chalcogramma*　169,211-214,219,225,226,302
　——個体群　212
　——漁業　87,88,211,227
　——漁業共同体　212,213
スコットランド土壌協会　Scottish Soil Association　195,197
寿司　23,247-250
『寿司物語』　*The Story of Sushi*　247
スズキ目　Perciformes　110
　——魚類　111,112,124,125,142
　海洋性——魚類　116,117,118
鈴木治郎　Ziro Suzuki　248
ストティッシュ，ロナルド　Ronald Stotish 89
スピゴーラ　spigola　107
スフェノセファルス　*Sphenocephalus* 170
スプルイル，ビッキ　Vikki Spruill　269-271,274
スポング，ポール　Paul Spong　261
生物濃縮　74
世界貿易センタービル　233,234
世界野生生物基金　World Wildlife Fund，WWF　208,223
石油輸出国機構（OPEC）　Organization of the Petroleum Exporting Countries，OPEC　142
絶滅のおそれのある野生動植物の種の国際取引に関する条約（CITES）　Convention on International Trade in Endangered Species of Wild Fauna and Flora，CITES　268
ゼネラルエレクトリック社　General Electric 71
セーフウェイ　Safeway　52
セリオナ・リヴォリアナ　*Seriola rivoliana* 283
セロンダ社　Selonda　147
選抜育種　54
『一四〇八号室』　*1408*　249
ソクラテス ──→ パノポウロス
ゾディアック号　Zodiac　261
ゾハール，ヨナタン　Yonathan Zohar 121-127,277,278,284
『ソルトウォーター・スポーツマン』　*Salt Water Sportsman*　22

【た　行】

大規模漁業　226
袋水路　153
大西洋クロマグロ　Atlantic bluefin，*Thunnus thynnus*　248,250,301
大西洋サケ ──→ アトランティックサーモン
大西洋タラ　Atlantic cod，*Gadus morhua* 158
大西洋マグロ保護のための国際委員会　International Commission for the Conservation of Atrantic Tunas，ICCAT 265-268
太平洋クロマグロ　Pacific bluefin，*Thunnus orientalis*　277
『タイム』　*Time*　277
タイン川　Tyne river　32,101,102
タナシス ──→ フレンツォス
ターナーズフォールズ　Turners Falls 30,33,34,39,155,284
ターボー　turbot
タラ　cod　21-23,165-167,169-172,174,180,182,189,190,194,195,200,203,204,206,219,224,228,246,281,302,304,308
　——の回復　187,189,190
　——の小型化　173
　——の個体数　172,180
　——の個体群　175

スペインの―― 32
選抜育種された―― 64
天然（野生）―― 45,60,67,74,75,79,80,89
トランスジェニック―― 91
ユーコン川の―― 79
養殖―― 45,60,62,63,65,68,69,73-76,79
ザトウクジラ Humpback Whale, *Megaptera novaeangliae* 260
『ザトウクジラの歌声』 *Songs of the Humpback Whale* 260
サバ mackerel 16,19
――科 Scombridae 244
サーモ・サラー *Salmo salar* 35
サーモ・ドメスティクス *Salmo domesticus* 62,64
サーモンリリバー Salmon River 42,98,99,101,103,104
サヨリ ballyhoo fish 289,290
産業用魚類 169,170
サンプソン，ウィリアム William Sampson 255
産卵誘導ホルモン 125
シイラ dolphinfish, *Coryphaena hippurus* 117
シーウェブ SeaWeb 270
シェスター，ジェフ Geoff Shester 213
シェトランド諸島 Shetland Island 192
シガテラ 283,284
仔魚 132,133
資源保護LNN基金 Conservations LNN Foundation 177
耳石 148
自然資源防衛協議会 Natural Resouces Defence Council 270
『自然の体系』 *Systema Naturae* 254
持続可能漁業法 Sustainable Fisheries Act 178,179,180,187,269
シナイ半島 Sinai 121,126
シーバス sea bass 21,22,107,112,117,118,122,124,126-128,132-134,136-139,144,146,147,192,246
――帝国 146
――の餌 138,140
――の飼育 137,138,139,149
――の稚魚 139,140
――の幼魚 134
――・ブーム 145,146
――養殖 143,144,145,150
ギリシャの―― 144,149
野生―― 149
シーフード 297
――助言カード 297
――選択同盟 Seafood Choices Alliance 269
シーブルック，ジョン John Seabrook 251
シマバス striped bass 16,71,106,152,246,302,314
ハイブリッド・―― 307
野生―― 307
養殖―― 306
シムズ，ニール Neil Sims 279-287,290
シー・モンキー Sea-Monkeys 141
ジャッド，サミュエル Samuel Judd 255
『ジャングル』 *The Jungle* 70
集約多栄養養殖 integrated multitrophic aquaculture, IMTA 93,96
植物プランクトン 138,140
食物連鎖 74,301
食料主権 119
食料保障 119
ジョージズバンク Georges Bank 160,161,176,178,180,182,198,203,207,299,304
『ジョーズ』 *Jaws* 21,160
ショパン，ティエリ Thierry Chopin 92-94
ジョンソン・シーファーム社 Johnson Seafarms 193-195,197,198,205
飼料変換率 56
シルヴァースタイン，シェル Shel Silverstein 18
シロザケ Chum salmon, *Oncorhynchus keta* 35,49,50,90
シロナガスクジラ blue whale, *Balaenop-*

クック，グレン　Glenn Cooke　95
クラグ，ジュリアス　Julius Krug　43
グラハム，スチュワート　Stewart Graham　153
グランドバンクス　Grand Banks　173,174,207,299,304
クリーンシーズ　Clean Seas　277
グリーンバーグ，ターニャ　Tanya Greenberg　312
グリーンピース　Greenpeace　208,211,213,214,261,275,276
グルーパー　grouper　158
グレイ，ピーター　Peter Gray　101,102
クレモンアコール・グループ　Clemon Accord Group　139
クロスビー，デビッド　David Crosby　261
クロマグロ　bluefin tuna，*Thunnus orientalis*　158,247-249,251,252,264-268,270,272-278,284,288,289,292,297,302,306
　——の保護　252
　——の養殖　273
クロンカイト，ウォルター　Walter Cronkite　261
グロントヴェット，オーヴェ　Ove Gröntvedt　59
グロントヴェット，シヴァート　Sivert Gröntvedt　59
結束基金　Cohesion Fund　146
ケファロニア　Cephalonia　127,131,144
ゲフィルテ・フィッシュ　120
ケープコッド　Cape Cod　160
　——営業釣り漁師協会　The Cape Cod Commercial Hook Fishermen's Association　191
ケルプ　94
コイ　carp　118,263
　——の養殖　93,120,263
コカイン取引　222
国際捕鯨委員会　International Whaling Commission，IWC　130,259,261,262
国立海洋養殖センター（ヘブライ大学）　National Center for Mariculture　122
国連食糧農業機関　Food and Agriculture Organization of the United Nations，FAO　168,169
『語源とそれを知る方法』　*Word Origins and How We Know Them*　109
ゴートンズ・オブ・グロースター　Gorton's of Glouster
コナ・カンパチ　Kona Kanpachi，*Seriola rivoliana*　285,286,287
コナ・ブルー社　Kona Blue　279
コネティカット川　Conneticut River　30,32-34,155
　——のダム　186
ゴールドマン，ジョシュ　Josh Goldman　116,151-154,283,307
ゴルトン，フランシス　Fracis Galton　24,115,284,304
混合飼育　93
混合養殖　93,97,309
ゴンドウクジラ　pilot whale　166

【さ　行】

『サイエンス』　*Science*　25
魚の王　33
魚の消費量　303
サケ　salmon　21,22,30,31,43,44,58,118,204,245,306,308
　——産業　92
　——の育種家　61
　——の遺伝的多様性　45
　——の過密飼育　70
　——の感染性貧血症　70,94,96,307
　——の銀化　31
　——の仔魚　31,102
　——の遡上　45,69
　——の遡上河川　43,68,81
　——の単種養殖　97
　——の稚魚　31,102
　——の幼魚　59
　——の養殖　65,70,72,92,309
　アラスカの——　82,90
　アラスカの——産業　68

オレンジ剤　103
オンコリンクス　*Oncorhynchus*　35

【か　行】

海洋管理協議会　Marine Stewardship Council, MSC　87,208-210
海洋区分政策　303
海洋保護区　269
カイルアコナ　Kailua Kona　282
隔離飼育　55
『過剰から欠乏へ』 *From Abundance to Scarcity*　179
カーソン，トレバー　Trever Carson　247
カーソン，レイチェル　Rachel Carson　160
カタクチイワシ　anchovy, *Engraulis*　301
家畜化適合基準　115
家畜の改良　54
カツオ　bonito, *Katsuwonus pelamis*　278
ガドゥス・ドメスティクス　*Gadus domesticus*　199
カナダ国家漁業政策　Canadian National Fisheries Policy　179
カハラ　kahala, *Seriola rivoliana*　283,284
カーペンター，デイビッド　David Carpenter　71,73,76,79
カミングス　e. e. cummings　48
カラフトシシャモ　capelin, *Mallotus villosus*　32,301
カラフトマス　pink salmon, *Oncorhynchus gorbuscha*　35,74,90
カーランスキー，マーク　Mark Kurlansky　158-161,166,167,174,176,182,192,194,198-202,206,214,219,227,297
カリフォルニア・ホワイトシーバス　California white sea bass　130-131
変わりゆく基準値　181,182
感染性貧血症（サケ）　70,94,96,307
冠動脈疾患　76
カントー市　Can Tho　214
環南極海流　171
ギェドレム，トリグヴェ　Trygve Gjedrem　57-61,63,64
北太平洋漁業管理委員会　North Pacific Fishery Management Council　213
キハダマグロ　yellowfin tuna, *Thunnus albacares*　243,247,266
ギャドウイル，ジャック　Jac Gadwill　36-39,42,47,48,63,77-79,83-86,98
キュウリウオ類　smelt　302
「共有地の悲劇」 The Tragedy of the Commons　25-26
漁業管理　184
漁業狩猟局（アラスカ） Department of Fish and Game　42,46,81
『巨獣の審理』 *Trying Leviathan*　254,256
巨大魚　251
ギリシャ　127,146
　——・シーバス　144
ギルモア，ジム　Jim Gilmore　211,227
キングサーモン　king salmon, *Oncorhynchus tshawytscha*　35,40-42,44,47,49-54,80,86-90,100
　——の営利用解禁　46
　——の自家消費　51
　——の自家消費用の解禁　46
　野生の——　89
　ドナルドソン系の——　100,103
キング，スティーヴン　Stephen King　249
ギンザケ　coho salmon, *Oncorhynchus kisutsh*　49
近大マグロ　Kindai tuna　277
禁漁区　300
クイックパック漁業　Kwik'Pak Fishing Company (Kwik'Pak Fisheries LLC)　38-40,51,52,63,78,83,85,90
グエン・タン・フォン　Nguyen Thanh Phuong　217
クジラ　whale　253,254,258,259
　——のカルパッチョ　253,263,264
　——目　cetaceans　254
クック・アクアカルチャー社　Cooke Aquaculture　93,95

索引

【あ 行】
アイシクル・シーフード社 Icicle Seafoods 213
アイラート Eilat 123,124
アクアアドバンテージ・サーモン 89,90
アクアバウンティ社 AquaBounty 88
アクヴァフォルスク（ノルウェイの水産研究所） Akvaforsk 57,61,63
アジア・シーバス Asian sea bass 153,156
アデノシン三燐酸（ATP） 250
アトランティックサーモン Atlantic salmon, *Salmo salar* 34-36,64,86,87,89,281,297,306
養殖―― 61
アミキリ bluefish, *Pomatomus saltatrix* 16,314-316
アメリカ海洋漁業局 National Marine Fisheries Service 178,213,271,275
アメリカ合衆国国際開発庁 United States Agency for International Development 220
アメリカ・シマバス American striped bass 130,161,299,306
アメリカ食品医薬品局 Food and Drug Administration, FDA 89
『あるクジラの伝記』 *A Whale Biography* 256
アラスカ Alaska 40
アルテミア artemia 140-142,278
アルマコ・ジャック Almaco Jack, *Seriola rivoliana* 283
アングラー Angler 312-314
イェロウラーノス，マリノス Marinos Yeroulanos 131
イギリス保健省 British Department of Health 168
イギリス動物愛護協会 Britain's Animal Welfare Council 195
異臭（淡水魚） 221
イスラエル Israel 119,120
イノシン一燐酸（IMP） 250
インスタント・ライフ Instant Life 141
『イブニング・ポスト』 *Evening Post* 256
ヴィグフッソン，オリ Orri Vigfüsson 87
ウィーバー，マイケル Michael Weber 179
ウィラメット川 Willamette River 44
ウィンター，ポール Paul Winter 260
『ウインド・オン・ザ・ウォーター』 *Wind on the Water* 261
ウェイラー，レックス Rex Weyler 261
ウォルトン，アイザック Izaak Walton 33,312
ウキブクロ 110,111,129,142,143
ウミジラミ sea louse 70,72,285,307
エイムズ，テッド Ted Ames 183-190, 212,268
エクスプローラー Explorer 232,234-238, 240
エモナック Emmonak 37,38,40,45,46,84, 85
エールワイフ alewife 99,186
王立森林鳥類保護協会 Royal Forest and Bird Protection Society 209,210
『おおきな木』 *The Giving Tree* 18
オオカミ産業 175
オオクチバス largemouth bass 12,13
オキアミ 32,33
オメガ3脂肪酸 75,76,95,96,154

【著者紹介】
ポール・グリーンバーグ（Paul Greenberg）
ポール・グリーンバーグは1967年生まれ。*New York Times*，*National Geographic*，*Times*，*Vogue* などに、主に漁業や海洋、環境問題についての記事を寄稿しているエッセイスト。ニューヨーク市在住。本書（*FOUR FISH*）は、2010年に *New York Times* ブックレビューの A Notable Book of the Year を獲得するとともに、2011年にはアメリカ料理界でもっとも権威あるとされる James Beard Award（Writing and Literature 部門）を受賞している。

【訳者紹介】
夏野徹也（なつの・てつや）
1944年富山県生まれ。金沢大学理学部卒業。金沢大学、群馬大学、オレゴン州立大学、日本歯科大学などで、動物発生学、細胞生物学、微生物学などの研究に従事。医学博士、理学修士。2009年に定年退職した後は、地元の新潟で海釣りを楽しむ。

鮭鱸鱈鮪
食べる魚の未来
最後に残った天然食料資源と養殖漁業への提言

2013年11月20日　初版第1刷
2014年 3 月20日　初版第2刷

著　者　ポール・グリーンバーグ
訳　者　夏野徹也
発行者　上條　宰
発行所　株式会社　**地人書館**
162-0835 東京都新宿区中町 15
電話 03-3235-4422　　FAX 03-3235-8984
郵便振替口座 00160-6-1532
e-mail chijinshokan@nifty.com
URL http://www.chijinshokan.co.jp/
印刷所　モリモト印刷
製本所　カナメブックス

ISBN978-4-8052-0867-0

●植物の本

描いて見よう身近な植物

小野木三郎 著
四六判／二四〇頁／本体一八〇〇円（税別）

植物のことをよく知るためにはスケッチすること，つまり「描いて，見る」ことが効果的である．ありのままを正確に写すことに専念し，我流，個性的な描き方で十分だ．本書は著者が定年退職後に描いた600枚以上の植物画から59枚を選び，その植物にまつわるエピソードや自然観察や自然保護についてのエッセイを添えた．

残しておきたいふるさとの野草

稲垣栄洋 著／三上修 絵
四六判／二四〇頁／本体一八〇〇円（税別）

田んぼ一面に咲き誇るレンゲ．昔は春になればあちらこちらで見られるありふれた風景だったが，今ではめっきり見かけなくなってしまった．ふるさとの風景を彩ってきた植物が危機に瀕している．本書では，遠い万葉や紫式部の時代から人々とともにある，これからもぜひ残しておきたいなつかしい野草の姿を紹介する．

サクラソウの目 第2版

繁殖と保全の生態学
鷲谷いづみ 著
四六判／二四八頁／本体二〇〇〇円（税別）

絶滅危惧植物となってしまったサクラソウを主人公に，野草の暮らしぶりや花の適応進化，虫や鳥とのつながりを生き生きと描き出し，野の花と人間社会の共存の方法を探っていく．第2版では，大型プロジェクトによるサクラソウ研究の分子遺伝生態学的成果を加え，保全生態学の基礎解説も最新の記述に改めた．

ほんとの植物観察

1 ヒマワリは日に回らない
2 庭で，ベランダで，食卓で
室井綽・清水美重子 著
B5判／各一六八頁／本体各一八〇〇円（税別）

アジサイ，アサガオなど身近な植物について，それぞれ数枚のスケッチを載せ，その中から「うそ」と「ほんと」のものを見分けることによって，草花や樹木にもっと親しんでもらおうというもの．何十年も観察を続けてきた著者が全力を注いだ挿画は極めて精緻．2巻では園芸植物のほか，野菜や果物にまで観察対象を広げた．

●ご注文は全国の書店、あるいは直接小社まで

㈱地人書館　〒162-0835 東京都新宿区中町15　TEL 03-3235-4422　FAX 03-3235-8984
E-mail=chijinshokan@nifty.com　URL=http://www.chijinshokan.co.jp